高等职业教育机电类专业“十二五”规划教材

数控机床故障诊断与维修

主　编　陈江进　蔡明富

副主编　罗小梅　雷黎明　肖杨[illegible]

国防工業出版社

·北京·

内容简介

本书是在高等职业教育课堂教学模式发生根本性变革的大背景下组织编写的。全书采用项目式编写体例，共设12个项目。每个项目由项目导入、项目知识、项目实施、知识拓展、项目作业5个栏目组成，具体内容包括数控机床维护维修基础、数控机床精度检测与验收、数控系统的连接与调试等。

本书定位准确，内容丰富，层次清楚，重点突出，重视实践技能的培养，实用性较强。通过学习书中的大量维修实例，读者可从中总结出数控机床维修的思路和办法，诊断并排除数控机床的常见故障，从而使数控机床停机时间大大缩短，延长其平均无故障时间。

本书可作为高等职业院校数控、机械制造、机电一体化、自动控制专业及相关专业的学生用书，也可作为企业有关工种员工的培训教材，还可供从事数控加工工作的工程技术人员参考。

图书在版编目(CIP)数据

数控机床故障诊断与维修/陈江进，蔡明富主编.
—北京：国防工业出版社，2014.1 重印
高等职业教育机电类专业“十二五”规划教材
ISBN 978-7-118-07251-8

Ⅰ.①数...　Ⅱ.①陈...②蔡...　Ⅲ.①数控机床—故障诊断—高等学校：技术学校—教材②数控机床—维修—高等学校：技术学校—教材　Ⅳ.①TG659

中国版本图书馆 CIP 数据核字(2011)第 008681 号

※

国防工业出版社出版发行
(北京市海淀区紫竹院南路23号　邮政编码100048)
北京嘉恒彩色印刷责任有限公司
新华书店经售

*

开本 710×960　1/16　**印张** 15½　**字数** 277 千字
2014 年 1 月第 1 版第 2 次印刷　**印数** 4001—6000 册　**定价** 28.00 元

国防书店：(010)88540777　　发行邮购：(010)88540776
发行传真：(010)88540755　　发行业务：(010)88540717

前 言

数控机床是集合了计算机数字控制技术、可编程控制技术、伺服控制技术、机械传动技术、气动及液压技术的一体化产品。随着我国机械制造行业的不断发展,数控机床因其在高精度、柔性化、高效率等方面的优良特性,在加工领域得到了广泛的应用,同时对数控机床的使用和维修人员的培养也提出了较高的要求。

编者所在学校的数控技术专业在课程专家和行业专家的指导和参与下,以人才培养目标为依据选择典型载体,运用“现代行动导向”教学观创设教学情境,开发出了基于工作过程的典型项目教学课程体系。本书选择典型故障现象作为载体,采用项目式编写体例,培养学生的专业能力、方法能力和社会能力。

本书共设12个项目,每个项目由项目导入、项目知识、项目实施、知识拓展、项目作业5个栏目组成,具体内容包括数控机床维护维修基础、数控机床精度检测与验收、数控系统的连接与调试、数控机床参数设置和系统数据备份、数控车床操作面板无显示故障诊断与排除、数控车床开机后急停不能复位故障诊断与排除、数控车床无法返回参考点故障诊断与排除、数控车床进给轴抖动故障诊断与排除、数控车床主轴不转故障诊断与排除、数控车床刀架故障诊断与排除、加工中心主轴振动故障诊断与排除、数控机床机械故障诊断与排除。

本书由陈江进、蔡明富担任主编,由罗小梅、雷黎明、肖杨梅担任副主编。具体编写分工为:项目一、三、四、五由陈江进编写;项目二、六、七、八由蔡明富编写;项目九、十由罗小梅编写;项目十一由雷黎明编写;项目十二由肖杨梅编写。全书由陈江进统稿。本书在编写过程中参考了四机赛瓦股份公司提供的部分信息,并得到蔡子军高级工程师的大力支持和帮助,在此深表感谢。

本书可作为高等职业院校数控、机械制造、机电一体化、自动控制专业及相关专业的学生用书,也可作为企业有关工种员工的培训教材,还可供从事数控加工工作的工程技术人员参考。

尽管编者在探索基于工作过程的项目式教材特色方面作了很多努力,但由于编者学识和水平有限,难免存在错误和不当之处,恳请读者批评指正,以便不断完善。

编　者

目　录

项目一

数控机床维护维修基础

* **知识目标**

1. 掌握数控机床的组成；
2. 掌握数控机床的维护；
3. 掌握数控机床的故障与分类；
4. 了解数控机床故障排除的思路和原则；
5. 熟悉数控机床维修的基本步骤。

* **能力目标**

通过对数控机床进行预防性维护，从而延长电子器件的寿命和机械部件的磨损周期，预防各种故障，提高数控机床的平均无故障工作时间和使用寿命。

【项目导入】

华中数控车床一台。

质量要求:能够达到延长机床使用寿命的目的。

安全要求:严格按照安全操作规程进行项目作业。

文明要求:自觉按照文明生产规则进行项目作业。

环保要求:努力按照环境保护要求进行项目作业。

【项目知识】

一、数控机床的组成

数控机床由机床、数控系统、外围技术三部分组成,如图 1-1 所示。

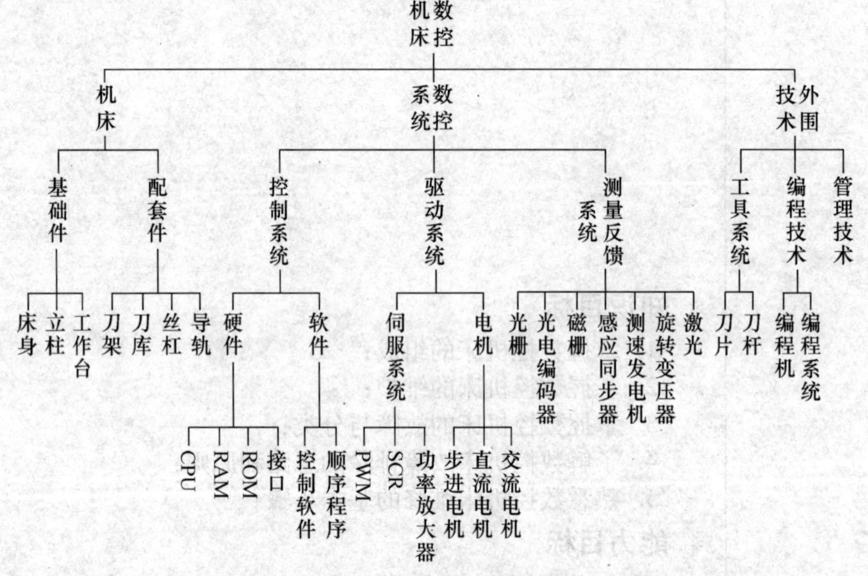

图 1-1 数控机床的组成

数控机床是由普通机床演变而来的,它的控制采用计算机数字控制技术,它各个坐标方向的运动均采用单独的伺服电动机驱动,取代了普通机床上联系各坐标方向运动的复杂齿轮传动链。数控机床的结构方框图如图 1-2 所示,它是由 X、Y、Z 三个坐标来实现刀具和工件间的相对运动的立式数控铣床。数控机床由信息输入、信息运算及控制、伺服驱动系统和位置检测反馈、机床本

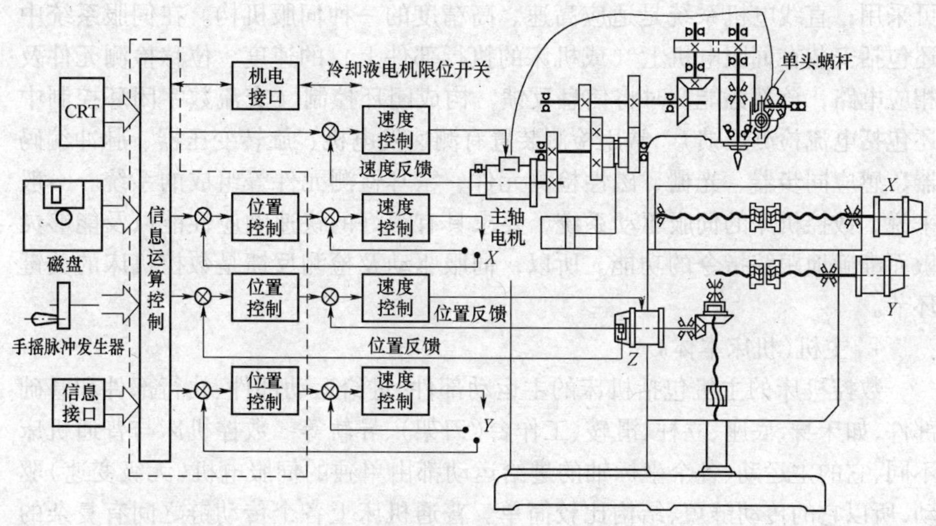

图 1－2　数控机床的结构方框图

体、机电接口五大部分组成。

1. 信息输入

这一部分是数控机床的信息输入通道，加工零件的程序和各种参数、数据通过输入设备送进计算机系统（数控装置）。早期的输入方式为穿孔纸带、磁带。目前较多采用磁盘；在生产现场，特别是一些简单的零件程序都采用按键配合显示器（CRT）的手动数据输入（MDI）方式；手摇脉冲发生器输入都是在调整机床和对刀时使用；通过通信接口，可由上位机输入。

2. 信息运算及控制

数控装置是由中央处理单元（CPU）、存储器、总线和相应的软件构成的专用计算机，它接收到输入信息后，经过译码、轨迹计算（速度计算）、插补运算和补偿计算，再给各个坐标的伺服驱动系统分配速度、位移指令。这一部分是数控机床的核心。整个数控机床的功能强弱主要由这一部分决定。

3. 伺服驱动系统

伺服驱动系统又称为伺服驱动装置，它接收计算机运算处理后分配来的信号。该信号经过调解、转换、放大以后去驱动伺服电机，带动数控机床的执行部件运动。数控机床的伺服驱动装置分为主轴驱动单元（主要是速度控制）、进给驱动单元（包括速度控制和位置控制）、回转工作台和刀库伺服控制装置以及它们相应的伺服电机等。伺服系统分为直流伺服系统和交流伺服系统，而交流伺服系统正在取代直流伺服系统；以步进电机驱动的伺服系统在某些具体场合仍可采用；直线电机系统是适应高速、高精度的一种伺服机构。在伺服系统中还包括安装在伺服电机上（或机床的执行部件上）的速度、位移检测元件及相应电路，该部分能及时将信息反馈，构成闭环控制（交流数字闭环控制中还包括电流检测反馈）。常用检测装置有测速发电机、旋转变压器、脉冲编码器、感应同步器、光栅、磁性检测元件、霍耳检测元件等组成的系统。一般来说，数控机床的伺服驱动系统，要求具有很好的快速响应性能以及能够灵敏而准确地跟踪指令的功能。所以，伺服驱动及检测反馈是数控机床的关键环节。

4. 主机(机床本体)

数控机床的主机包括机床的主运动部件、进给运动部件、执行部件和基础部件,如床身、底座、立柱、滑鞍、工作台(刀架)、导轨等。数控机床与普通机床不同,它的主运动、各个坐标轴的进给运动都由单独的伺服电机(无级变速)驱动,所以它的传动链短、结构比较简单。普通机床上各个传动链之间有复杂的齿轮联系,在数控机床上改由计算机来协调控制各个坐标轴之间的运动关系。为了保证数控机床的快速响应特性,在数控机床上普遍采用精密滚珠丝杠和直线滚动导轨副。为了保证数控机床的高精度、高效率和高自动化加工的特点,机床的机械结构应具有较高的动态特性、动态刚度、阻尼精度、耐磨性以及抗热变形性能。在加工中心上还具备有刀库和自动交换刀具的机械手。同时还有一些良好的配套设施,如冷却、自动排屑、防护、可靠的润滑、编程机和对刀仪等,以利于充分发挥数控机床的功能。

5. 机电接口

数控机床上除了点位、轨迹控制采用数字控制外,还有许多其他的控制方式,如主轴的启停,刀具的更换,工件的夹紧松开,各种辅助交流电动机的启停,电磁铁的吸合、释放,离合器的开、合,电磁阀的打开与关闭等。它们的动力来源是由电源变压器、控制变压器、各种断路器、保护开关、接触器、功率断路器及熔断器等组成的强电线路提供的,而这种强电线路不能与低压下工作的控制电路或弱电线路直接连接,只能通过断路器、热动开关、中间继电器等转换成直流低压下工作的触点的开、合工作,成为继电器逻辑电路或 PLC 可接收的信号。其他还有为了保证人身和设备安全或者为了操作、兼容性所必需的,如急停、进给保持、循环启动、行程限位、JOG 命令(手动连续进给)、NC 报警、程序停止、复位、M 信号、S 信号、T 信号等也需由 PLC 来传送。这些动作都按机床工作的逻辑顺序由 PLC 来完成。PLC 控制的虽是动作先后逻辑顺序,但它处理的是数字信息。不管是由 PLC 本身所带 CPU、还是由数控装置内的 CPU 来处理这些信息,数控机床的计算机都能将数字控制信息和开关量控制信息很好地协调起来,实现正常的运转和工作。

以上这些都是属于数控装置和机床之间的接口问题,统称为机电接口。解决这些问题,首先要知道数控机床上有哪些动作,其次是这些动作的先后顺序以及它们之间的逻辑(联锁、互锁等)关系。

数控机床除了实现加工零件轮廓轨迹控制外，还有其他许多动作。例如：数控车床上刀架的自动回转，加工中心上刀库的自动换刀，冷却液开、停，各坐标的行程限位，各个运动的互锁、联锁，机床的急停，循环启动，进给保持，程序停止，以及各种离合器的开、合，电磁铁的通、断，电磁阀的开、闭等。这些属于开关量控制，一般采用可编程控制器（也称顺序控制器，简称 PC）来实现。

从图 1－2 中可以看出数控机床比普通机床的传动简单,传动件少,但要求零部件的制造精度高、刚度高,进给传动系统应轻快、灵敏,并采用无间隙传动。从计算机的硬件体系结构看,与一般计算机没有什么区别,主要区别在于软件。这里的软件应能支持计算机完成零件形状轨迹的插补运算,而对其科学计算和文字处理功能不作具体要求。普通计算机的外设多为打印机、绘图机等,而在数控机床上的计算机输出微弱信号后,要放大近百万倍才能驱动工作台移动,而且这种过程的响应时间是毫秒级,最小位移量约为 0.001mm。

一般将信息输入、运算及控制、伺服驱动中的位置控制、PC 控制统称为数控系统,将它们安装在一个柜式的装置中,称为数控装置。伺服驱动(常指速度控制环)单元、伺服电机、机械传动环节统称为伺服系统。伺服电动机(带检测反馈元件)及伺服驱动单元等在市场上都有配套产品。

二、数控机床的维护

1. 预防性维护方法的重要性

所谓预防性维护,就是要将有可能造成设备故障和出了故障后难以解决的因素排除在故障发生之前。

数控机床在运行一定时间之后,某些元器件或机械部件难免会出现一些损坏或故障现象,对这种高精度、高效益且又昂贵的设备,如何延长元器件的寿命和零部件的磨损周期,预防各种事故,特别是将恶性事故消灭在萌芽状态,从而提高系统的平均无故障工作时间和使用寿命,一个重要方面是要做好预防性维护。

数控机床通常是一个企业的关键设备,有时在运行中出现了一些不正常现象,如级别较低的报警,虽然不影响一时的运行,但如果怕停机影响生产,不及时进行维护和排除,而让其长时间“带病”工作,必然会造成“小病不治,大病吃苦”的后果。例如有些地区电网质量差,电压波动大,常造成数控系统跳闸,有些使用者对此现象并不重视,让数控系统继续在恶劣的供电环境中运行,最后造成了主要模块烧坏的严重后果。

总之,做好预防性维护工作是使用好数控机床的一个重要环节,数控机床维修人员、操作人员及管理人员应共同做好这项工作。

2. 预防性维护工作的主要内容

对数控机床的维护要有科学的管理方法,要有计划、有目的地制定相应的规章制度。对维护过程中发现的故障隐患应及时加以清除,避免停机待修,以延长平均无故障工作时间,增加机床的开动率。数控系统的维护保养的具体内容,在随机的使用和维修手册中通常都做了规定。维护从时间上来看,分为点检与日常维护。

1）点检

（1）点检的概念。

所谓点检,就是按有关维护文件的规定,对数控机床进行定点、定时的检查和维护。从点检的要求和内容上看,点检可分为专职点检、日常点检和生产点检三个层次,图 1-3 所示为数控机床点检维修过程示意图。

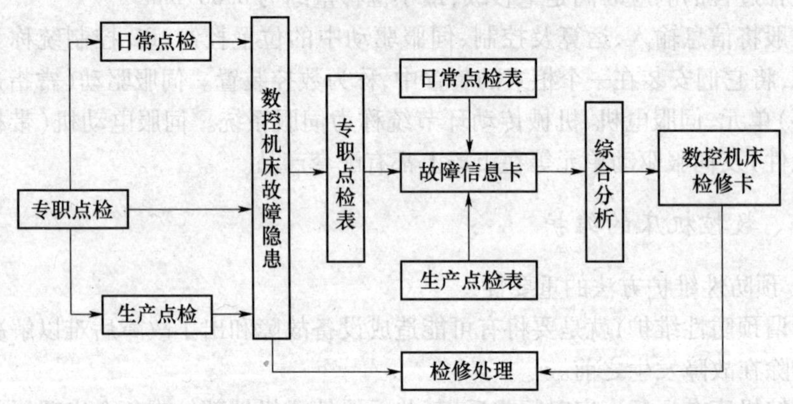

图 1-3 点检维修过程示意图

① 专职点检。专职点检人员负责对数控机床的关键部位和重要部位按周期进行重点检查、设备状态检测与故障诊断,制定点检计划,做好诊断记录,分析维修结果,提出改善设备维护管理的建议。

② 日常点检。日常点检人员负责对机床的一般部位进行检查,处理和排除数控机床在运行过程中出现的故障。

③ 生产点检。生产点检人员负责对生产运行中的数控机床进行检查，并负责润滑、紧固等工作。

（2）点检管理。

数控机床的点检管理一般包括下述内容。

安全保护装置：

① 开机前检查机床的各运动部件是否在停机位置；

② 检查机床的各保险及防护装置是否齐全；

③ 检查各旋钮、手柄是否在规定的位置；

④ 检查工装夹具的安装是否牢固可靠，有无松动、移位；

⑤ 刀具装夹是否可靠以及有无损坏，如砂轮有无裂缝；

⑥ 工件装夹是否稳定可靠。

机械及气、液压仪器仪表：（开机后先让机床低速运转 3min ~ 5min，然后检查如下项目）

① 主轴运转是否正常，有无异味、异声；

② 各轴向导轨是否正常，有无异常现象发生；

③ 各轴能否正常回归参考点；

④ 空气干燥装置中滤出的水分是否已经放出；

⑤ 气压、液压系统是否正常，仪表读数是否在正常值范围之内。

电气防护装置：

① 各种电气开关、行程开关是否正常；

② 电动机运转是否正常，有无异声。

加油润滑：

① 机床低速运转时，检查导轨的供油情况是否正常；

② 按要求位置及规定的油号加注润滑油，注油后，将油盖盖好，然后检查油路是否畅通。

清洁文明生产：

① 设备外观应无灰尘、无油污，呈现本色；

② 各润滑面无黑油、无锈蚀，应有洁净的油膜；

③ 丝杠应洁净、无黑油，亮泽有油膜；

④ 生产现场应保持整洁有序。

表 1－1 所列为某加工中心的维护点检表。

表 1-1 某加工中心的维护点检表

序号	检查周期	检查部位	检查要求
1	每天	导轨润滑油箱	检查油标、油量,及时添加润滑油,确认润滑泵能否定时启动及停止
2	每天	X、Y、Z 轴向导轨面	清除切削物及脏物,检查润滑油是否充分,导轨面有无损坏
3	每天	压缩空气气源压力	检查气动控制系统压力是否在正常范围
4	每天	气源自动分水滤气器和自动空气干燥器	及时清理分水器中滤出的水分,保证自动空气干燥工作正常
5	每天	气液转换器和增压器油面	发现油量不够时及时补足油
6	每天	主轴润滑恒温油箱	工作正常,油量充足并调节温度范围
7	每天	机床液压系统	油箱、液压泵无异常噪声,压力表指示正常,管路及各接头无泄漏,工作油面高度正常
8	每天	液压平衡系统	平衡压力表指示正常,快速移动时平衡阀工作正常
9	每天	CNC 的输入/输出单元	光电阅读机清洁,机械结构润滑良好
10	每天	各种电柜散热通风装置	各电柜冷却风扇工作正常,风道过滤网无堵塞
11	每天	各种防护装置	导轨、机床防护罩等应无松动、泄漏
12	每半年	滚珠丝杠	清洗丝杠上旧的润滑脂,涂上新油脂
13	每半年	液压油路	清洗溢流阀、减压阀、滤油器,清洗油箱箱底,更换或过滤液压油
14	每半年	主轴润滑恒温油箱	清洗过滤器,更换润滑油
15	每年	检查并更换直流伺服碳刷	检查换向器表面,吹净碳粉,去除毛刺,更换长度过短的电刷,并应磨合后才能使用
16	每年	润滑液压泵、滤油器清洗	清理润滑油池底,更换滤油器
17	不定期	检查各轴导轨上镶条、压滚轮松紧状态	按机床说明书调整
18	不定期	冷却水箱	检查液面高度,切削液太脏时需更换并清理水箱底部,经常清洗过滤器
19	不定期	排屑器	经常清理切屑,检查有无卡住等
20	不定期	清理废油池	及时抽走滤油池中废油,以免外溢
21	不定期	调整主轴驱动带松紧	按机床说明书调整

2）数控系统日常维护

数控系统的维护保养的具体内容，在随机的使用和维修手册中通常都做了规定，现就共同性的问题做以下要求。

（1）严格遵循操作规程。数控系统编程、操作和维修人员都必须经过专门的技术培训，熟悉所用数控机床的机械部件、数控系统、强电装置、液压气动装置等部分的使用环境、加工条件等；能按数控机床和数控系统使用说明书的要求正确、合理地使用设备。应尽量避免因操作不当引起的故障。通常，在数控机床使用的第一年内，有1/3以上的故障是由于操作不当引起的。

按操作规程要求进行日常维护工作，有些部件需要天天清理，有些部件需要定时加油和定期更换。

（2）对纸带阅读机或磁盘阅读机的定期维护。纸带阅读机是老一代数控系统信息输入的一个重要部件，CNC 系统参数、零件程序等数据通过它输入到 CNC 系统的寄存器中。如果阅读机读带部分有污物，会使读入的纸带信息出现错误。所以操作者每天应对阅读头、纸带压板、纸带通道表面进行检查，用纱布蘸酒精擦净污物。对纸带阅读机的运动部分，如主动轮滚轴、导向滚轴、压紧滚轴等每周应定时清理；对导向滚轴、张紧臂滚轴等每半年一次加注润滑油。对于磁盘阅读机中的磁盘驱动器内的磁头应用专用清洗盘定期进行清洗。

（3）防止数控装置过热。应定期清理数控装置的散热通风系统，应经常检查数控装置上各冷却风扇工作是否正常。应视车间环境状况，每半年或一个季度检查清扫一次。

环境温度过高常会使数控装置内温度超过55℃，这在我国南方常会发生。如安装空调装置，数控系统的可靠性会有比较明显的提高。

（4）经常监视数控系统的电网电压。通常数控系统允许的电网电压范围在额定值的 $-15\% \sim +10\%$ 之间，如果超出此范围，轻则使数控系统不能稳定工作，重则会造成重要的电子部件损坏。因此，要经常注意电网电压的波动。对于电网质量比较恶劣的地区，应及时配置数控系统专用的交流稳压电源装置，这将使故障率有比较明显的降低。

（5）防止尘埃进入数控装置内。

① 除了进行检修外，应尽量少开电气柜门。因为柜门常开易使空气中漂浮的灰尘和金属粉末落在印制电路板和电器接插件上，容易造成元件之间的绝缘电阻下降，从而出现故障甚至造成元件损坏。有些数控机床的主轴控制系统安置在强电柜中，强电柜门关得不严是使电器元件损坏、数控系统控制失灵的一个原因。

② 一些已受外部尘埃、油雾污染的电路板和接插件可采用专用电子清洁剂

喷洗。

(6) 存储器用电池要定期检查和更换。通常,数控系统存储参数用的存储器采用 CMOS 器件,其存储的内容在数控系统断电期间靠支持电池供电保存。支持电池一般采用锂电池或可充电的镍镉电池,当电池电压下降至一定值时就会造成参数丢失。因此,要定期检查电池电压,当该电压下降至限定值或出现电池电压报警时,应及时更换电池。在一般情况下,即使电池尚未消耗完,也应每年更换一次,以确保数控系统能正常工作。

更换电池时一般要在数控系统通电状态下进行,这样才不会造成存储参数丢失。一旦参数丢失,在调换新电池后,须重新将参数输入。

(7) 备用印制电路板的定期通电。已经购置的备用印制电路板应定期装到 CNC 系统上通电运行。实践证明,印制电路板长期不用时易出故障。

(8) 数控系统长期不用时的维护。应注意数控机床不宜长期封存,购买的机床要尽快投入生产使用。数控机床闲置过长会使电子元器件受潮,加快其技术性能下降或导致损坏。所以,当数控机床长期闲置不用时,也应定期对数控系统进行维护保养,保证机床每周通电 1 次 ~2 次,每次运行 1 小时左右,以防止机床电器元件受潮,并能及时发现有无电池报警信号,避免系统软件参数丢失。

三、数控机床的故障与分类

数控机床是机电一体化的产物,技术先进、结构复杂。数控机床的故障也是多种多样、各不相同,故障原因一般都比较复杂,这给数控机床的故障诊断和维修带来不少困难。为了便于机床的故障分析和诊断,按故障的性质、故障产生的原因和故障发生的部位等大致把数控机床的故障划分为以下几类。

1. 按数控机床发生的故障性质分类

1) 系统性故障

这类故障是指只要满足一定的条件,机床或者数控系统就必然出现的故障。例如电网电压过高或者过低,系统就会产生电压过高报警或者过低报警;切削量过大时,就会产生过载报警。例如一台采用 SINUMERIK810 系统的数控机床在加工过程中,系统有时自动断电关机,重新启动后,还可以正常工作。根据系统工作原理和故障现象怀疑故障原因是系统供电电压波动,测量系统电源模块上的 24V 输入电源,发现为 22.3V 左右,当机床加工时,这个电压还向下波动,特别是切削量大时,电压下降就大,有时接近 21V,这时系统自动断电关机,为了解决这个问题,更换容量大的 24V 电源变压器将这个故障彻底消除。

2）随机故障

这类故障是指在同样条件下，只偶尔出现一次或者两次的故障。要想人为地再现同样的故障则是不容易的，有时很长时间也很难再遇到一次。这类故障的分析和诊断是比较困难的。一般情况下，这类故障往往与机械结构的松动、错位，数控系统中部分元件工作特性的漂移，机床电器元件可靠性下降有关。

例如一台数控沟槽磨床，在加工过程中偶尔出现问题，磨沟槽的位置发生变化，造成废品。分析这台机床的工作原理，在磨削加工时首先测量臂向下摆动到工件的卡紧位置，然后工件开始移动，当工件的基准端面接触到测量头时，数控装置记录下此时的位置数据，然后测量臂抬起，加工程序继续运行。数控装置根据端面的位置数据，在距端面一定距离的位置磨削沟槽，所以沟槽位置是否准确与测量的准确与否有非常大的关系。因为不经常发生，所以很难观察到故障现象。因此根据机床工作原理，对测量头进行检查并没有发现问题；对测量臂的转动检查时发现旋转轴有些紧，可能测量臂有时没有精确到位，使测量产生误差。将旋转轴拆开检查发现已严重磨损，制作新备件，更换上后就再也没有发生此故障。

2. 按故障类型分类

1）机械故障

这类故障主要发生在机床主机部分，还可以分为机械部件故障、液压系统故障、气动系统故障、润滑系统故障等。

例如一台采用 SIEMENS SINUMERIK 810 系统的数控淬火机床开机回参考点、走 X 轴时，出现报警 1680“SERVOENABLETRAV. AXISX”，手动走 X 轴也出现这个报警，检查伺服装置，发现有过载报警指示。根据西门子说明书，产生这个故障的原因可能是机械负载过大、伺服控制电源出现问题、伺服电动机出现故障等。本着先机械后电气的原则，首先检测 X 轴滑台，手动盘动 X 轴滑台，发现非常沉，盘不动，说明机械部分出现了问题。将 X 轴滚珠丝杠拆下检查，发现滚珠丝杠已锈蚀，原来是滑台密封不好，淬火液进入滚珠丝杠，造成滚珠丝杠的锈蚀，更换新的滚珠丝杠，故障消除。

2）电气故障

电气故障是指电气控制系统出现的故障，主要包括数控装置、PLC 控制器、伺服单元、CRT 显示器、电源模块、机床控制元件以及检测开关的故障等。这部分的故障是数控机床的常见故障，应该引起足够的重视。

3. 按数控机床发生故障后有无报警显示分类

1）有报警显示故障

这类故障又可以分为硬件报警显示和软件报警显示两种。

(1) 硬件报警显示故障。硬件报警显示通常是指各单元装置上的指示灯的报警指示。在数控系统中有许多用以指示故障部位的指示灯,如控制系统操作面板、CPU 主板、伺服控制单元等部位,一旦数控系统的这些指示灯指示故障状态后,根据相应部位上的指示灯的报警含义,均可以大致判断故障发生的部位和性质,这无疑会给故障分析与诊断带来极大好处。因此维修人员在日常维护和故障维修时应注意检查这些指示灯的状态是否正常。

(2) 软件报警显示故障。软件报警显示通常是指数控系统显示器上显示出的报警号和报警信息。由于数控系统具有自诊断功能,一旦检查出故障,即按故障的级别进行处理,同时在显示器上显示报警号和报警信息。

软件报警又可分为 NC 报警和 PLC 报警。前者为数控部分的故障报警,可通过报警号,在《数控系统维修手册》上找到这个报警的原因与怎样处理方面的内容,从而确定可能产生故障的原因;后者的报警信息来自机床制造厂家编制的报警文本,大多属于机床侧的故障报警,遇到这类故障,可根据报警信息,或者 PLC 用户程序确诊故障。

2) 无报警显示的故障

这类故障发生时没有任何硬件及软件报 警显示,因此分析诊断起来比较困难。对于没有报警的故障,通常要具体问题做具体分析。遇到这类问题,要根据故障现象、机床工作原理、数控系统工作原理、PLC 梯形图以及维修经验来分析诊断故障。

例如,一台数控淬火机床经常自动断电关机,停一会再开还可以工作。分析机床的工作原理,产生这个故障的原因一般都是系统保护功能起作用,所以首先检查系统的供电电压为 24V,没有问题。在检查系统的冷却装置时,发现冷却风扇过滤网堵塞,出故障时恰好是夏季,系统因为温度过高而自动停机,更换过滤网,机床恢复正常使用。

又如一台采用德国 SIEMENS SINUMERIK 810 系统的数控沟槽磨床,在自动磨削完工件、修整砂轮时,带动砂轮的 Z 轴向上运动,停下后砂轮修整器并没有修整砂轮,而是停止了自动循环,但屏幕上没有报警指示。根据机床的工作原理,在修整砂轮时,应该喷射切削液,冷却砂轮修整器,但多次观察发生故障的过程,却发现没有切削液喷射。在出现故障时利用数控系统的 PLC 状态显示功能,观察控制切削液喷射电磁阀的输出 Q4. 5,其状态为“1”,没有问题。它是通过直流继电器 K45 来控制电磁阀的,检查直流继电器 K45 也没有问题。接着检查电磁阀,发现电磁阀的线圈上有电压,说明问题是出在电磁阀上,更换电磁阀,机床故障消除。

4. 按故障发生部位分类

1）数控装置部分的故障

数控装置部分的故障又可以分为软件故障和硬件故障。

（1）软件故障。有些机床故障是由于加工程序编制出现错误造成的，有些故障是由于机床数据设置不当引起的，这类故障属于软件故障。只要将故障原因找到并修改后，这类故障就会排除。

（2）硬件故障。有些机床故障是因为控制系统硬件出现问题，这类故障必须更换损坏的器件或者维修后才能排除。例如一台数控冲床出现故障，屏幕没有显示，检查机床控制系统的电源模块的24V 输入电源，没有问题，NC－ON 信号也正常，但在电源模块上没有5V 电压，说明电源模块损坏，维修后，机床恢复正常使用。

2）PLC 部分的故障

PLC 部分的故障也分为软件故障和硬件故障两种。

（1）软件故障。由于 PLC 用户程序编制有问题，在数控机床运行时满足一定的条件即可发生故障。另外，PLC 用户程序编制得不好，经常会出现一些无报警的机床侧故障，所以 PLC 用户程序要编制得尽量完善。

（2）硬件故障。由于 PLC 输入输出模块出现问题而引起的故障属于硬件故障。有时个别输入输出口出现故障，可以通过修改 PLC 程序或使用备用接口替代出现故障的接口解决。

例如，一台采用德国 SIEMENS SINUMERIK 810 系统的数控磨床，自动加工不能连续进行，磨削完一个工件后，主轴砂轮不退回修整，自动循环中止。分析机床的工作原理，机床的工作状态是通过机床操作面板上的钮子开关设定的，钮子开关接入 PLC 的输入 E7.0。利用数控系统的 PLC 状态显示功能，检查其状态，但不管怎样拨动钮子开关，其状态一直为“0”，不发生变化。而检查开关没有发现问题，将该开关的连接线连接到 PLC 的备用输入接口 E3.0 上，这时观察这个状态的变化，正常跟随钮了开关的变化，没有问题，由此证明 PLC 的输入接口 E7.0 损坏。因为手头没有备件，将钮子开关接到 PLC 的 E3.0 输入接口上，然后通过编程器将 PLC 程序中的所有 E7.0 都改成 E3.0。这时机床恢复了正常使用。

3）伺服系统故障

伺服系统的故障一般都是由于伺服控制单元、伺服电动机、测速装置、编码器等出现问题引起的。

4）机床主体部分的故障

这类故障大多数是由于外部原因造成的，如机械装置不到位、液压系统出现问题，开关损坏、驱动装置出现问题。机床主轴、导轨、丝杠、轴承、刀库等由于种种原因，会出现丧失精度、爬行、过载等问题。这些问题往往会造成数控系统的报警。因此，数控系统的故障判断是一个综合问题。

5. 按故障发生的破坏程度分类

1）破坏性故障

这类故障出现会对操作者或设备造成伤害或损害，如超程运行、飞车、部件碰撞等。发生破坏性故障后，例如一台数控车床在正常加工的情况下，刀具撞到工件，造成重大的损失。经过仔细分析，发现返回参考点错误，认真地分析发现行程开关（挡块）位置与电子栅格位置重合（偶尔），造成 Z 方向进给多出一个电子栅格，从而造成刀具工件相撞的破坏性故障。移动行程开关位置，问题得到圆满解决。

2）非破坏性故障

数控机床的绝大多数故障属于这类故障，出现故障时对机床和操作人员不会造成任何伤害，所以诊断这类故障时，可以再现故障，并仔细观察故障现象，通过故障现象对故障进行分析和诊断。

四、数控机床故障排除的思路和原则

1. 数控机床故障排除的思路

1）确认故障现象，调查故障现场，充分掌握故障信息

当数控机床发生故障时，维护维修人员对故障的确认是很有必要的，特别是在操作使用人员不熟悉机床的情况下尤为重要。此时，不应该也不能让非专业人士随意开动机床，特别是出现故障后的机床，以免故障的进一步扩大。

在数控系统出现故障后，维护维修人员也不要急于动手，盲目处理。首先要查看故障记录，向操作人员询问故障出现的全过程；其次，在确认通电对数控系统无危险的情况下，再通电亲自观察。特别要注意主要故障信息，包括数控系统有何异常、CRT 显示的报警内容是什么等，具体内容包括：

(1) 在故障发生时，报警号和报警提示是什么？有哪些指示灯和发光管报警？

(2) 如无报警，数控系统处于何种工作状态？数控系统的工作方式和诊断结果如何？

(3) 故障发生在哪个程序段？执行何种指令？故障发生前进行了何种操作？

(4) 故障发生时，进给在何种速度下？机床轴处于什么位置？与指令值的误差量有多大？

(5) 以前是否发生过类似故障？现场有无异常现象？故障能否重复发生？

(6) 观察数控系统的外观、内部各部分是否有异常之处。

2) 根据所掌握故障信息明确故障的复杂程度，并列出故障部位的全部疑点

在充分调查和现场掌握第一手材料的基础上，把故障问题正确地罗列出来。俗话说，能够把问题说清楚，就已经解决了问题的一半。

3) 分析故障原因，制定排除故障的方案

在分析故障时，维修人员不应仅局限于 CNC 部分，而要对机床强电、机械、液压、气动等方面都做详细的检查，并进行综合判断，制定出故障排除的方案，达到快速确诊和高效率排除故障的目的。

分析故障原因时应注意以下两个方面。

(1) 思路一定要开阔，无论是数控系统、强电部分，还是机械、液压、气压传动等，要将有可能引起故障的原因以及每一种解决的方法全部列出来，进行综合判断和筛选。

(2) 在对故障进行深入分析的基础上，预测故障原因并拟定检查的内容、步骤和方法，制定故障排除方案。

4) 检测故障，逐级定位故障部位

根据预测的故障原因和预先确定的排除方案，用试验的方法进行验证，逐级来定位故障部位，最终找出发生故障的真正部位。为了准确、快速地定位故障，应遵循"先方案后操作"等原则。

5) 故障的排除

根据故障部位及发生故障的准确原因，应采用合理的故障排除方法，高效、高质量地修复数控机床，尽快让数控机床投入生产。

6) 解决故障后资料的整理

故障排除后，应迅速恢复机床现场，并做好相关资料的整理工作，以便提高自己的业务水平，方便机床的后续维护和维修。

2. 故障排除应遵循的原则

在检测故障的过程中，应充分利用数控系统的自诊断功能，如系统的开机诊断、运行诊断、PLC 的监控功能等，根据需要随时检测有关部分的工作状态和接口信息，同时还应灵活应用数控系统故障检查的一些行之有效的方法，如交换法、隔离法。

另外，在检测、排除故障中还应掌握以下若干原则。

1) 先方案后操作(或先静后动)

维护维修人员碰到机床故障后，应先静下心来，考虑解决方案后再动手。

维修人员本身要做到先静后动，不可盲目动手，应先询问机床操作人员故障发生的过程及状态，阅读机床说明书、图样资料后，方可动手查找和处理故障。如果上来就碰这敲那，连此断彼，徒劳的结果也许尚可容忍，但若现场动手破坏导致误判，或者引入新的故障或导致更严重的后果，则会后患无穷。

2）先检查后通电

确定方案后，对有故障的机床要秉承"先静后动"的原则，先在机床断电的静止状态下，通过观察、测试、分析，确认为非恶性循环性故障或非破坏性故障后，方可给机床通电；在运行的工况下，进行动态的观察、检验和测试，查找故障。对恶性的破坏性故障，必须先排除危险后方可通电，在运行的工况下进行动态诊断。

3）先软件后硬件

当发生故障的机床通电后，应先检查数控系统的软件工作是否正常。有些故障可能是软件的参数丢失，或者是操作人员的使用方式、操作方法不当而造成的。切忌一上来就大拆大卸，以免造成更严重的后果。

4）先外部后内部

数控机床是机械、液压、电气等一体化的机床，故其故障必然要从机械、液压、电气这三个方面综合反映出来。在检修数控机床时，要求维修人员遵循"先外部后内部"的原则。即当数控机床发生故障后，维修人员应先采用望、闻、听、问等方法，由外向内逐一进行检查。比如在数控机床中，外部的行程开关、按钮开关、液压气动元件的连接部位，印制电路板插头座、边缘接插件与外部或相互之间的连接部位，电控柜插座及端子板等机电设备之间的连接部位。这些连接部位的接触不良导致的信号传递失真是造成数控机床故障的重要因素。此外，由于在工业环境中，温度、湿度变化较大，油污或粉尘对元件及线路板的污染、机械的振动等，都会对信号传送通道的接插件部位产生严重影响。在检修中要重视这些因素，首先检查这些部位就可以迅速排除较多的故障。另外，尽量避免随意启封、拆卸。不适当的大拆大卸，往往会扩大故障，使数控机床丧失精度，降低性能。

5）先机械后电气

由于数控机床是一种自动化程度高、技术较复杂的先进机械加工设备，一般来讲，机械故障较易察觉，而数控系统故障的诊断则难度要大些。"先机械后电气"的原则就是指在数控机床的检修中，首先检查机械部分是否正常，行程开关是否灵活，气动液压部分是否正常等。从经验来看，很大部分数控机床的故障是由机械动作失灵引起的。所以，在故障检修之前应首先逐一排除机械性的故障，这样往往可以达到事半功倍的效果。

6）先公用后专用

公用性的问题往往会影响到全局，而专用性的问题只影响局部。如数控机床的几个进给轴都不能运动时，应先检查各轴公用的CNC、PLC、电源、液压等部分，将发现的故障排除后，再设法解决某轴的局部问题。又如电网或主电源故障是全局性的，因此一般应首先检查电源部分，看看保险丝是否正常，直流电压输出是否正常等等。总之，只有先解决影响面大的主要矛盾，局部的、次要的矛盾才有可能迎刃而解。

7）先简单后复杂

当出现多种故障相互交织掩盖、一时无从下手时，应先解决容易的问题，后解决难度较大的问题。常常在解决简单故障的过程中，难度大的问题也可能变得容易。或者在排除简易故障时受到启发，对复杂故障的认识更为清晰，从而也就有了解决的办法。

8）先一般后特殊

在排除某一故障时，要先考虑最常见的可能原因，然后再分析很少发生的特殊原因。例如当数控车床 Z 轴回零不准时，常常是由降速挡块位置变动而造成的。一旦出现这一故障，应先检查该挡块位置；在排除这一故障常见的可能性之后，再检查脉冲编码器、位置控制等其他环节。

总之，在数控机床出现故障后，要视故障的难易程度，以及故障是否属于常见性故障，合理采用不同的分析问题和解决问题的方法。

五、数控机床维修的基本步骤

1. 故障记录

数控机床发生故障时，操作人员应首先停止机床，保护现场，然后对故障进行尽可能详细的记录，并及时通知维修人员。故障的记录可为维修人员排除故障提供第一手材料。记录内容应包括下述几个方面。

1）故障发生时的情况记录

需要记录的具体内容如下：

（1）发生故障的机床型号，采用的控制系统型号，系统的软件版本号；

（2）发生故障的部位以及故障的现象，如有异常声音、烟、异味等；

（3）故障发生时数控系统所处的操作方式，如AUTO/SINGLE（自动/单段方式）、MDI（手动数据输入方式）、STEP（步进方式）、HANDLE（手轮方式）、JOG（手动方式）、HOME（回零方式）等；

（4）若故障发生在自动方式下，则应记录故障发生时的加工程序号，出现故障的程序段号，加工时采用的刀具号以及刀具的位置等；

(5) 若故障为精度超差或轮廓误差过大时,则应记录被加工工件号,并保留不合格工件;

(6) 在发生故障时,若系统有报警显示,则应记录报警显示情况与报警号;

(7) 通过诊断画面,记录机床故障时所处的工作状态。如数控系统是否在执行 M、S、T 等功能,数控系统是否进入暂停状态或是急停状态,数控系统坐标轴是否处于“互锁”状态,进给倍率是否为 0% 等;

(8) 记录故障发生时各坐标轴的位置跟随误差的值;

(9) 记录故障发生时各坐标轴的移动速度、移动方向,主轴转速、转向等数据。

2) 故障发生的频繁程度的记录

需要记录的具体内容如下:

(1) 故障发生的时间与周期,如机床是否一直存在故障,若为随机故障,则一天发生几次,是否频繁发生;

(2) 故障发生时的环境情况,如是否总是在用电高峰期发生。故障发生时(如雷击后),周围其他机械设备的工作情况如何;

(3) 若为加工工件时发生的故障,则应记录加工同类工件时发生故障的概率;

(4) 检查故障是否与“进给速度”、“换刀方式”或“螺纹切削”等特殊动作有关。

3) 故障的规律性记录

需要记录的具体内容如下:

(1) 在不危及人身安全和设备安全的情况下,是否可以重现故障现象;

(2) 检查故障是否与机床的外界因素有关;

(3) 如果是在执行某固定程序段时出现故障,则可利用 MDI 方式单独执行该程序段,检查是否还存在同样的故障;

(4) 若机床故障与机床动作有关,在可能的情况下,应在手动方式下执行该动作,检查是否也有同样的故障;

(5) 机床是否发生过同样的故障,周围的数控机床是否也发生同一故障等。

4) 故障的外界条件记录

需要记录的具体内容如下:

(1) 发生故障时的周围环境温度是否超过允许温度,是否有局部的高温存在;

(2) 故障发生时,周围是否有强烈的振动源存在;

(3) 故障发生时,数控系统是否受到阳光的直射;

(4) 故障发生时,电气柜内是否有切削液、润滑油、水的进入等;

(5) 故障发生时,输入电压是否超过了数控系统允许的波动范围;

(6) 故障发生时,车间内或线路上是否有使用大电流的设备正在进行启、制动;

(7) 故障发生时,机床附近是否存在吊车、高频机械、焊接机或电加工机床等强电磁干扰源;

(8) 故障发生时,附近是否正在安装、修理或调试机床,是否正在修理、调试电气和数控系统。

2. 维修前的检查

维修人员在维修故障前,应根据故障现象与故障记录,认真对照数控系统与机床使用说明书进行各项检查,以便确认故障的原因。这些检查包括以下几个方面。

1) 数控机床的工作状况检查

需要记录的具体内容如下:

(1) 数控机床的调整状况如何,工作条件是否符合要求;

(2) 加工时所使用的刀具是否符合要求,切削参数的选择是否合理、正确;

(3) 自动换刀时,坐标轴是否到达了换刀位置,程序中是否设置了刀具偏移量;

(4) 数控系统的刀具补偿量等参数设定是否正确;

(5) 数控系统的坐标轴的间隙补偿量是否正确;

(6) 数控系统的设定参数(包括坐标旋转、比例缩放因子、镜像轴、编程尺寸单位选择等)是否正确;

(7) 数控系统的工作坐标系的"零点偏置值"的设置是否正确;

(8) 工件安装是否合理,测量手段与方法是否正确、合理;

(9) 机械零件是否存在因温度、加工而产生变形的现象。

2) 数控机床运转情况检查

需要记录的具体内容如下:

(1) 数控机床在自动运转过程中是否改变或调整过操作方式,是否插入了手动操作;

(2) 数控机床侧是否处于正常加工状态,工作台、夹具等装置是否处于正常工作位置;

(3) 数控机床操作面板上的按钮、开关位置是否正确。数控机床是否处于锁住状态,倍率开关是否设定为"0";

(4) 数控机床各操作面板上、数控系统上的“急停”按钮是否处于急停状态；

(5) 电气柜内的熔断器是否有熔断现象，自动开关、断路器是否有跳闸现象；

(6) 数控机床操作面板上的方式选择开关位置是否正确，进给保持按钮是否被按下。

3) 数控机床与数控系统之间连接情况的检查

需要记录的具体内容如下：

(1) 检查电缆是否有破损，电缆拐弯处是否有破裂、损伤现象；

(2) 电源线与信号线布置是否合理，电缆连接是否正确、可靠；

(3) 数控机床电源进线是否可靠接地，接地线的规格是否符合要求；

(4) 信号屏蔽线的接地方式是否正确，端子板上接线是否牢固、可靠，数控系统接地线是否连接可靠；

(5) 继电器、电磁铁等电磁部件是否装有噪声抑制器(灭弧器)。

4) CNC 装置的外观检查

需要记录的具体内容如下：

(1) 是否在电气柜门打开的状态下运行数控系统，是否有元切削液或切削粉末进入柜内，空气过滤器清洁状况是否良好；

(2) 电气柜内部的风扇、热交换器等部件的工作是否正常；

(3) 电气柜内部系统、驱动器的模块、印制电路板是否有灰尘、金属粉末等污染；

(4) 在使用纸带阅读机的场合，检查阅读机上是否有污物，阅读机上的制动电磁铁动作是否正常；

(5) 电源单元的熔断器是否熔断；

(6) 电缆连接器插头是否完全插入、拧紧；

(7) 数控系统模块、线路板的数量是否齐全，模块、线路板安装是否牢固、可靠；

(8) 数控机床操作面板 MDI/CRT、单元上的按钮有无破损，位置是否正确；

(9) 数控系统的总线设置、模块的设定端的位置是否正确。

总之，在维修时应记录、检查的原始数据、状态越多，记录越详细，维修就越方便。维修人员最好根据本部门的实际情况，编制一份故障维修记录表，在数控机床出现故障时，操作者可以根据表中的要求，及时填入各种原始数据，供维修时参考。

3. CNC 故障自诊断

功能齐全的 CNC、PLC 装置都配有故障诊断系统，它们可以将由各种开关、传感器反映的油位、温度、油压、电流、速度等状态信息，设置成数百个报警提示，并诊断、指示出发生故障的部位。维修人员在维修时要首先利用自诊断提示进行故障处理。自诊断程序主要包括启动自诊断、在线诊断、离线诊断等。所谓诊断程序，就是对数控机床的各部分，包括 CNC 系统本身进行状态或故障监测的软件，当数控机床出现故障时，可利用该诊断程序诊断出故障范围及其具体位置。

1）启动自诊断

启动自诊断（初始化诊断）是指在数控系统通电时，由数控系统内部诊断程序自动执行的诊断，它类似于计算机的开机自检。

启动自诊断可以对数控系统中的关键硬件，如 CPU、存储器、I/O 接口单元、CRT/MDI 单元、纸带阅读机、软驱等装置及外部设备进行自动检查，确定数控系统的安装、连接状态与性能。部分数控系统还能对某些重要的芯片，如 RAM、ROM、专用 LSI 等进行诊断。

数控系统的自诊断功能在开机时启动，只有当全部检查项目都被确认元误后，才能进入正常运行准备状态，即 CRT 显示进入正常运行的基本画面（一般为位置显示画面）。如果检查出有错，数控机床则不再转入正常运行状态，而是进入报警状态，它通过 CRT 或硬件（发光二极管）显示报警信息或报警号。诊断的时间取决于数控系统，一般只需数十秒，有的使用硬盘驱动器的数控系统则需要几分钟。如 SINUMERIK 840C 数控系统因要调用硬盘中的文件，诊断时间要略长一些。上述启动自诊断可将故障原因定位到电路板或模块上，甚至可定位到芯片上，如指出哪块 EPROM 出了故障，但在不少情况下仅将故障定位在某一范围内，维修人员需要通过维修手册中所指出的可能造成故障的原因及相应排除方法，经分析、判断后，才能找到真正的故障并加以排除。

在对数控系统进行维修时，维修人员应了解该数控系统的自诊断能力，以及所能检查的内容及范围，才能做到心中有数。在遇到级别较高的故障报警时，可以关机后重新开机，让数控系统启动自诊断，检查数控系统这些关键部分是否正常。下面举例介绍开机自诊断在排除数控系统故障中的应用。

案例一：

故障现象：由意大利 F90 钻床改制的大型数控导轨钻床，采用了 FUNAC－6M 数控系统。数控系统通电，进行开机自诊断时，CRT 上出现“SYSTEM ERROR 908”报警信息，数控系统不能进入正常工作状态。

故障诊断及处理：908 号报警为磁泡驱动器软件奇偶校验错故障。先对磁泡存储器重新初始化,但结果故障仍存在。将备用磁泡存储器存储板(BMU)调换,调换前将备板的坏环信息记下,以便对其进行初始化时输入新的坏环信息。调换备板并进行初始化后,故障依然存在。初步判断故障不在BMU板上。从故障记录上发现,该机在频繁出现908号报警时,曾在CRT上偶尔出现过081号(ROM故障)报警。因此,可采用调换ROM或ROM板的方法来排除故障疑点,将备用ROM电路板与原ROM板调换,调换之后,故障消除。

上述维修实例表明,开机自诊断可保证所检测重要部件的可靠性,一旦发生故障,数控系统会立即禁止机床运行,同时,也为维修人员排除一些疑难故障提供帮助。然而,目前数控系统的自诊断的功能尚存在着局限性,不可能将全部故障原因,准确定位到一个具体的模块上。因此,维修人员思路要开阔,不放过任一故障疑点,逐一排除,最终找出故障的真正原因。

2）在线诊断

CNC机床的在线诊断(后台诊断)是指CNC系统通过内装程序,在数控系统处于正常运行状态时,对CNC系统内部的各种状态以及与其相连的各执行部件进行自动诊断、检查。在线诊断包括CNC系统内部设置的自诊断功能和用户单独设计的对加工过程状态的监测与诊断功能,这些功能都是在机床正常运行过程中监视其运行状态的。只要数控系统不断电,在线诊断就一直进行而不停止。

另外,在线诊断采用监控的方式来提示报警,所以也称在线监控。它可分为CNC系统内部监控与外部设备监控两种诊断形式。

CNC系统内部监控是通过CNC系统的内部程序,对每一部分的状态进行自动诊断、监视和检查的一种方法。在线监控的范围包括CNC系统本身,以及与CNC系统相连的伺服单元、伺服电动机、主轴伺服单元、主轴电动机、外部设备等。在线监控功能在CNC系统工作过程中始终生效。

数控系统内部监控包括接口信号显示、内部状态显示和故障显示三个方面的内容。

(1) 接口信号显示。接口信号显示功能可以显示CNC和PLC、CNC和机床之间的全部接口信号的现行状态,表示输入/输出数字信号的通断情况,可以用来帮助分析故障。

在维修时,必须了解上述信号所代表的意义,以及了解信号产生、撤销应具备的各种条件后,才能进行相应的检查。数控系统生产厂家提供的“功能说明书”、“连接说明书”以及机床生产厂家提供的“机床电气原理图”是进行数控机床状态检查的技术指南。

(2) 内部状态显示。一般来说,利用内部状态显示功能,可以显示以下几方面的内容：

① 显示造成循环指令(加工程序)不执行的外部原因。例如：CNC 系统是否处于“到位检查”中；是否处于“机床锁住”状态；是否处于“等待速度到达”信号接通；在使用主轴每转进给编程时，是否等待“位置编码器”的测量信号；进给速度倍率是否设定为0%；

② 复位状态显示。显示数控系统是否处于“急停”状态或是“外部复位”信号接通状态；

③ 存储器内容是否能被正常读取的显示；

④ 负载电流的显示；

⑤ 位置跟随误差的显示；

⑥ 伺服驱动部分的控制信息显示；

⑦ 编码器、光栅等位置检测元件的输入脉冲显示等。

(3) 故障信息显示。在数控系统中，故障信息一般以“报警显示”的形式在CRT 上显示。报警显示的内容根据数控系统的不同有所区别。这些信息大都以“报警号”加文本形式出现，具体内容以及排除方法在数控系统生产厂家提供的“维修说明”中可以查阅。

外部设备监控是指采用计算机、PLC 编程器等设备，对数控机床的各部分的状态进行自动诊断、检查和监视的一种方法。如通过计算机、PLC 编程器对PLC 程序以梯形图或功能图的形式进行动态监测，它可以在机床生产厂家未提供 PLC 程序时，进行 PLC 程序的阅读、检查，从而加快数控机床的维修进度。此外，伺服驱动、主轴驱动系统的动态性能测试、动态波形显示等内容，通常也需要借助必要的在线监控设备进行。

随着计算机网络技术的发展，作为外部设备在线监控方式中的一种，以网络为媒介的远程诊断技术正在进一步普及、完善。通过网络，数控系统生产厂家可以直接对其生产的产品在现场的工作情况进行检测、监控，及时解决数控系统中出现的问题，并可为现场维修人员提供指导和帮助。

在线诊断一旦监视的信息超限，诊断系统就会通过显示器或指示灯等装置发出报警信号，提供报警号，并配以适当注释显示在屏幕上。维修人员可根据这些故障信息，经过分析，确认故障点并及时排除故障。

当然，实际诊断并不是那么容易的，因为系统所提供的报警信息，并非是唯一准确的，而仅仅是故障的可能原因，即仅仅提供了一些查找故障原因的线索。维修人员应结合机床结构，查阅机床维修手册，凭借自己的实践经验排除故障假象，才能找出真正的故障所在。另外，故障现象与故障原因并非存在一一对应关系，往往一种故障所引发出的现象是由几种原因引起的，或一种原因引起几种故障,即大部分故障是以综合形式出现的。

CNC 机床自诊断系统功能的强弱是评价一个 CNC 系统性能的一项重要指标。

各种 CNC 机床的自诊断功能报警号不尽完全相同,只能根据具体机床的使用说明书和维修手册进行分析、诊断。不过报警编号的分类方法大同小异,一般是按机床上各元器件的功能分别编号的。例如某型号的 CNC 系统的报警信号编组如下:

① 与 CNC 系统硬件(如存储器、伺服系统等)有关的报警编号为 1~99;

② 与机械控制有关的报警编号为 100~339;

③ 与操作失误有关的报警编号为 400~499;

④ 与外部通信对话有关的报警编号为 500~599;

⑤ 与加工程序编制错误有关的报警编号为 600~699。

此外,还有可编程控制器故障,连接方面的故障,温度、压力、液压等不正常,行程开关(或接近开关)状态不正常等都应有对应的编号。在每一类报警范围内,又按故障分类报警,如过热报警类、数控系统故障报警类、存储器故障报警类、伺服系统报警类、行程开关报警类、印制电路板间的连接故障报警类、编程/设定错误报警类、无操作报警类等。

机床自诊断功能的故障报警显示给维修工作带来了极大的方便。故在使用和维修数控机床的过程中,一定要充分重视故障报警显示的状态信息,经分析后加一些必要的测试,最后找出真正的故障原因。

在维修时,要特别重视、注意保护系统软件及系统数据,特别是 CNC 与 PLC 中有关机床的数据、PLC 用户程序、报警文本等随机携带的 CNC 系统的关键技术资料,它们是用电池保存在 RAM 存储器中的。

案例二:

故障现象:配置某数控系统的卧式加工中心在工作过程中 Y、Z 轴突然不能动作,并发出 401 号报警,关机后再启动,还能继续工作,此后关机再启动试备无法运行。

故障诊断及处理:401 号报警内容为 X、Y、Z 轴速度控制“READY”信号断开。据此检查 X、Y、Z 轴的速度控制单元板,发现 Y 轴速度控制单元板(A06B-6045-C001)的 TGLS 报警灯亮,说明是 Y 轴伺服系统的故障。提示可能原因有如下几个方面。

① 印制电路板设定不合适;

② 速度反馈电压没给或是断续给;

③ 伺服电动机动力电缆没有接到速度控制单元 T1 板的 5、6、7、8 端子上或

动力电缆短路。

经检查,Y轴伺服电动机因电刷损坏致使动力电缆烧断。更换电刷及电缆,故障排除。

维修实例表明,数控系统的自诊断功能在故障的诊断中起着十分重要的作用,它不但能保证系统的可靠运行,而且是维修人员排除故障的基本手段和方法。

3）离线诊断

当CNC系统出现故障或要判断其是否真正有故障时,往往要停机检查,这种检查方式称为离线诊断(或脱机诊断)。采用这种方法的主要目的是最终查明故障和进行故障定位,力求把故障定位在尽可能小的范围内,如缩小到某一模块上、某块线路板上或线路板上的某部分电路,甚至某个芯片或元器件。这种诊断方法属于高层次诊断。

数控系统的离线诊断需要专用的诊断软件或专用的测试装置,因此,这种方法只能在数控系统的生产厂家或专门的维修部门使用。随着计算机技术的发展,现在CNC的离线诊断软件正在逐步与CNC控制软件一体化,有的数控系统已将“专家系统”引入到故障诊断。通过这样的软件,操作者只要在CRT/MDI上做一些简单的会话操作,即可诊断出CNC系统或机床的故障。例如,美国A－B公司8200系统在作离线诊断时,只需要把专用的诊断程序读入到CNC,即可在运行中检查故障。有些数控系统将诊断程序与CNC控制程序一同存入CNC中,维修人员可随时用键盘调用诊断程序并使之运行,在CRT上观察诊断结果。离线诊断可以在现场、维修中心或CNC系统制造厂进行操作。

4. 故障诊断与排除的基本方法

当数控机床出现报警、发生故障时,维修人员不要急于动手处理,而应多观察。维修前应遵循下述两条原则。

一是充分调查故障现场,充分掌握故障信息,这是维修人员取得第一手材料的一个重要手段。在调查故障现场时,一方面要查看故障记录单,向操作者询问出现故障的全过程,详细了解曾发生过什么现象,采取过什么措施等。另一方面要亲自对现场做细致的勘查,从数控系统的外观到数控系统内部的各个印制电路板都应细心察看,看是否有异常之处。在确认数控系统通电无危险的情况下,方可通电,观察数控系统有何异常,CRT显示哪些内容。

二是认真分析故障的起因,确定检查的方法与步骤。目前所使用的各种数控系统,虽有多种报警指示灯或自诊断程序,但智能化的程度还不是很高(往往同一报警号可以有多种起因),不可能自动诊断出发生故障的确切部位。因此,在分析故障的起因时,一定要开阔思路。往往当数控自诊断出某一部分有故障时，究其起源，却不在数控系统本身，而是在机械部分。所以，分析故障时，无论是 CNC 系统、数控机床强电部分，还是机械系统、液（气）压系统等部分，只要有可能引起该故障的原因，都要尽可能全面地列出来，进行综合判断和筛选，然后通过必要的试验，达到确诊和最终排除故障的目的。

对于数控机床发生的大多数故障，总体上来说可采用下述几种方法来进行故障诊断和排除。

1）直观法（常规检查法）

直观检查指依靠人的感觉器官并借助于一些简单的仪器来寻找机床故障的原因。这种方法在维修中是常用的，也是首先采用的。“先外后内”的维修原则要求维修人员在遇到故障时应先采取问、看、听、触、嗅等方法，由外向内逐一进行检查。有些故障采用这种方法可迅速找到故障原因，而采用其他方法要花费许多时间，甚至一时解决不了。

例如配置某系统的 TC1000 型加工中心，控制面板显示消失，经检查面板 MS401 板电源熔丝烧断，而其内部无短路现象，更换熔丝后，故障消失，显示恢复正常。

又如 WY203 型自动换向数控组合机床，Z 轴一启动就出现跟随误差过大而报警停机。经检查发现位置控制环反馈元件光栅电缆由于运动中受力而拉伤断裂，造成丢失反馈信号。

再如 TC1000 型加工中心，一启动就发生 114 号报警，经检查发现 Y 轴光栅适配器插头松脱。

最后如 TH16350 型加工中心在加工中突然停机，打开电器柜发现 Y 轴电动机主电路熔断器烧坏，经检查与 Y 轴有关的元器件发现，Y 轴电动机动力线外表面被划伤，损伤处碰到机床外壳上造成短路而烧断熔丝。

利用外观检查，可有针对性地检查疑似故障的元器件，判断明显的故障，如热继电器脱扣、熔断丝状况、线路板（损坏、断裂、过热等）、连接线路、更改的线路是否与原线路相符等，外观检查的同时，注意获取故障发生时的振动、声音、焦糊味、异常发热、冷却风扇运行是否正常等信息。这种检查很简单，但非常必要。

利用人体的视觉功能可观察到设备内部器件或外部连接的状态变化。如电气方面可观察线路元器件的连接是否松动、短线或铜箔断裂，继电器、接触器与各类开关的触点是否烧蚀或压力失常，发热元器件的表面是否过热变色，电解电容的表面是否膨胀变形，保护器件是否脱扣，耐压元器件是否有明显的电击点以及碳刷接触表面与接触压力是否正常等。另外，对开机发生的火花、亮点等异常现象更应再重点检查。在机械故障方面，主要观察传动链中的组件是否间隙过大，固定锁紧装置是否松动，工作台导轨面、滚珠丝杠、齿轮及传动轴等表面的润滑状况是否正常，以及是否有其他明显的碰撞、磨损与变形现象等。

在现场维修中，利用人的嗅觉功能和触觉功能可检查因过流、过载或超温引起的故障并可通过改变参数设置或 PLC 程序来解决。

例如，某龙门式加工中心在安装调试后不久，Z 轴运动时偶尔出现报警，实际位置与指令不一致。采用直观法发现，Z 轴编码器外壳因被撞而变形，故怀疑该编码器已损坏，调换一个新编码器后上述故障排除。

2）系统自诊断法

充分利用数控系统的自诊断功能，根据 CRT 上显示的报警信息及各模块上的发光二极管等器件的指示，可判断出故障的大致起因。进一步利用数控系统的自诊断功能，还能显示数控系统与各部分之间的接口信号状态，找出故障的大致部位。它是故障诊断过程中最常用、有效的方法之一。

3）拔出插入法

拔出插入法是通过相关的接头、插卡或插拔件拔出再插入的过程，确定拔出插入的连接件是否为故障部位。有的本身就只是接插件接触不良而引起的故障，经过重新插入后，问题即可解决。

在应用拔出插入法时，需要特别注意的是，在插件板或组件拔出再插入的过程中，改变状态的部位可能不只是连接接口。因此，不能因为拔出插入后故障消失，就肯定是接口的接触不良，还存在内部的焊点虚焊恢复接触状态、内部的短路点恢复正常等可能性（虽然这种可能性很小）。

4）参数检查法

数控系统的机床参数是经过理论计算并通过一系列试验、调整而获得的重要数据，是保证机床正常运行的前提条件，直接影响着数控机床的性能。

参数通常存放在数控系统的存储器（RAM）中，一旦电池电量不足或受到外界的干扰或数控系统长期不通电，可能导致部分参数的丢失或变化，使机床无法正常工作。通过核对、调整参数，有时可以迅速排除故障。特别是在数控机床长期不用的情况下，参数丢失的现象经常发生。因此，检查和恢复机床参数，是维修中行之有效的方法之一。另外，数控机床经过长期运行之后，由于机械运动部件磨损，电器元器件性能变化等原因，也需要对有关参数进行重新调整。

案例三：

故障现象：配置某系统的 XK715 型数控立铣床，开机后不久出现 403 伺服未准备好、420、421、422 号（X、Y、Z 各轴超速）报警。

故障诊断及处理：这种现象常与参数有关。检查参数后，发现数据混乱。将参数重新输入，上述报警消失。再对存储器重新分配后，机床恢复正常。

在排除某些故障时，对一些参数还需进行调整。因为有些参数（如各轴的漂移补偿值、螺距误差补偿值、KV 系统、反向间隙补偿值、定位允差等）虽安装调整过，但由于受加工的局限、加工要求或控制要求的改变，个别参数会有不适应的情况。

同样，由于长时间的运行，机械传动部件会磨损，电器元件性能变化或调换零部件所引起的变化也需要对有关参数进行调整。

在参数调整、修改前，有的系统还要求输入保密参数值。如西门子公司的 SIEMENS SINUMERIK 810、840、880 等数控系统应输入 11 号保密值。

5）功能测试法

所谓功能测试法，是指通过功能测试程序检查机床的实际动作来判断故障的一种方法。可以对数控系统的功能（如直线定位，圆弧插补、螺纹切削、固定循环、用户宏程序等 G、M、S、T、F 功能）进行测试：用手工编程方法编制一个功能测试程序，并通过运行测试程序来检查机床执行这些功能的准确性和可靠性，进而判断出故障发生的原因。

这种方法常常应用于以下场合：

（1）机床加工造成废品而一时无法确定是编程、操作不当，还是数控系统故障。

（2）数控系统出现随机性故障，一时难以区别是外来干扰，还是数控系统稳定性不好。如不能可靠执行各加工指令，可连续循环执行功能测试程序来诊断系统的稳定性。

（3）闲置时间较长的数控机床再投入使用时，或对数控机床进行定期检修时。

案例四：

故障现象：在配备 FANUC－7CM 数控系统的加工中心，在加工过程中，出现零件尺寸相差甚大，数控系统又无报警的情况。此时就可使用功能程序测试法，将功能测试代输人数控系统空运行。测试过程如图 1－4 所示。

故障诊断及处理：当系统运行到含有 G01、G02、G03、G18、G19、G41 等指令的四角带圆弧的长方形典型程序时，发现机床运行轨迹与所要求的图形尺寸不符，从而确认机床刀补功能不良。该系统的刀补软件存放在 EPROM 芯片中，调换该集成电路后机床加工恢复正常。

6）交换部件法（或称部件替换法）

现代数控系统大都采用了模块化设计，按功能不同划分为不同的模块。随着现代数控技术的发展，使用的集成电路的集成规模越来越大，技术也越来越复杂。按照常规的方法，很难将故障定位在一个很小的区域。在这种情况下，

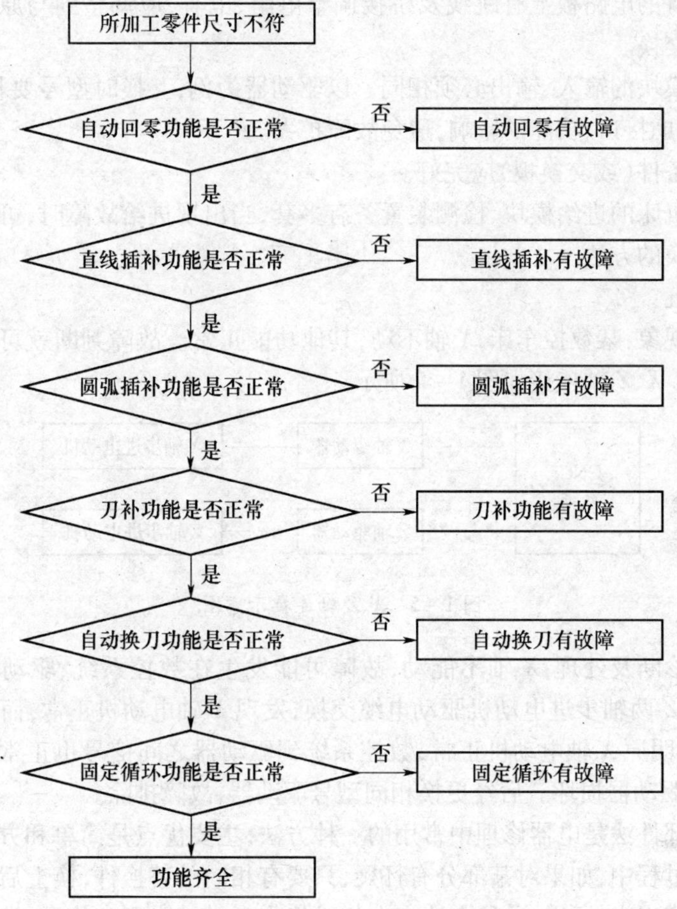

图 1－4　功能程序测试流程图

交换部件法也是在维修过程中最常用的故障判别方法之一。

所谓部件替换法，就是在大致确认了故障范围，并确认外部条件完全相符的情况下，利用装置上同样的印制电路板、模块、集成电路芯片或元器件来替换有疑点部分的方法。部件交换法简单、易行、可靠，能把故障范围缩小到相应的部件上。

在使用交换部件法时要注意以下几个方面：

(1) 在备件交换之前，应仔细检查、确认部件的外部工作条件；在线路中存在短路、过电压等情况时，切不可以轻易更换备件。

(2) 有些电路板，例如 PLC 的 I/O 板上有地址开关，交换时要相应改变设置值。

(3) 有的电路板上有跳线及桥接调整电阻、电容,应调整到与原电路板相同时方可交换。

(4) 模块的输入、输出必须相同。以驱动器为例,互换时型号要相同,若不同,则要考虑接口、功能的影响,避免故障扩大。

(5) 备件(或交换板)应完好。

数控机床的进给模块、检测装置备有多套,当出现进给故障时,可以考虑采用模块互换的方法。

案例五:

故障现象:某数控车床,X 轴不动,其他功能正常。故障判断就可以采用交换法进行。X、Z 轴连接如图 1-5 所示。

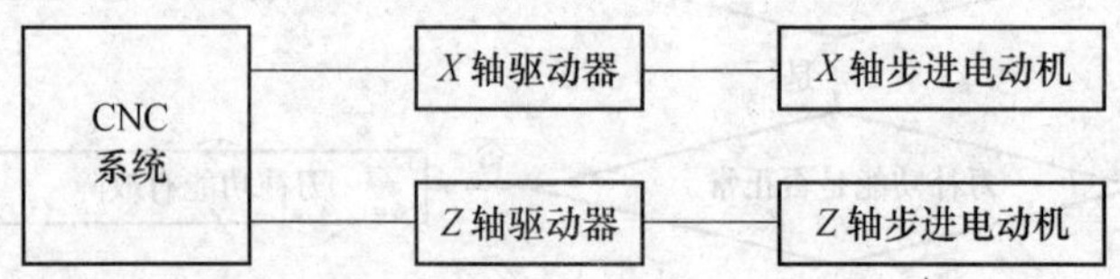

图 1-5　X、Z 轴连接示意图

故障诊断及处理:X 轴不能动,故障可能发生在数控系统、驱动器或电动机。将 X、Z 两轴步进电动机驱动电缆交换,发现 X 轴电动机正常,而 Z 轴电动机不动,说明原 X 轴电动机正常,数控系统到驱动器之间信号也正常。由此判断原 X 轴驱动器损坏。后经更换相同型号驱动器,故障排除。

交换部件法是电器修理中常用的一种方法,主要优点是简单和方便。在查找故障的过程中,如果对某部分有怀疑,只要有相同的替换件,换上后故障范围大都能分辨出来,所以,这种方法在电气维修中经常被采用。但是,如果使用不当,也会带来许多麻烦,造成人为的故障。因此,正确认识和掌握交换部件法的使用范围和操作方法,可提高维修工作效率和避免人为故障。

在电气修理中,采用交换部件法来检查判断故障时应注意其使用范围。对一些比较简单的电气元件,如接触器、继电器、开关、保护电气及其他各种单一电气元件,在对其有怀疑而一时又不能确定故障部位的情况下,使用“部件替换”法效果较好。对于由电子元件组成的各种电路板、控制器、功率放大器及所接的负载,替换时应小心谨慎。如果无现成的备件替换,需从相同的其他设备上拆卸时则应慎重从事,以防故障没找到,替换上的新部件又损坏,造成新的故障。

使用部件替换法应注意以下几个方面:

(1) 低压电器的替换应注意电压、电流和其他有关的技术参数,并尽量采用相同规格的替换；

(2) 如果没有相同的可替换的电子元件，应采用技术参数相近，且主要参数能覆盖被替换的电子元件；

(3) 在拆卸时应做好记录，特别是接线较多的地方，应防止接线错误引起的人为故障；

(4) 在有反馈环节的线路中，更换要注意信号的极性，以防反馈错误引起其他的故障；

(5) 在需要从其他设备上拆卸相同的备件替换时，要注意方法，不要在拆卸中造成被拆件的损坏。如果替换电路板，在新板换上前要检查一下使用的电压是否正常。

在确认对某一部分要进行替换前，应认真检查与其连接的有关线路和其他相关的电器。在确认无故障后才能将新的备件替换上去，防止外部故障损坏替换上去的部件。

此外，在交换 CNC 系统的存储器或 CPU 板时，通常还要对数控系统进行某些特定的操作，如存储器的初始化操作等，并重新设定各种参数，否则数控系统不能正常工作。这些操作步骤应严格按照数控系统的操作说明书及维修说明书进行。

7）隔离法

当某些故障（如轴抖动、爬行），因一时难以区分是数控部分，还是伺服系统或机械部分造成时，常采用隔离法来处理。隔离法通常用机电分离，数控系统与伺服系统分开，或将位置闭环分开做开环处理等方法判断故障。这样，复杂的问题就转化为简单的问题，就能较快地找出故障原因。

例如配置某系统的 JCS－018 立式加工中心，Z 轴忽然出现异常振动声，马上停机，将 Z 轴电动机与丝杠分开，试车时仍然振动，可见振动不是由机械传动机构的原因所造成。为区分是伺服单元故障，还是电动机的故障，采用了 Y 轴伺服单元控制 Z 轴电动机的方法，还是振动，所以初步可判断为 Z 轴电动机故障。更换后，故障排除。

8）升降温法

当设备运行时间比较长或者环境温度比较高时，机床容易出现故障。这时可人为地（例如可用电热器或红外灯直接照射）将可疑的元器件温度升高（应注意器件的温度参数）或降低，加速一些温度特性较差的元器件产生“病症”或使“病症”消除来寻找故障原因。

例如配有某系统的一台 XK715 型数控立式铣床工作数小时后，液晶显示屏（LCD）中部逐渐变白，直至全部变暗，无显示。关机一定时间，再开机工作数小时后，此故障再次出现。故障发生时机床其他部分工作正常，估计故障在LCD部分，且与温度有关。打开数控系统，故意将内部冷却风扇停转，使温度上升，发现开机后，马上就出现上述故障，可见，该显示器散热参数不符合条件。更换此LCD后，故障消除。

9）电源拉偏法

电源拉偏法就是拉偏（升高或降低电压，但不能反极性）正常电源电压，制造异常状态，暴露故障或薄弱环节，便于查找故障或处于临界状态的组件、元器件位置。

电源拉偏法常用于工作较长时间才出现的故障，或怀疑电网波动引起的故障。拉偏（升高或降低）正常电源电压，可能导致具有破坏性的结果，所以在使用拉偏法时要先分析整个数控系统是否有降额设计或保险系数，控制拉偏范围（为正常工作电压的85% ~120%），三思而后行。

10）测量比较法（对比法）

为了调整、维修的便利，在数控系统的印制电路板上，通常都设置有检测用的端子。维修人员利用这些检测端子，可以测量、比较正常的印制电路板和有故障的印制电路板之间的电压或波形的差异，进而分析、判断故障原因及故障所在位置。有时，还可以将正常部分试验性地造成“故障”或报警（如断开连线、拔去组件），看其是否和相同部分产生的故障现象相似，以判断故障原因。

通过测量比较法，有时还可以纠正因在印制电路板上的调整、设定不当而造成的“故障”。

测量比较法使用的前提是维修人员应了解正确的印制电路板关键部位、易出故障部位的正常电压值及正确的波形。这样才能进行比较分析，而且这些数据应随时做好记录并作为资料积累。

例如某数控立铣床，轴移动时出现振动，快速时尤为明显，甚至伴有大的冲击，而其他轴皆运行正常。将故障轴 Y 与正常轴 X 进行对比，用示波器观察低速时 X 轴和 Y 轴测速发电动机的输出，电压波形如图1-6所示。从图中可以看出，Y 轴测速发电动机输出的电压纹波明显大于 X 轴。拆开 Y 轴测速发电动机检查，发现其电枢被碳刷粉末污染。清除碳粉后再测其波形，纹波大为减小。移动 Y 轴，原抖动故障消除。

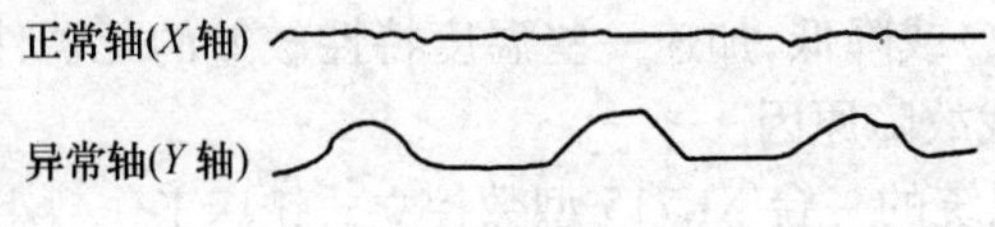

图1-6　X、Y轴测速波形

11）原理分析法（逻辑线路追踪法）

原理分析法是排除故障的最基本方法之一。当其他检查方法难以奏效时，可从电路的基本原理出发，一步一步进行检查，最终查出故障原因。

所谓原理分析法，是指通过追踪与故障相关联的信号，从中找到故障单元，根据 CNC 系统原理图（即组成原理），从前往后或从后往前地检查有关信号的有无、性质、大小及不同运行方式的状态，并与正常情况比较，看有什么差异或是否符合逻辑关系。对于“串联”线路，当发生故障时，可依次、逐一地找到故障单元位置；对于两个相同的线路，可以对他们进行部分地交换试验，例如把一个电动机从其电源上拆下，接到另一个电源上去试验。类似地，也可以在这个电源上另接一个电动机试验电源，这样可以判断出电动机还是电源有问题。但是对数控机床来说，问题就没有这么简单。交换一个单元，一定要保证该单元所处大环节（即位置控制环）的完整性。否则闭环可能受到破坏，保护可能环节失效，积分调节器可能输入不平衡。

硬接线（继电器—接触器）系统包括可见接线、接线端子、测试点等。当出现故障时，可用试电笔、万用表、示波器等简单测试工具测量电压、电流信号的大小、性质、变化状态，通过对电路的短路、断路、电阻值变化等的判断，判断出故障的原因。

以上这些检查方法各有特点，维修人员可以根据不同的故障现象加以灵活应用，逐步缩小故障范围，最终排除故障。

数控机床是机、电、液（气）、光等应用技术的结合，在诊断中应紧紧抓住微电子系统与机、液（气）、光等装置的结合点，这些结合点是信息传输的交点，了解此处信号的特征对故障诊断大有帮助，可以很快地初步判断故障发生的区段，如故障可能是在 CNC 系统、PLC、MT，还是液压等部分，以缩小检查范围。

【项目实施】

1. 组织方式

每五位同学一台华中数控车床。

2. 生产准备

每工位配备相关交流电压表、万用表、维修工具包、十字形螺钉刀、一字形螺钉刀、六角扳手、绝缘胶布、润滑油等实训场所用品一套。

【知识拓展】

了解数控维修常用的器具及元件。

1. 万用表

数控设备的维修涉及弱电和强电领域，最好配备机械式和数字式万用表各一个，机械式的应必备。机械式万用表除用于测量强电回路之外，还用于判断二极管、三极管、可控硅和电解电容等元器件的好坏，测量集成电路引脚的静态电阻值。数字式万用表可用来测量电压、电流、电阻值，还可测量三极管的放大倍数和电容值。它还有一个蜂鸣器挡，可测量电路的通断，判断印制电路的走向。

2. 逻辑测试笔和脉冲信号笔

这两种笔形仪器体积小，价格低，对以数字电路为主体的数控系统的现场故障检查十分适用且方便。一般使用 TTL 和 CMOS 逻辑电平通用型。

逻辑测试笔可测试电路是处于高电平还是低电平，或是不高不低的浮空电平，判断脉冲的极性是正脉冲还是负脉冲，输出的是连续脉冲还是单脉冲，还可大概估计脉冲的占空比和频率范围。脉冲信号笔则可发出单脉冲或连续脉冲、正脉冲或负脉冲，它和逻辑测试笔配合使用，就能对电路的输入和输出逻辑关系进行测试。

3. 示波器

数控系统修理通常用频带宽度为 10MHz ~ 100MHz 范围内的双通道示波器。示波器不仅可以测量电平、脉冲上下沿、脉宽、周期和频率等参数，还可以进行两信号的相位和电平幅度的比较。它还常用来观察主开关电源的振荡波形，直流电源或测速发电机输出的纹波，伺服系统的超调、振荡波形，也可以用来检查、调整纸带阅读机的光电放大器的输出波形，检查 CRT 电路垂直、水平振荡和扫描波形、视放电路的视频信号等。

4. PLC 编程器

不少数控系统的 PLC 控制器必须使用专用的编程器才能对其进行编辑、调试、监控和检查，如 SIEMENS 的 PG70、PG750、PG685，OMRON 的 GPC01 ~ GPC04 等。这些编程器可以对 PLC 程序进行编辑和修改，监视输入和输出状态及定时器、移位寄存器的变化值。在运行状态下修改定时器和计数器的设置值，可强制内部输出，对定时器、计数器和移位寄存器进行置位和复位等。带有图形功能的编程器还可显示 PLC 梯形图。

5. IC 测试仪

这类测试仪可离线快速测试集成电路的好坏，是数控系统进行元器件级维修时必要的仪器。它按所能测试的中、小规模数字芯片，大规模数字芯片和模拟芯片分类。

6. IC 在线测试仪

这是一种使用通用微机技术的新型数字集成电路在线测试仪器。它的主要特点是能对电路板上的芯片直接进行功能、状态和外特性测试，确认其逻辑功能是否失效。它所针对的是每个器件的型号以及该型号器件应具备的全部逻辑功能，而不管这个器件应用在何种电路中，因此它可以检查各种电路板，而且无需图样资料或了解其工作原理，为缺乏图样资料而使维修工作无从下手的数控维修人员提供一种有效的手段，目前在国内的应用日益广泛。

7. 短路追踪仪

短路是电气维修中经常碰到的故障现象，使用万用表寻找短路点往往很费劲。如遇到电路中某个元器件击穿短路，由于在两条连线之间可能并接有多个元器件，用万用表测量出哪一个元器件短路比较困难。再如对于变压器绕组局部轻微短路的故障，一般万用表测量也无能为力。而采用短路追踪仪可以快速找出电路板上的任何短路点，如焊锡短路、总线短路、电源短路、多层线路板短路、芯片及电解电容内部短路和非完全短路等。

8. 逻辑分析仪

它是专门用于测量多路数字信号的测试仪器，通常分 8、16 或 64 个通道，即可同时显示 8 个、16 个或 64 个逻辑方波信号。与显示连续波形的通用示波器不同，逻辑分析仪显示各被测点的逻辑电平，二进制编码或存储器的内容。通过仿真头它可仿真多种常用的如 INTEL 80 系列 CPU 系统，进行数据、地址、状态值的预置或跟踪检查。在维修时，逻辑分析仪可检查数字电路的逻辑关系是否正确，信号传输中是否有竞争、毛刺和干扰。通过测试软件的支持，对电路板输入给定的数据，同时跟踪测试它的输出信息，显示和记录瞬间产生的错误信号，找到故障所在。

以上介绍的测量仪表、仪器，有些是常用的，是数控系统维修人员必备的，有些则是维修单位进行元器件级维修所要配备的。由于数控系统电路板价格昂贵，向国外购买或送修又十分不便，大的维修单位常配置这类仪器进行元器件级的修理。

维修数控设备除了必要的测量仪表、仪器之外，一些维修工具是不可缺少的，主要有如下几种。

1. 电烙铁

它是最常用的焊接工具，焊 IC 芯片用 30W 左右的即可，常采用尖头的长寿命烙铁头，有条件使用恒温式的则更好。电烙铁使用时接地线非常重要，一旦烙铁漏电可能会击穿多个芯片。

2. 吸锡器

将多个引出脚的 IC 芯片从电路板上焊下来，常用的方法是采用吸锡器，目前有手动和电动两种。手动的吸锡器价格便宜，但在一些场合吸锡效果不好，如拆多层电路板上芯片的接地和电源引脚时，因散热快，难以吸尽焊锡。电动吸锡器带电热丝和吸气泵，使用时对准焊点，待锡熔化后按动（手动或脚踩）吸气泵将锡吸净。

3. 螺丝刀

常用的大、中、小尺寸的平口和十字口的各一套。在拆下某些数控零部件需买专用螺丝刀，如拆下 SIEMENS 伺服模块需用头部为六角形的螺丝刀。

4. 钳类工具

常用的是平头钳、尖嘴钳、斜口钳、剥线钳。

5. 扳手

常用的是大小活动扳手、各种尺寸的内六角扳手。

【项目作业】

1. 什么是数控机床？
2. 数控系统由哪几部分组成？简述每部分的功能。
3. 叙述常见故障的分类方法。
4. 请简述故障排除的过程。
5. 请列举故障排除的原则。
6. 什么是 CNC 故障自诊断？简述这三套自诊断方法。
7. 列举出故障排除的基本方法。
8. 结合实际，请给某数控机床制定一份维护安排表。

项目二

数控机床精度检测与验收

* 知识目标

1. 了解数控机床的验收；
2. 掌握软件的补偿原理。

* 能力目标

通过学习，了解提高数控机床精度的有效办法，用较低精度的机床加工出较高精度的产品。

【项目导入】

选择一台卧式数控车床,参照有关国家标准和机床行业标准,进行精度检验实训。

【项目知识】

一、数控机床的验收

一台数控机床全部检测验收是一项复杂的工作,对试验检测手段及技术要求也很高,它需要使用各种高精度仪器,对机床的机、电、液、气各部分及整机进行综合性能及单项性能检测,包括运行刚度和热变形等一系列试验,最后得出对该机床的综合评价。这项工作目前在国内还必须由国家指定的几个机床检测中心进行,才能得出权威性的结论意见,因此,这一类验收工作只适合于新型机床样机和行业产品评比检验。对一般数控机床用户,其验收工作主要根据机床出厂检验合格证上规定的验收条件,及实际能提供的检测手段,来部分地或全部地测定机床合格证上各项技术指标。检测的结果作为该机床的原始资料存入技术档案中,作为今后维修时的技术指标依据。

数控机床精度的验收同普通机床精度的验收差不多,验收的内容、方法及使用的检测仪器也基本上相同,只是要求更严、精度更高,使用的检测仪器精度也相应地要求更高些。与普通机床相比,数控机床多了数控功能,也就是数控系统按程序指令而实现的一些自动控制功能,包括各种补偿功能等,这些功能是普通机床所不具备的数控功能的检验,除了用手动操作或自动运行来检验这些功能有无以外,更重要的是检验其稳定性和可靠性。对一些重要的功能必须进行较长时间的连续空运转试验,证明确实安全可靠后才能正式交付使用。

如果控制系统的稳定性、可靠性很差,影响正常使用,或精度检测中有重要项目的技术指标不合格而影响使用,应及时与机床生产厂交涉,要求修理或重新调试,以及索取经济赔偿。

1. 开箱检验和外观检查

数控机床到厂后,设备管理部门要及时组织有关人员开箱检验。参加检验的人员应包括设备管理人员、设备安装人员、设备采购人员等。如果是进口设备,还须有进口商务代理、海关商检人员等。检验的主要内容包括:

(1)装箱单;

(2)核对应有的随机操作、维修说明书、图样资料、合格证等技术文件;

(3)按合同规定,对照装箱单清点附件、备件、工具的数量、规格及检查设备完好状况；

(4) 检查主机、数控柜、操作台等有无明显撞碰损伤、变形、受潮、锈蚀等问题，并逐项如实填写“设备开箱验收登记卡”存档。

开箱验收如果发现有缺件、型号不符，或设备已遭受撞碰损伤、变形、受潮、锈蚀等严重影响设备质量的情况，应及时向有关部门反映、查询、取证及索赔。

开箱检验虽然是一项清点工作，但也很重要，不能忽视。

机床外观检查是指不用仪器只用肉眼可以进行的各种检查。机床外观要求一般可按照通用机床有关标准检查，但数控机床是价格昂贵的高技术设备，对外观的要求就更高。对各防护罩、油漆质量、机床照明、切屑处理、电缆电线、油(气)管路的走线和固定等都有进一步的要求。

2. 机床性能及数控功能的检验

1) 机床性能的检验

机床性能主要包括主轴系统、进给系统、自动换刀系统、电气装置、安全装置、润滑装置、气液装置及各附属装置等的性能。

机床性能的检验内容一般都有十多项，不同类型的机床的检验项目有所不同。有的机床有气压、液压装置，有的机床没有这些装置；有的还有自动排屑装置、自动上料装置、主轴润滑恒温装置、接触式测头装置等。对于加工中心，还有刀库及自动换刀装置、工作台自动交换装置以及其他的附属装置，这些装置工作是否正常可靠都要进行检验。

数控机床性能的检验与普通机床基本一样，主要是通过观察、倾听以及试运转等方式进行检验。检验时主要检查各运动部件及辅助装置在启动、停止和运行中有无异常现象及噪声，润滑系统、油冷却系统以及各风扇等工作是否正常。

现以一台立式加工中心为例说明一些主要的检验项目。

(1) 主轴系统性能。

① 用手动方式选择高、中、低三个主轴转速，连续进行5次正转和反转的启动和停止动作，检验主轴动作的灵活性和可靠性；

② 用数据输入方式，主轴从最低一级转速开始运转，逐级提到允许的最高转速，实测各级转速数，允差为设定值的±10%，同时观察机床的振动。主轴在长时间高速运转后(一般为2小时)允许温升15℃；

③ 主轴准停装置连续操作5次，检验动作的可靠性和灵活性。

(2) 进给系统性能。

① 分别对各坐标进行手动操作，检验正、反方向的低、中、高速进给和快速移动的启动、停止、点动等动作的平稳性和可靠性；

② 用数据输入方式或者MDI方式测定G00和G01下的各种进给速度，允

差±5%。

(3) 自动换刀(ATC)系统。

① 检查自动换刀系统的可靠性和灵活性,包括手动操作及自动运行时刀库满负载条件下(装满各种刀柄)的运动平稳性,以及刀库内刀号选择的准确性;

② 测定自动交换刀具的时间。

(4) 机床噪声。机床空运转时的总噪声不得超过标准(80dB)。数控机床由于大量采用电调速装置,主轴箱的齿轮往往不是最大噪声源,而主轴电动机的冷却风扇、液压系统的液压泵的噪声等却可能成为最大噪声源。

(5) 电气装置。在运转试验前后分别作一次绝缘检查,检查接地线质量,确认绝缘的可靠性。

(6) 数控装置。检查数控柜的各种指示灯,检查纸带阅读机、操作面板、电柜冷却风扇、密封性等动作及功能是否正常可靠。

(7) 安全装置。检查对操作者的安全性和机床保护功能的可靠性。如各种安全防护罩,机床各运动坐标行程极限保护自动停止功能,各种电流电压过载保护和主轴电动机过热过负荷时紧急停止功能。

(8) 润滑装置。检查定时定量润滑装置的可靠性,检查润滑油路有无渗漏,到各润滑点的油量分配等功能的可靠性。

(9) 气、液装置。检查压缩空气和液压油路的密封、调压功能,液压油箱工作是否正常。

(10) 附属装置。检查机床各附属装置的工作可靠性。如冷却液装置能否正常工作。排屑器的工作质量,冷却防护罩有无泄漏,APC 交换工作台工作是否正常,试验带重负载的工作台面自动交换,配置接触式测头的测量装置能否正常工作及有无相应测量程序等。

2) 数控功能的检验

数控系统的功能随所配机床类型有所不同,同型号的数控系统所具有的标准功能是一样的,但是一台较先进的数控系统所具有的控制功能是很全的。对于一般用户而言并不是所有的功能都需要,有些功能可以由用户根据本单位生产上的实际需要和经济状况选择,这部分功能叫选择功能。当然,选择功能越多价格越高。数控功能的检测验收要按照机床配备的数控系统的说明书和订货合同的规定,用手动方式或用程序的方式检测该机床应该具备的主要功能。

数控功能检验主要内容有:

(1) 运动指令功能。检验快速移动指令和直线插补、圆弧插补指令的正确性。

(2) 准备指令功能。检验坐标系选择、平面选择、暂停、刀具长度补偿、刀具半径补偿、螺距误差补偿、反向间隙补偿、镜像功能、极坐标功能、自动加减速、固定循环及用户宏程序等指令的准确性。

（3）操作功能。检验回原点、单程序段、程序段跳读、主轴和进给倍率调整、进给保持、紧急停止、主轴和冷却液的起动和停止等功能的准确性。

（4）CRT 显示功能。检验位置显示、程序显示、各菜单显示以及编辑修改等功能准确性。

数控功能检验的最好办法是自己编一个拷机程序，让机床在空载下连续自动运行 16h ~ 32h。这个拷机程序应包括：

（1）主轴转动要包括标称的最低、中间和最高转速在内五种以上速度的正转、反转及停止等运行；

（2）各坐标运动要包括标称的最低、中间和最高进给速度及快速移动，进给移动范围应接近全行程，快速移动距离应在各坐标轴全行程的 1/2 以上；

（3）一般自动加工所用的一些功能和代码要尽量用到；

（4）自动换刀应至少交换刀库中 2/3 以上的刀号，而且都要装上重量在中等以上的刀柄进行实际交换；

（5）必须使用的特殊功能，如测量功能、APC 交换和用户宏程序等。

用以上这样的程序连续运行，检查机床各项运动、动作的平稳性和可靠性，并且要强调在规定时间内不允许出故障，否则要在修理后重新开始规定时间的拷机测试。注意不允许分段进行累积到规定运行时间的拷机测试。

3. 机床精度的验收

机床精度验收工作，必须在机床安装地基水泥完全干涸，并按照 JB 2670—82《金属切削机床精度检验通则》或 ISO/R 230—1961《机床检测通则》有关条文安装调试好机床以后进行。检测内容主要包括几何精度、定位精度和切削精度。

1）机床几何精度的检验

数控机床的几何精度是综合反映该机床的各关键零部件及其组装后的几何形状误差。检测内容和方法与普通机床相似，只是检测要求更高。普通立式加工中心主要检测以下几项：

（1）工作台面的平面度；

（2）各坐标方向移动的相互垂直度；

（3）X、Y 坐标方向移动时工作台面的平行度；

（4）X 坐标方向移动时工作台面 T 形槽侧面的平行度；

（5）主轴的轴向窜动；

（6）主轴孔的径向跳动；

(7) 主轴箱沿 Z 坐标方向移动时主轴轴心线的平行度;

(8) 主轴回转轴心线对工作台面的垂直度;

(9) 主轴箱在 Z 坐标方向移动的直线度。

目前,国内检测机床几何精度的常用检测工具有精密水平仪、精密方箱、直角尺、平尺、平行光管、千分表、测微仪、高精度检验棒等。检测工具的精度必须比所测的几何精度高一个等级,否则测量的结果将是不可信的。每项几何精度的具体检测方法可照 JB 2670—82《金属切削机床精度检验通则》、JB 4369—86《数控卧式车床精度》、JB/T 8771.1 ~ 7—1998《加工中心检验条件》等有关标准的要求进行,亦可按机床出厂时的几何精度检测项目要求进行。

表 2 - 1 所列是一台卧式加工中心出厂时的几何精度检测项目,表 2 - 2 所列是一台斜床身、带转盘刀架的卧式数控车床几何精度检测项目,供参考。

表 2 - 1　卧式加工中心几何精度检验项目

序号	检测内容		检测方法	允许误差/mm	实测误差
1	主轴箱沿 Z 轴方向移动的直线度	a X 轴方向 b Z 轴方向	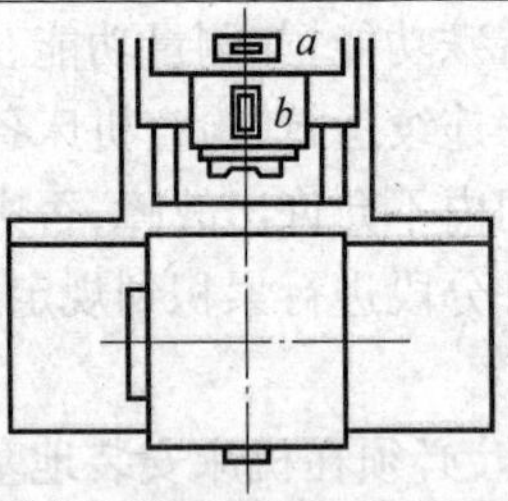	0.04/1000	
		c ZX 面内 Z 轴方向	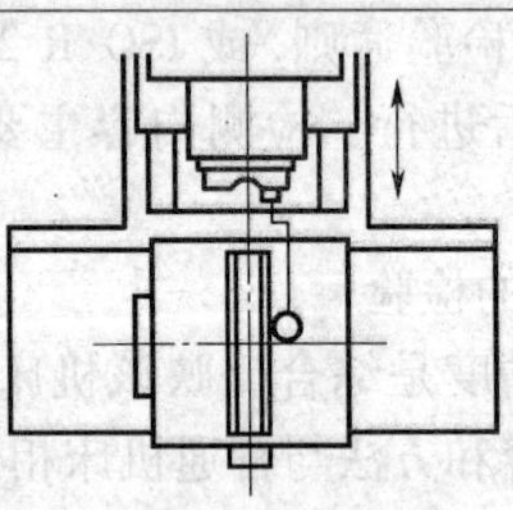	0.01/500	
2	工作台沿 X 轴方向移动的直线度	a X 轴方向 b Z 轴方向	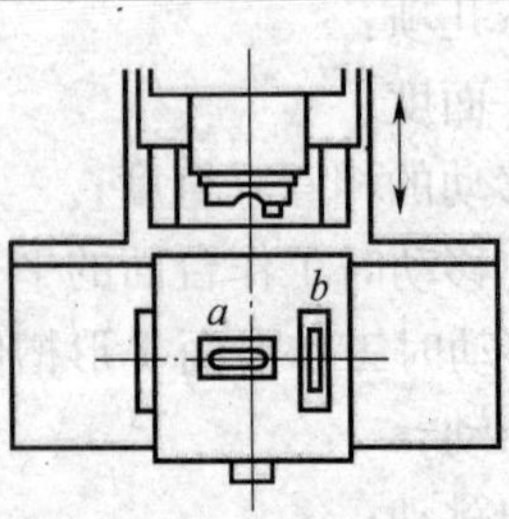	0.04/1000	

（续）

序号	检测内容		检测方法	允许误差/mm	实测误差
2	工作台沿 *X* 轴方向移动的直线度	*c* *ZX* 面内 *Z* 轴方向	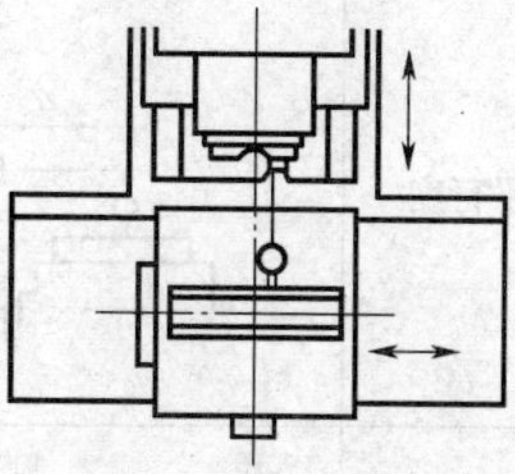	0.01/500	
3	主轴箱沿 *Y* 轴方向移动的直线度	*a* *XY* 平面	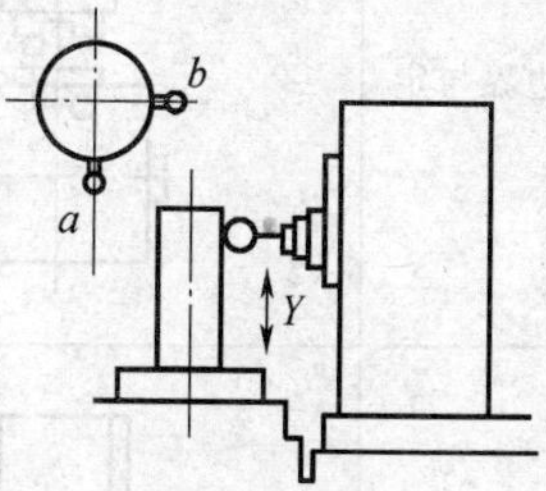	0.01/500	
		b *YZ* 平面			
4	工作面表面的直线度	*X* 方向	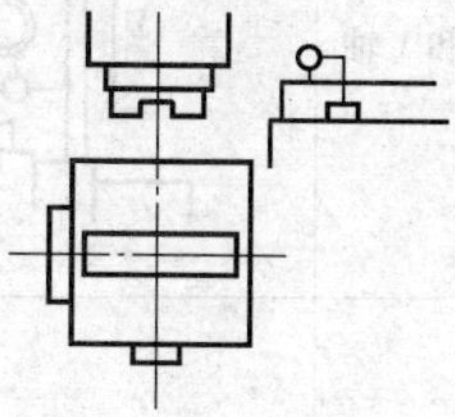	0.015/500	
		Z 方向	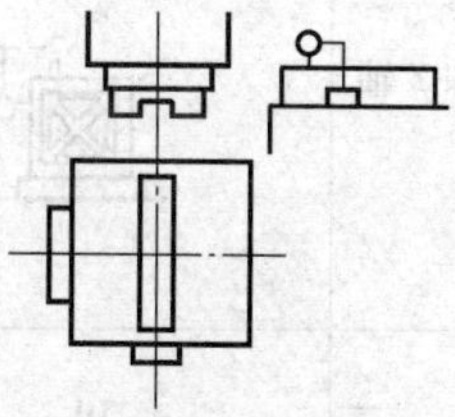	0.015/500	
5	*X* 轴移动工作台面的平行度		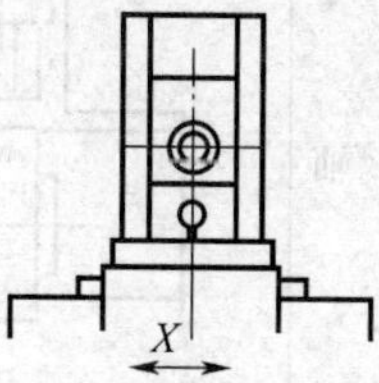	0.02/500	

（续）

序号	检测内容		检测方法	允许误差/mm	实测误差
6	*Z* 轴移动工作台面的平行度		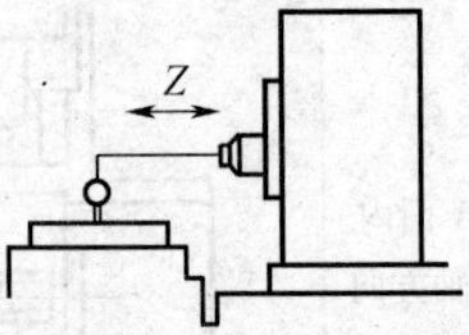	0.02/500	
7	*X* 轴移动时工作台边界与定位器基准面的平行度		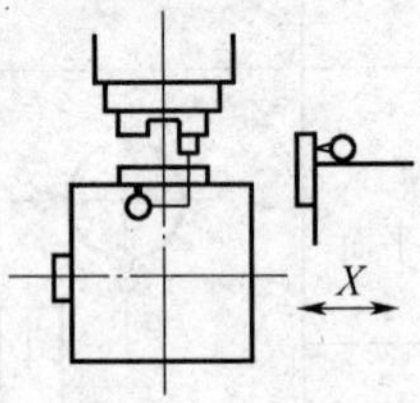	0.015/300	
8	各坐标轴之间的垂直度	*X* 和 *Y* 轴	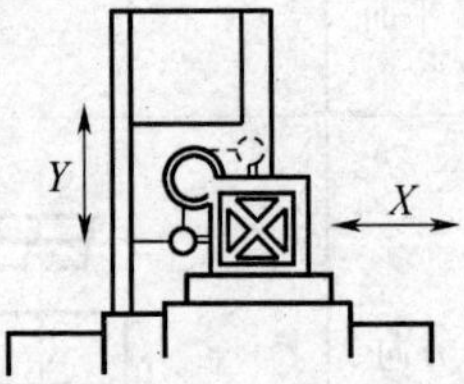	0.015/300	
		Y 和 *Z* 轴	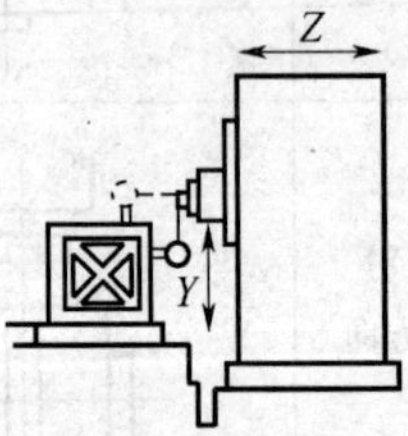	0.015/300	
		X 和 *Z* 轴	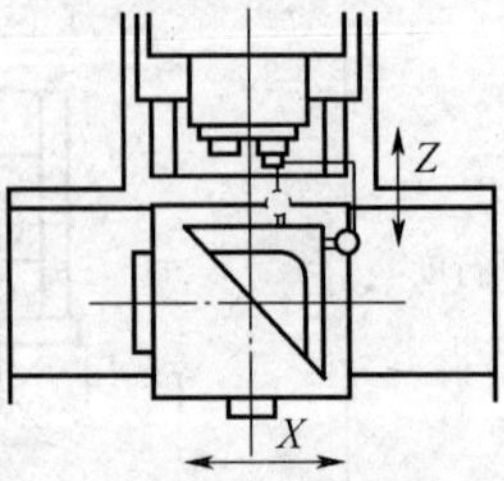	0.015/300	

（续）

序号	检测内容		检测方法	允许误差/mm	实测误差
9	回转工作台表面的振动		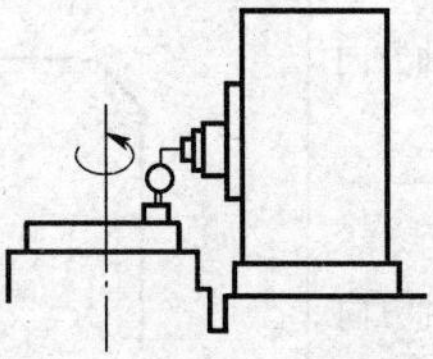	0.02/500	
10	主轴轴向跳动		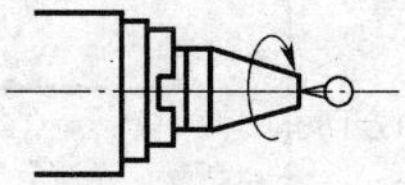	0.005	
11	主轴孔径向跳动	*a* 靠主轴端		0.01	
		b 离主轴端 300mm 处		0.02	
12	主轴中心线对工作台面的平行度	*a* *YZ* 平面内	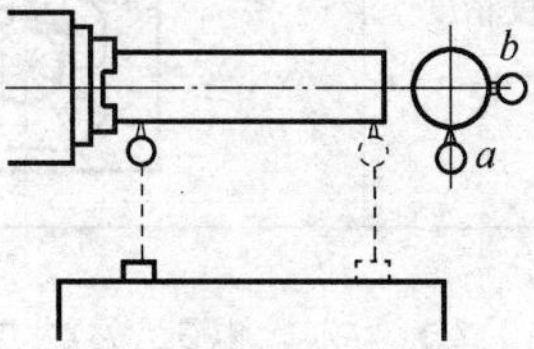	0.015/300	
		b *XZ* 平面内			
13	回转工作台回转 90°的垂直度		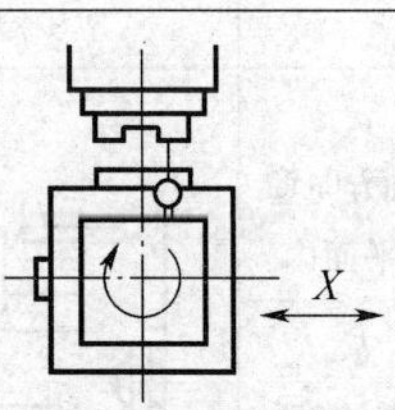	0.01	
14	回转工作台中心线到边界定位器基准面之间的距离精度	工作台 *A*	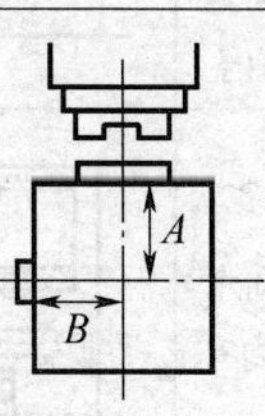	±0.02	
		工作台 *B*			

（续）

序号	检测内容		检测方法	允许误差/mm	实测误差
15	交换工作台的重复交换定位精度	X 轴方向		0.01	
		Y 轴方向			
		Z 轴方向			
16	各交换工作台的等高度			0.02	
17	分度回转工作台的分度精度			10″	

表 2-2　卧式数控车床几何精度检验

序号	检测内容		检测方法	允许误差/mm	实测误差
1	往复台 Z 轴方向运动的直线度	a Z 轴方向垂直平面内		0.05/1000	
		b X 轴方向垂直平面内		0.05/1000	
		c X 轴方向水平面内		全长 0.01	

（续）

序号	检测内容		检测方法	允许误差/mm	实测误差
2	主轴端面跳动			0.02	
3	主轴径向跳动			0.02	
4	主轴中心线与往复台 Z 轴方向运动的平行度	a 垂直平面内	a b	0.02/300	
		b 水平平面内		0.02/300	
5	主轴中心线与 X 轴的垂直度			0.02/200	
6	主轴中心线与刀具中心线的偏离程度	a 垂直平面内		0.05	
		b 水平平面内	a b	0.05	
7	床身导轨面的平行度	a 山形外侧	a b	0.02	
		b 山形内侧			

（续）

序号	检测内容		检测方法	允许误差/mm	实测误差
8	往复台 Z 轴方向运动与尾座中心线平行度	a 垂直平面内	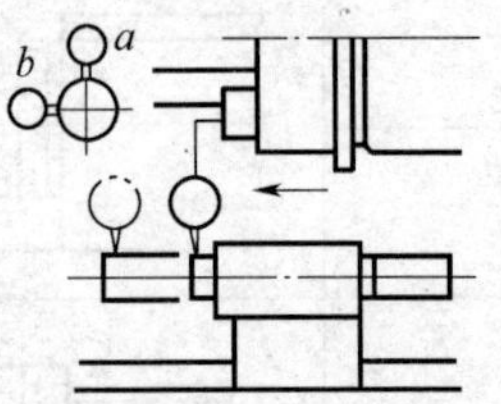	0.02/100	
		b 水平平面内		0.01/100	
9	主轴与尾座中心线之间的高度偏差		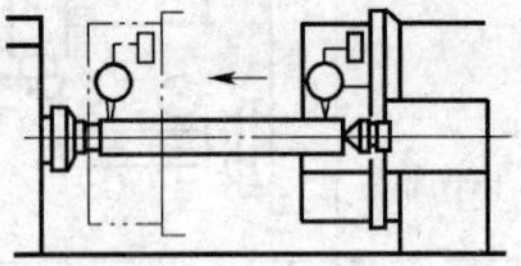	0.03	
10	尾座回转径向跳动		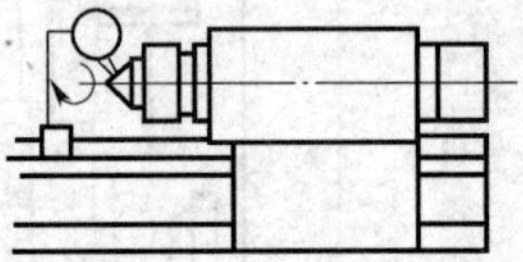	0.02	

机床几何精度的检测必须在机床精调后一次完成，不允许调整一项检测一项，因为几何精度有些项目是相互联系相互影响的。同时还要注意检测工具和测量方法造成的误差，例如表架的刚性、测微仪的重力、检验棒自身的振摆和弯曲等影响造成的误差。

2）机床定位精度的检验

数控机床定位精度，是指机床各坐标轴在数控装置控制下运动所能达到的位置精度。数控机床的定位精度又可以理解为机床的运动精度。普通机床由手动进给，定位精度主要决定于读数误差，而数控机床的移动是靠数字程序指令实现的，故定位精度决定于数控系统和机械传动误差。机床各运动部件的运动是在数控装置的控制下完成的，各运动部件在程序指令控制下所能达到的精度直接反映加工零件所能达到的精度，所以，定位精度是一项很重要的检测内容。定位精度主要检测以下内容：

(1) 各直线运动轴的定位精度和重复定位精度；

(2) 直线运动各轴机械原点的复归精度；

(3) 直线运动各轴的反向误差；

(4) 回转运动（回转工作台）的定位精度和重复定位精度；

（5）回转运动的反向误差；

（6）回转轴原点的复归精度。

测量直线运动的检测工具有：测微仪和成组块规、标准刻度尺、光学读数显微镜和双频激光干涉仪等。回转运动检测工具：360 齿精确分度的标准转台或角度多面体、高精度圆光栅及平行光管等。

（1）直线运动定位精度检测。直线运动定位精度一般都在机床和工作台空载条件下进行。如图 2－1(a)所示，按国家标准和国际标准化组织的规定(ISO 标准)，对数控机床的检测，应以激光测量为准。如图 2－1(b)所示，在没有激光干涉仪的情况下，对于一般用户来说也可以用标准刻度尺，配以光学读数显微镜进行比较测量。但是，测量仪器精度必须比被测的精度要高 1 个～2 个等级。

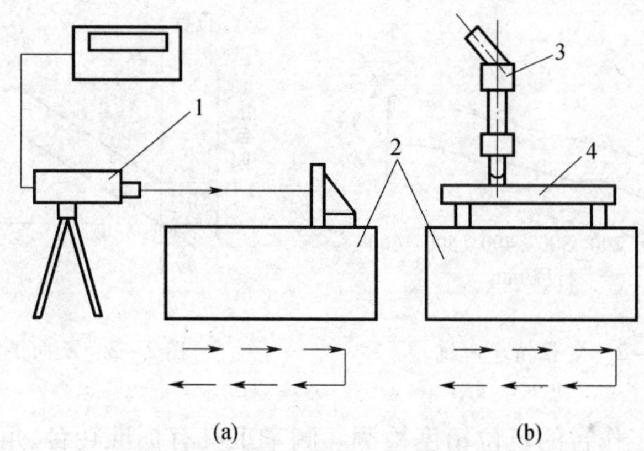

图 2－1　直线运动定位精度检测方法

（a）激光测量；（b）标准尺比较测量。

1—激光测距仪；2—工作台；3—光学读数显微镜；4—标准刻度尺。

为了反映出多次定位中的全部误差，ISO 标准规定每一个定位点按五次测量数据算平均值和方差 ±3σ，这时的定位精度曲线，是由各定位平均值连贯起来的一条曲线加上 ±3σ 方差带构成的定位点方差带，如图 2－2 所示。

（2）直线运动重复定位精度检测。检测用的仪器与检测定位精度所用仪器相同。一般检测方法是在靠近各坐标行程中点及两端的任意三个位置进行测量，每个位置用快速移动定位，在相同条件下重复作七次定位，测出停止位置数值并求出读数最大差值。以三个位置中最大一个差值的 1/2，附上正负符号，作为该坐标的重复定位精度，它是反映轴运动精度稳定性的最基本的指标。

（3）直线运动的原点返回精度检测。原点返回精度，实质上是该坐标轴上一个特殊点的重复定位精度，因此它的检测方法完全与重复定位精度相同。

(4) 直线运动的反向误差检测。直线运动的反向误差，也叫失动量，它包括该坐标轴进给传动链上驱动部件（如伺服电动机、伺服液压马达、步进电动机等）的反向死区，各机械动传动副的反向间隙和弹性变形等误差的综合反映。误差越大，则定位精度和重复定位精度也越差。

反向误差的检测方法是在所测坐标轴的行程内，预先向正向或反向移动一个距离并以此停止位置为基准，再在同一方向给予一定移动指令值，使之移动一段距离，然后再往相反方向移动相同的距离，测量停止位置与基准位置之差，如图 2-3 所示。在靠近行程的中点及两端的三个位置分别进行多次测定（一般为七次），求出各个位置上的平均值，以所得平均值中的最大值为反向误差值。

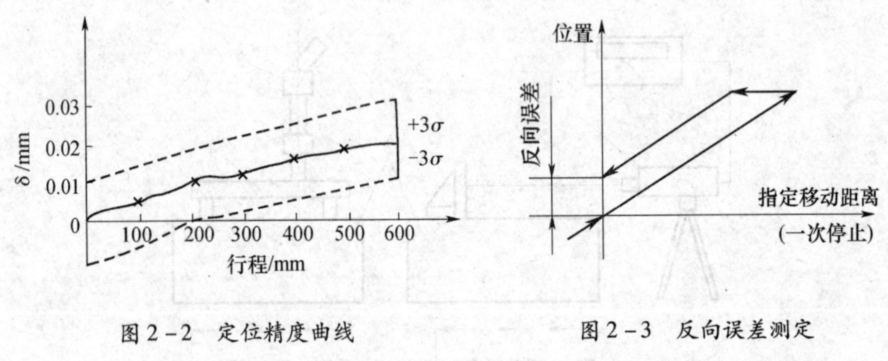

图 2-2　定位精度曲线　　　　图 2-3　反向误差测定

(5) 回转工作台的定位精度检测。测量工具有标准转台、角度多面体、圆光栅及平行光管（准直仪）等，可根据具体情况选用。测量方法是使工作台正向（或反向）转一个角度并停止、锁紧、定位，以此位置作为基准，然后向同方向快速转动工作台，每隔 30°锁紧定位，进行测量。正向转和反向转各测量一周，各定位位置的实际转角与理论值（指令值）之差的最大值为分度误差。如果是数控回转工作台，应以每 30°为一个目标位置，对于每个目标位置从正、反两个方向进行快速定位七次，实际达到位置与目标位置之差即位置偏差，再按 GB 10931—89《数字控制机床位置精度的评定方法》规定的方法计算出平均位置偏差和标准偏差，所有平均位置偏差与标准偏差的最大值的和与所有平均位置偏差与标准偏差的最小值的和之差值，就是数控回转工作台的定位精度误差。

考虑到实际使用要求，一般对 0°、90°、180°、270°等几个直角等分点作重点测量，要求这些点的精度较其他角度位置提高一个等级。

(6) 回转工作台的重复分度精度检测。测量方法是在回转工作台的一周内任选三个位置重复定位三次，分别在正、反方向转动下进行检测。所有读数值中与相应位置的理论值之差的最大值为重复分度精度。如果是数控回转工作台，要以每30°取一个测量点作为目标位置，分别对各目标位置从正、反两个方向进行五次快速定位，测出实际到达的位置与目标位置之差值，即位置偏差，再按 GB 10931—89 规定的方法计算出标准偏差，各测量点的标准偏差中最大值的6倍，就是数控回转工作台的重复分度精度。

(7) 回转工作台的原点复归精度检测。测量方法是从七个任意位置分别进行一次原点复归，测定其停止位置，以读出的最大差值作为原点复归精度。

3）机床切削精度的检验

机床的切削精度是一项综合精度，它不仅反映了机床的几何精度和定位精度，同时还包括了试件的材料、环境温度、刀具性能以及切削条件等各种因素造成的误差和计量误差。为了反映机床的真实精度，要尽量排除其他因素的影响。切削试件时可参照 JB 2670—82 规定的有关条文的要求进行，或按机床厂规定的条件，如试件材料、刀具技术要求、主轴转速、背吃刀量、进给速度、环境温度以及切削前的机床空运转时间等。切削精度检验可分单加工精度检验和加工一个标准的综合性试件精度检验两种。表2-3为卧式加工中心切削精度检验内容。表2-4为数控卧式车床切削精度检验内容。

表2-3　卧式加工中心切削精度检测项目

序号	检测内容		检测方法	允许误差/mm	实测误差
1	镗孔精度	圆度	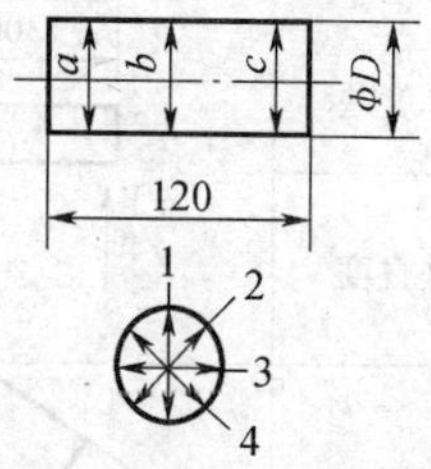 a, b, c, ΦD, 120	0.01	
		圆柱度	1, 2, 3, 4	0.01/100	
2	端铣刀铣平面精度	平面度	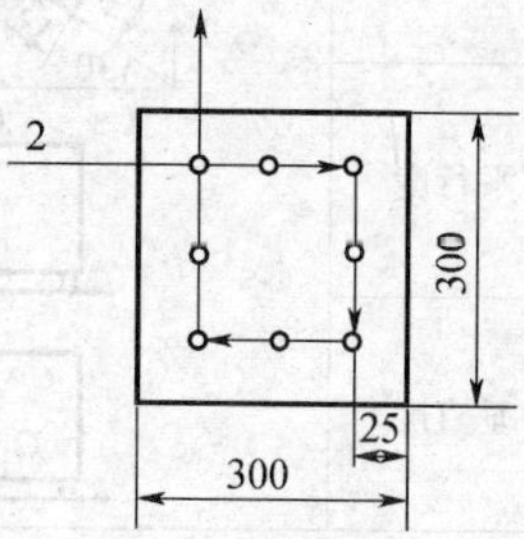 2, 300	0.01	
		阶梯差	25, 300	0.01	

（续）

序号	检测内容		检测方法	允许误差/mm	实测误差
3	端铣刀铣侧面精度	垂直度		0.02/300	
		平等度		0.02/300	
4	镗孔孔距精度	X轴方向	200 200 200 282.813 200 Y X	0.02	
		Y轴方向			
		对角线方向		0.03	
		孔径偏差		0.01	
5	立铣刀铣削四周面精度	直线度	(300) (300) 20 Y X	0.01/300	
		平行度		0.02/300	
		厚度差		0.03	
		垂直度		0.02/300	
6	两轴联动铣削直线精度	直线度	(300) (300) Y 30° X	0.015/300	
		平行度		0.03/300	
		垂直度		0.03/300	

（续）

序号	检测内容		检测方法	允许误差/mm	实测误差
7	立铣刀铣削圆弧精度		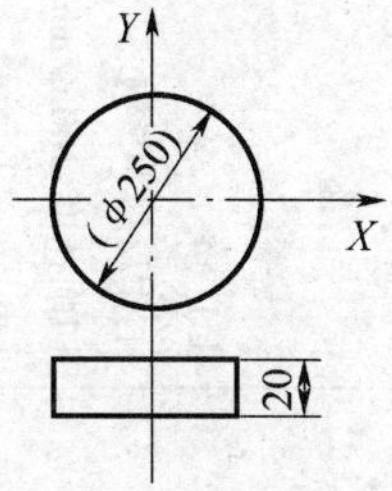	0.02	

要保证切削精度，就必须要求机床的几何精度和定位精度的实际误差要比允差小。例如某台加工中心的直线运动定位允差为 ±0.01/300mm、重复定位允差 ±0.007mm、失动量允差 0.015mm，但镗孔的孔距精度要求为 0.02/200mm，不考虑加工误差，在该坐标定位时，若在满足定位允差的条件下，只算失动量允差加重复定位允差（0.015mm + 0.014mm = 0.029mm），即已大于孔距允差 0.02mm。所以，机床的几何精度和定位精度合格，切削精度不一定合格。只有定位精度和重复定位精度的实际误差大大小于允差，才能保证切削精度合格。因此，当单项定位精度有个别项目不合格时，可以以实际的切削精度为准。一般情况下，各项切削精度的实测误差值为允差值的 50%，是比较好的。个别关键项目能在允差值的 1/3 左右，可以认为该机床的此项精度是相当理想的。对影响机床使用的关键项目，如果实测值超差，应视为不合格。

二、软件补偿原理

一般来讲，数控机床的优势在于软件（数控系统）和硬件（机床）的有机结合，这样才能很好地发挥数控机床的各种特性及先进的功能。一台数控设备经过一年的运行，很多移动部件都发生了不同程度的磨损，其位置精度都会发生变化。即使未到大修年限，一般精密级的数控机床都应重新进行位置精度的测试及补偿，这也属于机床维修及维护的重要部分，当然，大修的数控机床更需要进行位置精度的测试及补偿。本章着重介绍精度补偿的一般性原理及方法。

1. 螺距补偿原理

数控机床软件补偿的基本原理是：机床在机床坐标系中，于无补偿的条件下，在轴线测量行程内将测量行程等分为若干段，测量出各目标位置 P_i 的平均

表 2-4　数控卧式车床切削精度检验项目

序号	简图和试件尺寸	检验性质 切削条件	检验项目	允许误差/mm		检验工具	备注 参照 JB 2670 有关条款
				$D \leqslant 800$	$800 < D \leqslant 1500$		
P1	10　10　10　d　L/2　L L 取床身上最大车削直径的 1/2，或最大车削长度的 1/3，$L \leqslant 500$mm，$d \geqslant L/4$	在转塔刀架一个工位上，装夹单刃车刀，精车圆柱形试件	精车外圆的精度： ① 圆度（在试件固定端检验） ② 直径的一致性（试件同一轴向平面内直径的变化）	a 0.007 b 在 300 测量长度上为：0.03	0.010	圆度仪 千分尺	3.1　4.1　4.2 工作材料：45 钢 切削速度：100m/min～150m/min 背吃刀量：0.1mm～0.15mm 进给量≤0.01mm/r 机夹可转位车刀 刀片材料：YW3 涂层

（续）

序号	简图和试件尺寸	检验性质 切削条件	检验项目	允许误差/mm		检验工具	备注 参照 JB 2670 有关条款
				$D \leqslant 800$	$200 < D \leqslant 1500$		
P2	10 $\phi 30$ $\phi 10$ d $d_{\min} = D/2$	在刀架上，装夹单刃车刀精车端面 $D >$ 800mm 时车削 3 个带	精车端面的平面度（加工直径小于 50mm 的棒料机床不检验此项）	300 直径上为：0.020（只许凹）		平尺、块规或指示器	3.1　3.2.2 4.1　4.2 工作材料：灰铸铁 切削速度：100m/min 背吃刀量：0.1mm ~ 0.15mm 进给量≤0.1mm/r 机夹可转位车刀 刀片材料：YW3 涂层
P3	d L $L \geqslant 2d$，但不得小于 75mm d 接近 Z 轴丝杠直径	精车 60°螺纹，其螺距不超过 Z 轴丝杠螺距之半（允许使用顶尖）	精车螺纹的螺距累积误差	任意 60 测量长度上为：0.020		精密量仪	3.1　4.1　4.2 螺纹表面应光洁无凹陷及波纹具备螺距误差补偿装置、间隙补偿装置的机床，应在使用这些装置的条件下进行试验

(续)

P4车削综合试件
(1) 轴类试件
(适用有尾座的机床)
材料：45钢

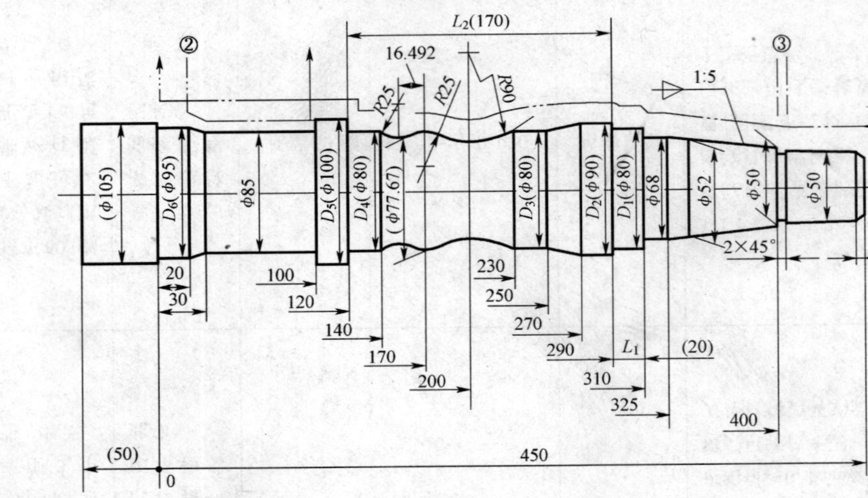

注：1. 编程时进给途径和次数可以不同；
2. 小规格机床试件尺寸可适当缩小；
大规格机床试件尺寸可适当放大；
3. 尺寸精度为实测尺寸与指令值的差值；
4. 具备螺距补偿装置、间隙补偿装置的机床，应在使用这些装置的条件下进行试验。

序号	检验项目		允差/mm
1	圆度(直径差)	D_6	0.015
2	直径尺寸精度	D_3、D_4、D_6	±0.025
3	直径尺寸精度	D_1、D_2、D_5	±0.020
4	直径尺寸差	$D_2-D_1=10$	±0.015
5	直径尺寸差	$D_3-D_4=10$	±0.020
6	长度尺寸精度	$L_1=20$	±0.025
		$L_2=170$	±0.035

(续)

(2) 盘类试件

(适用于无尾座的机床)

材料：45钢

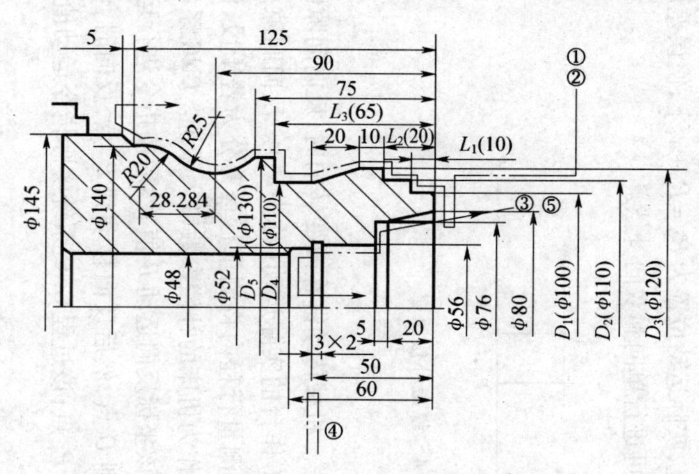

注：1. 编程时进给途径和次数可以不同；

2. 小规格机床试件直径可适当缩小；大规格机床试件直径可适当放大；

3. 尺寸精度为实测尺寸与指令值的差值；

4. 具备螺距补偿装置、间隙补偿装置的机床，应在使用这些装置的条件下进行试验。

序号	检验项目		允差/mm
1	圆度(直径差)	D_5	0.015
2	直径尺寸精度	D_4	±0.025
3	直径尺寸精度	D_1、D_2、D_3、D_5	±0.020
4	直径尺寸差	$D_2-D_1=10$	±0.015
5	直径尺寸差	$D_3-D_2=10$	±0.015
6	直径尺寸差	$D_3-D_4=10$	±0.020
7	长度尺寸精度	$L_1=10$	±0.025
		$L_2=20$	±0.025
		$L_3=65$	±0.035

位置偏差 $\bar{x}_i\uparrow$，把平均位置偏差反向叠加到数控系统的插补指令上。如图 2－4 所示，指令要求沿 X 轴运动到目标位置 P_i，目标实际位置为 P_{ij}，该点的平均位置偏差为 $\bar{x}_i\uparrow$；将该值输入系统，则 CNC 系统在计算时自动将目标位置 P_i 的平均位置偏差 $\bar{x}_i\uparrow$ 叠加到插补指令上，实际运动位置为 $P_{ij}=P_i+\bar{x}_i\uparrow$，使误差部分抵消，实现误差的补偿。螺距误差可进行单向和双向补偿。

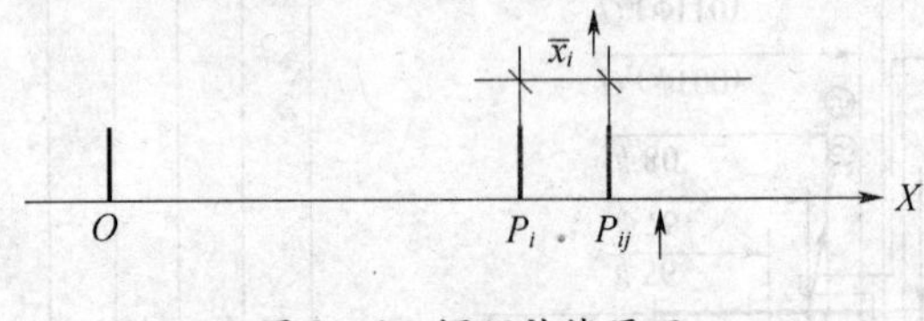

图 2－4　螺距补偿原理

2. 反向间隙补偿原理

反向间隙补偿又称为齿隙补偿。机械传动链在改变转向时，反向间隙的存在会引起伺服电动机的空转而无工作台的实际运动（称失动）。反向间隙补偿原理是在无补偿的条件下，在轴线测量行程内将测量行程等分为若干段，测量出各目标位置 P_i 的平均反向差值作为机床的补偿参数输入系统。CNC 系统在控制坐标轴反向运动时，自动先让该坐标反向运动 $\bar{B}$ 值，然后按指令进行运动。如图 2－5 所示，工作台正向移动到 O 点，然后反向移动到 P_i 点；反向时，电机（丝杠）先反向移动到 $\bar{B}$，后移动到 P_i 点；该过程 CNC 系统实际指令运动值 $L=P_i+\bar{B}$。

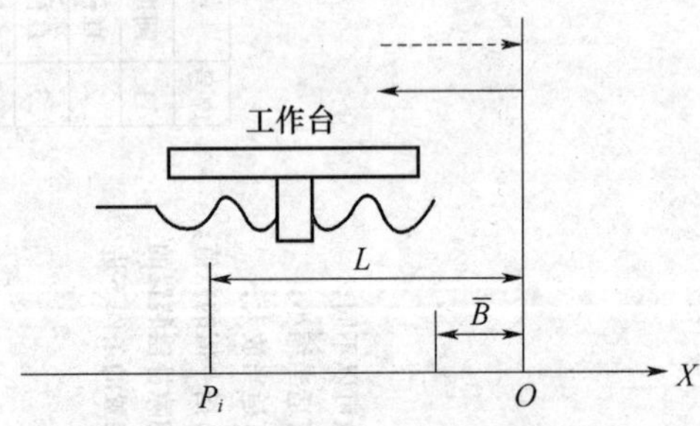

图 2－5　反向间隙补偿

反向间隙补偿在坐标轴处于任何方式时均有效。在系统进行了双向螺距补偿时，双向螺距补偿的值已经包含了反向间隙，因此，此时不需设置反向间隙的补偿值。

3. 误差补偿的适用范围

从数控机床进给传动装置的结构和数控系统的三种控制结构可知，误差补偿对半闭环控制系统和开环控制系统具有显著的效果，可明显提高数控机床的定位精度和重复定位精度。对全闭环数控系统，由于其控制精度高，采用误差补偿的效果不显著，但也可进行误差补偿。

【项目实施】

在数控机床维修实训室对 CK6132 型卧式数控车床，参照有关国家标准和机床行业标准，进行精度检验实训。

【知识拓展】

1. 数控机床的安装

1）工作环境

良好的工作环境是提高数控机床可靠性的必要条件。

精密数控机床要求工作在恒温条件下，以保证机床的可靠运行，保持机床的精度与加工精度。普通数控机床虽不要求工作在恒温条件下，但是环境温度过高会导致机床故障率的增加，这是由于数控系统的电子元器件有工作温度的限制。

数控机床对工作车间的洁净度亦有一定的要求。必须保持车间空气流通与干净。油雾和金属粉末会使电子元器件之间的绝缘电阻下降，甚至短路，造成系统故障、元器件损坏。

潮湿的环境会使数控机床的印刷电路板、元器件、接插件、电气柜、机械零部件等锈蚀，造成接触不良、控制失灵、机床的机械精度降低。

电网供电要满足数控机床正常运行所需总容量的要求，电压波动按我国标准不能超过 $-15\% \sim +10\%$，否则会造成电子元器件的损坏。

为了安全和减少电磁干扰，数控机床要求良好的接地，接地电阻要小于 $4\Omega \sim 7\Omega$。数控机床的 CNC 装置、伺服驱动系统虽进行了电磁兼容设计，但其抗干扰能力还是有限度的，强电磁干扰会导致数控系统失控，所以数控机床要远离焊机、大型吊车和其他能产生强电磁干扰的设备。

2）数控机床的基础处理和落位

3）数控机床部件组装

机床落位后，应当由机床生产厂家人员进行机床部件的组装和数控系统的连接。

机床部件的组装是指将分解运输的机床重新组装成整机的过程。组装前应将所有连接面、导轨、定位和运动面上的防锈油清洁干净，并准确可靠地将各部件连接组装成整机。

在完成机床部件的组装后,按照相应部分说明书和电缆、管道接头的标记连接电缆、油管、气管和水管并将其可靠地插接和密封连接到位,不可出现漏油、漏气和漏水的问题,特别注意要避免污染物进入管路,否则将会带来意想不到的问题。总之,机床部件的组装要达到:定位精度高、连接可靠、构件布局合理的安装效果。

数控系统的连接是针对数控装置及其配套的进给和主轴伺服驱动单元进行的,主要包括外部电缆的连接和数控系统电源的连接。

在连接前要认真检查数控装置与 MDI/CRT 单元、位置显示单元、电源单元、各印刷电路板和伺服单元等。注意是否有损伤和污染,电缆和屏蔽层有无破损或伤痕,脉冲编码器的码盘是否有磕碰痕迹。如有问题应及时进行补救或更换。

数控系统的外部电缆的连接,包括数控装置与 MDI/CRT 单元、强电柜、操作面板、进给伺服电动机和主轴电动机动力线、反馈信号线的连接等。连接中的插件是否到位,紧固螺钉是否可靠,都应当引起足够的重视。

数控机床要有良好的地线连接,保证设备、人身安全并减少电气干扰。

数控系统电源线的连接,是指数控柜电源变压器输入电缆的连接。

2. 数控机床的调试

1) 通电试车

数控机床通电试车调整包括粗调数控机床的主要几何精度与通电试运转,其目的是考核数控机床的基座及其安装的可靠性;考核数控机床的各机械传动、电气控制、数控机床的润滑、液压和气动系统是否正常可靠。通电试车前应擦除各导轨及滑动面上的防锈油,并涂上一层干净的润滑油。

数控机床通电试车前应检查以下内容:

(1) 检查数控机床与电柜的外观。

(2) 粗调数控机床的主要几何精度。

(3) 进行安装前期工作后,再安装数控机床及机械部分。

(4) 通电调试。

通电测试包括如下内容:

① 检查380V 主电源进线电压是否符合要求(我国标准为380×(1-15%)~380×(1+10%),即323V~418V)后接入电柜。

② 通电检查系统是否正常启动,显示器是否显示正常,将各个轴的伺服电动机不联机械部分运行,检查其是否运行正常,有无跳动、飞车等异常现象。若无异常,电动机可与机械部分连接。

③ 检查床身各部分电器开关(包括限位开关、参考点开关、行程开关、无触

点开关、油压开关、气压开关、液位开关等）的动作有效性，有无输入信号，输入点是否和原理图一致。

④ 根据丝杠螺距及机械齿轮传动比，设置好相应的轴参数。松开急停，点动各坐标轴，检查机械运动的方向是否正确，若不正确，应修改轴参数。

以低速点动各坐标轴，使之去压其正、负限位开关，仔细观察是否能压到限位开关，若到位后压不到限位开关，应立即停止点动；若压到，则应观察轴是否立即自动停止移动，屏幕上是否显示正确的报警号，报警号不对应时调换正、负限位开关的线。

将工作方式选到“手摇”挡，正向旋转手摇脉冲发生器，观察轴移动方向是否为正向；若不对应，调换 A、B 两相的线。

将工作方式选到“回零”挡，令所选坐标轴执行回零操作，仔细观察轴是否能压到参考点开关；若到位后压不到开关，立即按下“急停”按钮；若压到，则应观察回零过程是否正确，参考点是否已找到。

找到参考点后再回到手动方式，点动坐标轴去压正、负限位开关，屏幕上显示的正负数值即为此坐标轴的正负行程，以此为基准减微小的裕量，即可将其作为正负软极限写入轴参数。按上述步骤依次调整各坐标轴。

回参考点后用手动检查正负软限位是否工作正常。

⑤ 用万用表的欧姆挡检查机床的辅助电动机，如冷却、液压、排屑等电动机的三相是否平衡，是否有缺相或短路，若正常可逐一控制各辅助电动机运行，确认电动机转向是否正确。若不正确。应调换电动机任意两相的接线。

⑥ 用万用表的欧姆挡检查电磁阀等执行器件的控制线圈是否有断路或短路以及控制线是否对地短路，然后依次控制各电磁阀动作，观察电磁阀是否动作正确。若不正确，应检查相应的线或修改 POC 程序。启动液压装置，调整压力至正常，依次控制各阀动作，观察数控机床各部分动作是否正确到位，回答信号（通常为开关信号）是否反馈回 PLC。

⑦ 用万用表的欧姆挡检查主轴电动机的三相是否平衡，是否有缺相或短路；若正常可控制主轴旋转，检查其转向是否正确。有降压启动的，应检查是否有降压启动过程，星三角切换延时时间是否合适。有主轴调速装置或换挡装置的，应检查速度是否调整有效，各挡速度是否正确。

⑧ 涉及换刀等组合控制的数控机床应进行联调，观察整个控制过程是否止确。

（5）检查有无异常情况。

检查数控机床运转时是否有异常声音，主轴是否有跳动，各电动机是否有过热。

2）水平调整

一般数控机床的绝对水平调整在0.04/1000mm的范围之内。对于车床,除了水平和不扭曲达到要求外,还应进行导轨直线度的调整,确保导轨的直线度为凸的合格水平。对于铣床、加工中心机床,应确保运动水平(工作台导轨不扭曲)也在合格范围内。水平调整合格后,才可以进行机床的试运行。

【项目作业】

1. 数控功能检验包括哪些内容？如何进行检验？
2. 数控机床的精度检验包括哪些内容？
3. 为什么说数控机床的定位精度是一项很重要的检测内容？
4. 简述数控机床螺距补偿原理。

项目三

数控系统的连接与调试

＊ 知识目标

1. 熟悉数控系统的基本组成及控制原理，了解常用部件功能；

2. 掌握通过电气原理图进行数控系统各部件的接口连接；

3. 掌握数控系统的调试及运行方法。

＊ 能力目标

通过对 HED－21S 数控系统综合实验台的连接、调试练习，培养学生的独立分析能力和动手能力。

【项目导入】

以华中世纪星 HED－21S 数控系统综合实验台为载体，进行数控系统的连接和电气调试。

【项目知识】

华中世纪星 HNC－21 系列数控单元(HNC－21T,HNC－21M)采用先进的开放式体系结构，内置嵌入式工业 PC，配置 7.5 英寸彩色液晶显示屏和通用工程面板，集成进给轴接口、主轴接口、手持单元接口、内嵌式 PLC 接口，支持硬盘、电子盘等程序存储方式以及软驱、DNC、以太网等程序交换功能。可自由选配各种类型的脉冲接口、模拟接口交流伺服单元或步进电机驱动器。具有价格低、高性能、配置灵活、结构紧凑、易于使用、可靠性高的特点。主要用于小型车、铣加工中心。

一、华中世纪星 HNC－21 数控系统综合接线图

图 3－1 所示为 HNC－21 数控装置与其他装置单元连接的总体结构框图。HNC－21 数控装置通过 XS40～XS43 控制 HSV－11 型伺服单元，通过 XS30～XS33 控制其他类型的伺服单元，在一套系统中的进给装置的类型可以相同也可以不同，最多可以连接四个进给轴。

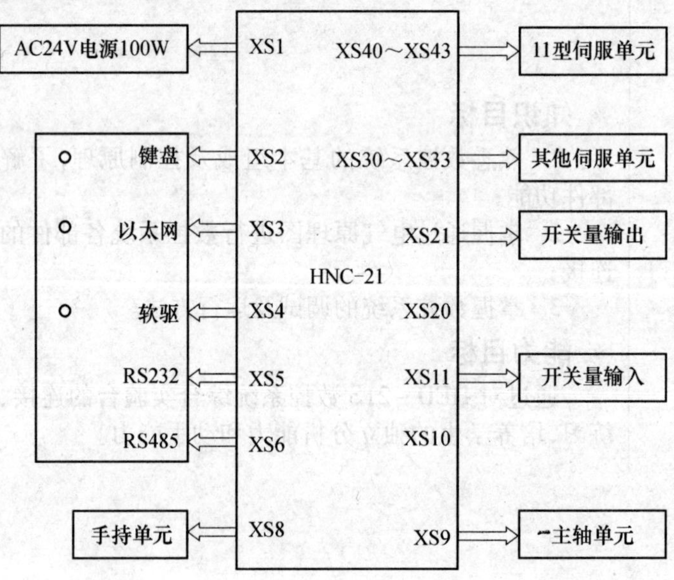

图 3－1　HNC－21 数控系统总体结构框图

华中世纪星 HNC－21 数控系统所有接口如图 3－2 所示。其中 XS1 为电源接口，XS2 为 PC 键盘接口，XS3 为以太网接口，XS4 为软驱接口，XS5 为 RS232 接口，XS6 为远程 I/O 接口，XS8 为手持单元接口，XS9 为主轴控制接口，XS10、XS11 为开关量输入，XS20、XS21 为开关量输出接口，XS30～XS33 为模拟式、脉冲式伺服和步进电动机驱动单元控制接口，XS40～XS43 为串行式 II 型（HSV－11D）伺服控制接口。HNC－21 数控系统与外围设备连接示意图如图 3－3 所示。

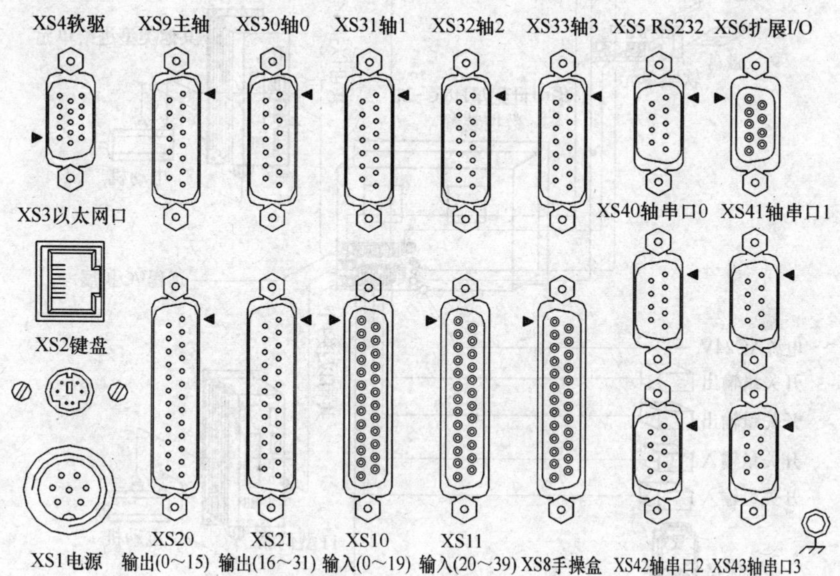

图 3－2　HNC－21 数控系统所有接口图

二、HED－21S 数控系统综合实验台

图 3－4 所示是华中数控综合实验台外观图，该试验台由数控装置、变频调速主轴及三相异步电动机、交流伺服单元及交流伺服电动机、步进电动机驱动器及步进电动机、测量装置、十字工作台组成。图 3－5 所示，是华中数控综合实验台组成的框图，图中除电源接口外，其他接口均可选用。

1. 数控系统电源

华中世纪星 HED－21S 数控系统综合实验台电源部分工作原理图如图 3－6所示。从图中可以看出：

（1）AC380V 电源经过总空气开关 T－QF1、空气开关 T－QF2、伺服变压器给伺服驱动装置、刀架电动机提供电源；

（2）取 AC380V 中的两相通过控制变压器 T－TC1、空开 T－QF4、一路作为

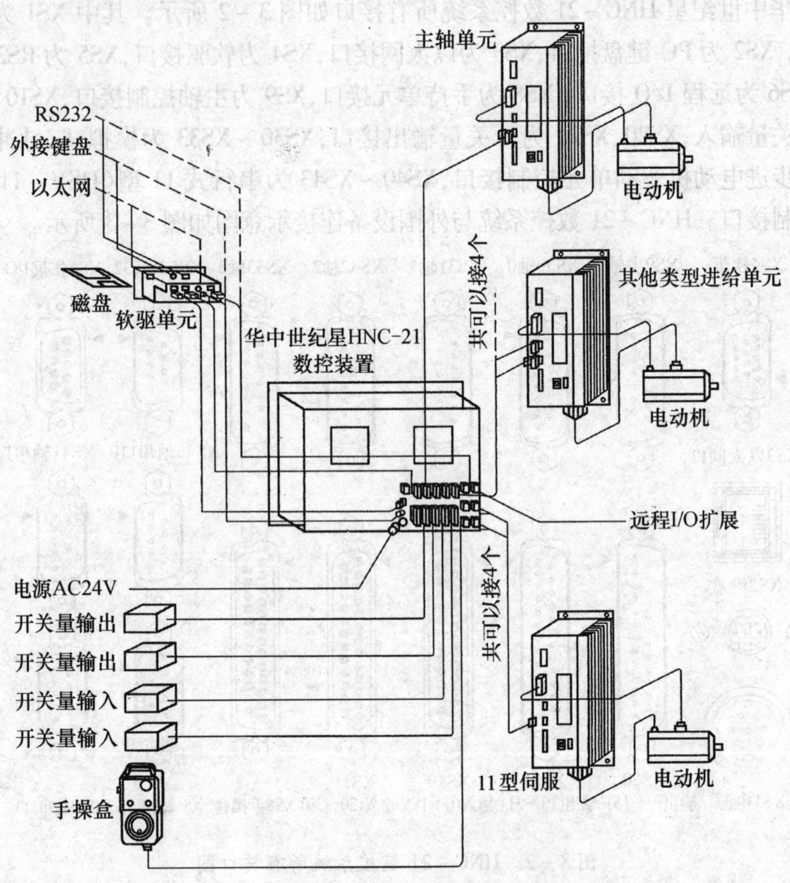

图 3-3　HNC-21 数控系统与外围设备连接示意图

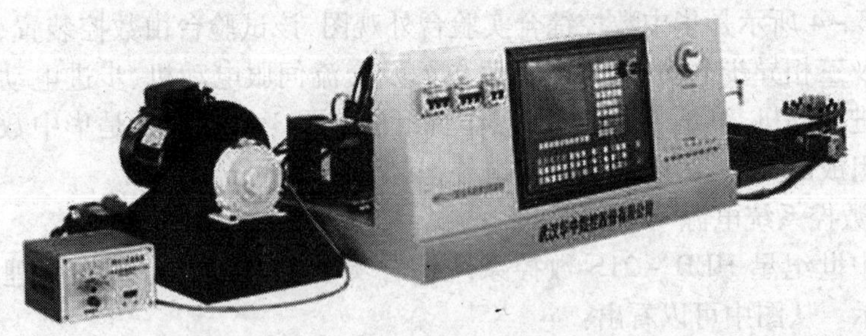

图 3-4　HED-21S 数控综合实验台外观图

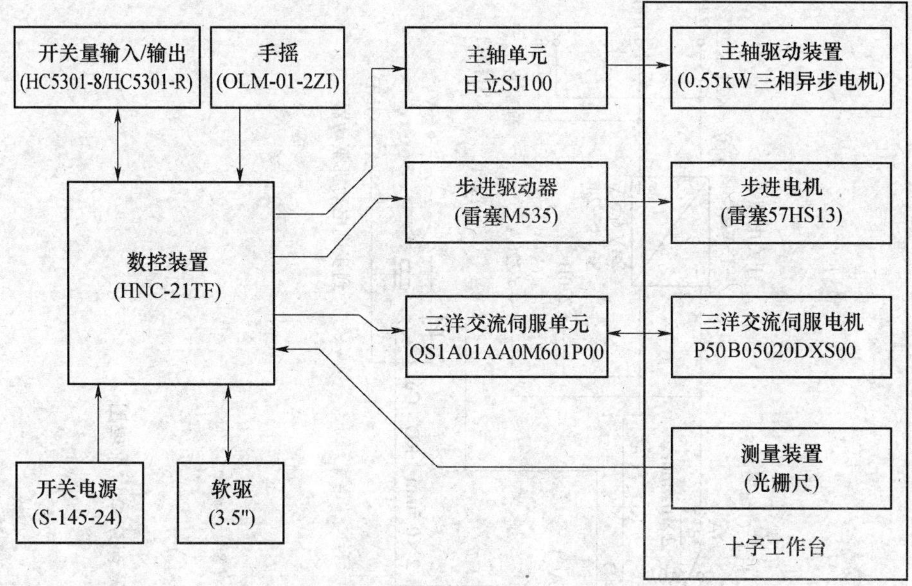

图 3－5　HED－21S 数控综合实验台组成框图

伺服驱动器的控制电源，另一路通过开关电源 T－VC1 给下列装置提供 24V 直流电源：

① 通过 XS1 接口到 CNC 控制系统；

② 急停控制回路；

③ I/O 转接板；

④ 伺服驱动器；

⑤ 刀架控制回路等。

(3) 取 AC380V 中的两相通过控制变压器 T－TC1、整流桥、空气开关 T－QF3 为步进电动机驱动器提供 36V 直流电源。

2. 直流控制原理图

开关量输入装置采用的是 HC5301－8 输入接线端子板，作为 HNC－21 数控装置 XS10、XS11 接口的转接单元使用，以方便连接及提高可靠性。输入接线端子板提供了 NPN 和 PNP 两种类型开关量信号输入接线端子，每块输入接线端子板有 20 个 NPN(或 PNP)开关量信号输入接线端子，最多可接受 20 路 NPN(或 PNP)开关量信号的输入。系统输入开关量及输入接线端子如图 3－7 所示。

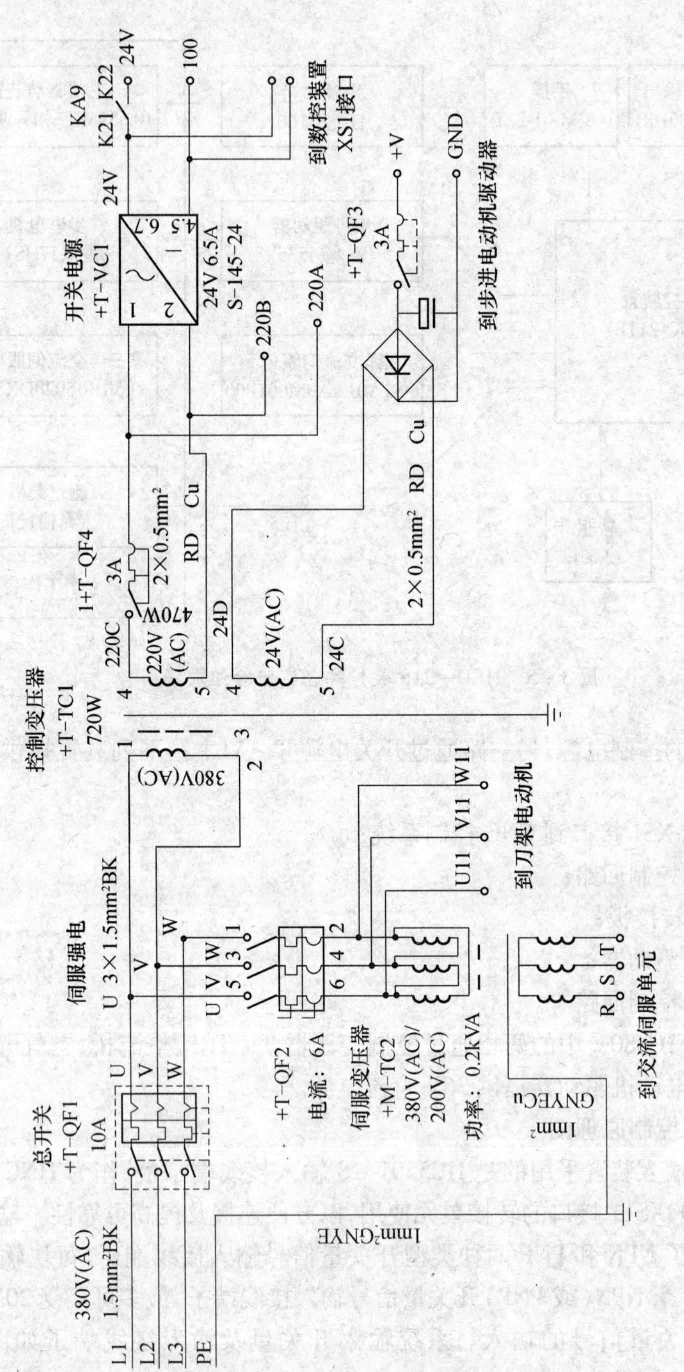

图3-6 数控系统电源部分工作原理图

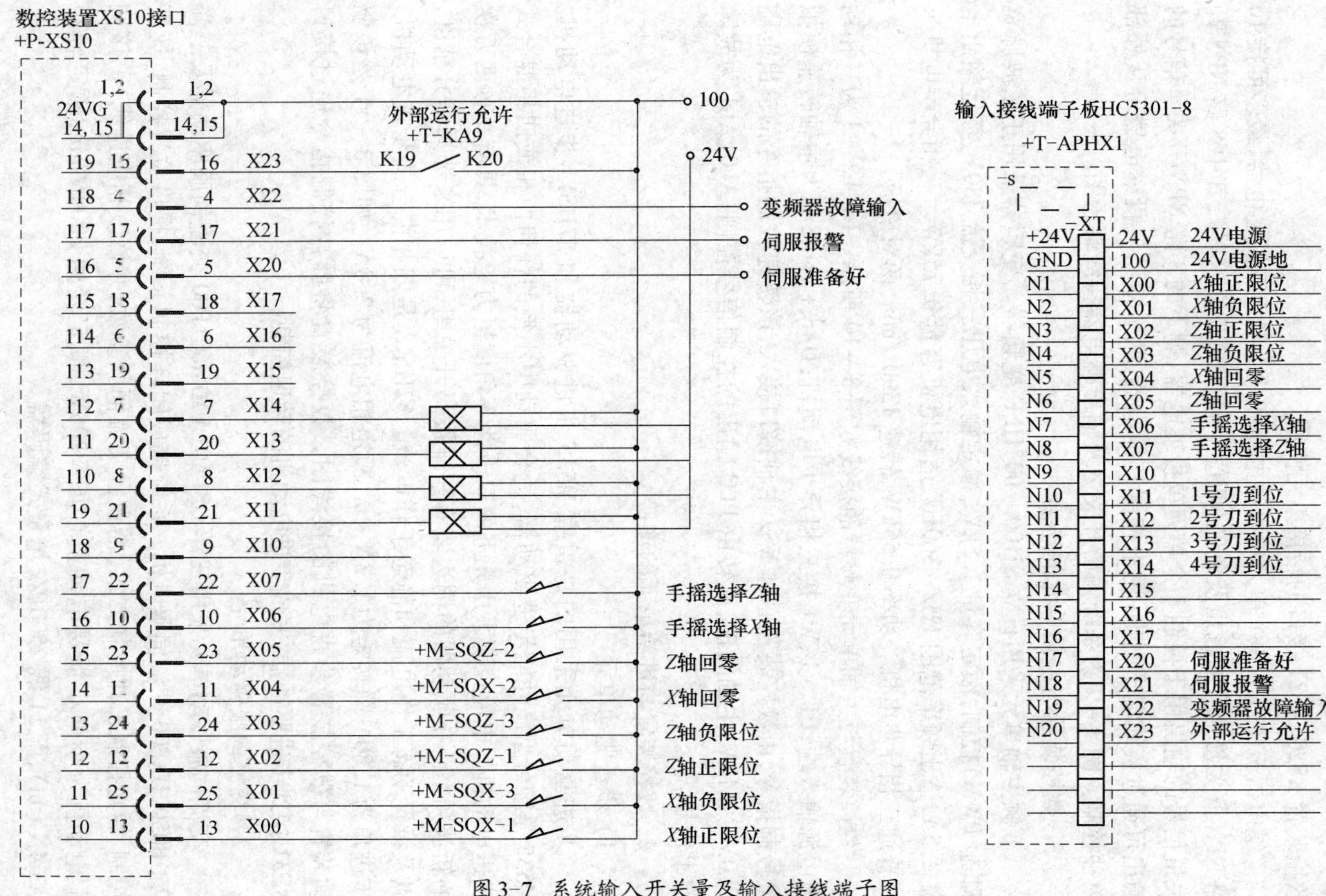

图3-7　系统输入开关量及输入接线端子图

开关量输出装置采用的是 HC5301 - R 继电器板(图 3 - 8),作为 HNC - 21 数控装置 XS20、XS21 接口的转接单元使用。

继电器板集成了 8 个单刀单投继电器和两个双刀双投继电器,最多可接 16 路 NPN 开关量信号的输出及急停(两位)与超程(两位)信号,其中 8 路 NPN 开关量信号的输出用于控制 8 个单刀单投继电器,剩下的 8 路 NPN 开关量信号的输出可通过接线端子引出,用来控制其他电器,两个双刀双投继电器可从外部单独控制。图 3 - 9 为系统输出开关量及输出继电器接线端子图。

3. 数控装置与主轴单元的连接

变频主轴单元采用日立 SJ100 - 007HFE 变频器。变频器采用正弦波脉宽调制(PWM)控制,额定容量 1.5kW,额定输入电压三相交流 380V,额定输出电流 2.5A,输出频率范围 1Hz ~ 360Hz,适用电机容量 0.75kW。三相异步电机采用普通三相异步电机。功率 0.55kW,转速 1390r/min,两对磁极。

数控装置与主轴单元变频器的接线如图 3 - 10 所示。L1、L2、L3 为三相动力电源输入端;U1、V1、W1 接三相异步电动机;DAS +、DAS - 为主轴转速模拟量控制指令,由数控装置通过 XS9 主轴接口接入,该转速控制指令的输出范围为 0V ~ +10V,主轴的正、反转由 PLC 输出的控制信号控制;AL0、AL1 为故障输出信号。

4. 数控装置与进给单元的连接

1) 步进驱动单元

步进驱动单元采用的是雷塞 M535 步进驱动器和 57HS13 步进电动机。M535 是细分型高性能步进驱动器,适合驱动中小型的任何两相或四相混合式步进电动机。电流控制采用先进的双极性等角度恒力矩技术,具有每秒两万次的斩波频率。在驱动器的侧边装有一排拨码开关组,可以用来选择细分精度,以及设置动态工作电流和静态工作电流。57HS13 是四相混合式步进电动机,步进角为 1.80°,静转矩为 1.3N · m,额定相电流为 2.8A。如图 3 - 11 是该驱动装置与数控装置步进电机的接线图。数控装置将脉冲控制指令通过接口 XS31 接到步进驱动器,完成步进电动机的转速控制。

2) 交流伺服驱动单元

交流伺服驱动单元采用三洋 QS1A01AA0M601P00 交流伺服驱动器及三洋 P50B0502DXS00 交流伺服电机。系统接成闭环控制系统,提供位置控制、速度控制、转矩控制三种控制方式(需设置交流伺服参数,并修改相应连线)。该伺服电动机为小型小惯量电动机(功率 200W,额定转速 3000r/min,额定转矩 0.64N · m),配 11 线 2500P/r 增量式编码器。

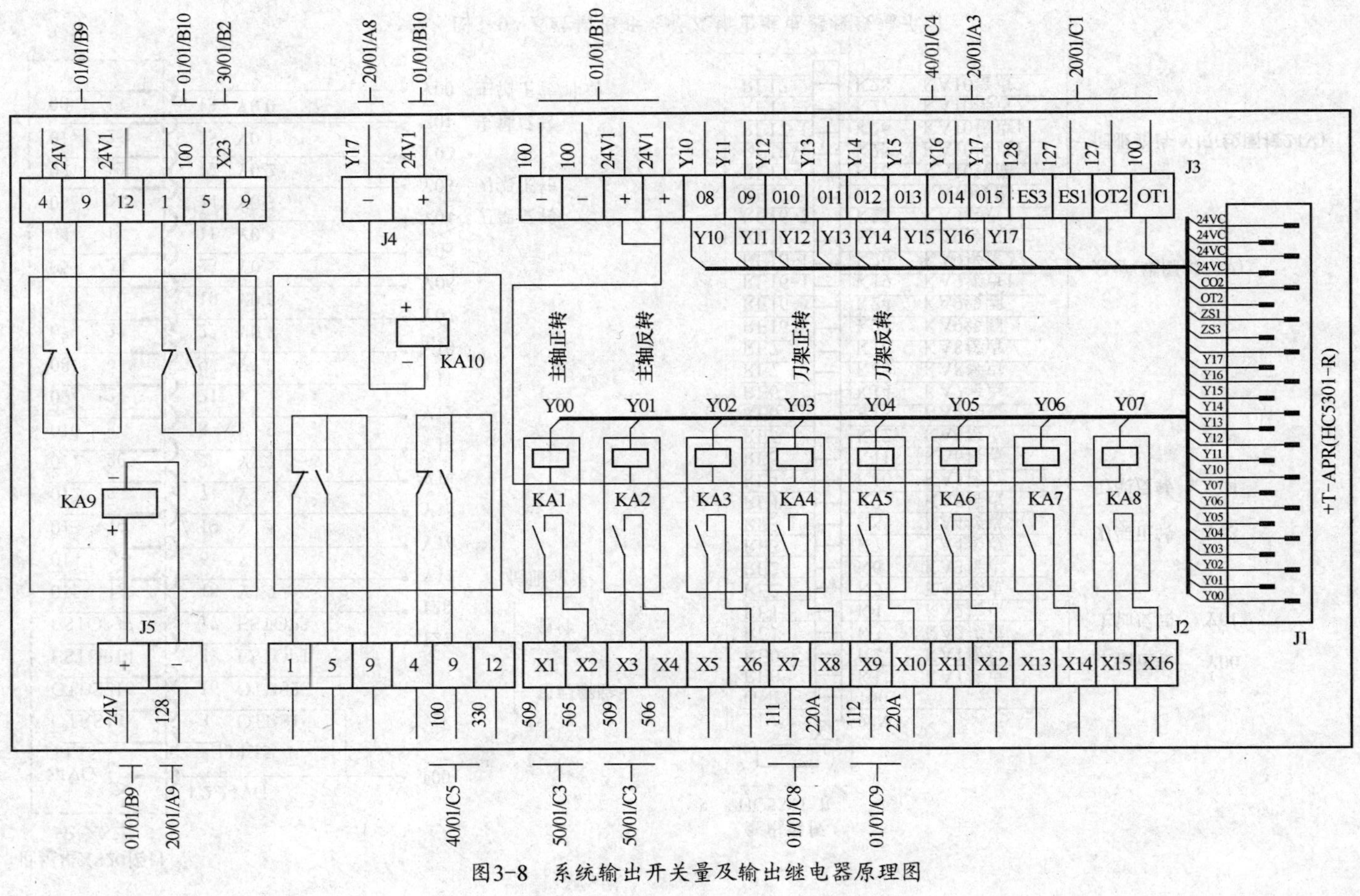

图3-8　系统输出开关量及输出继电器原理图

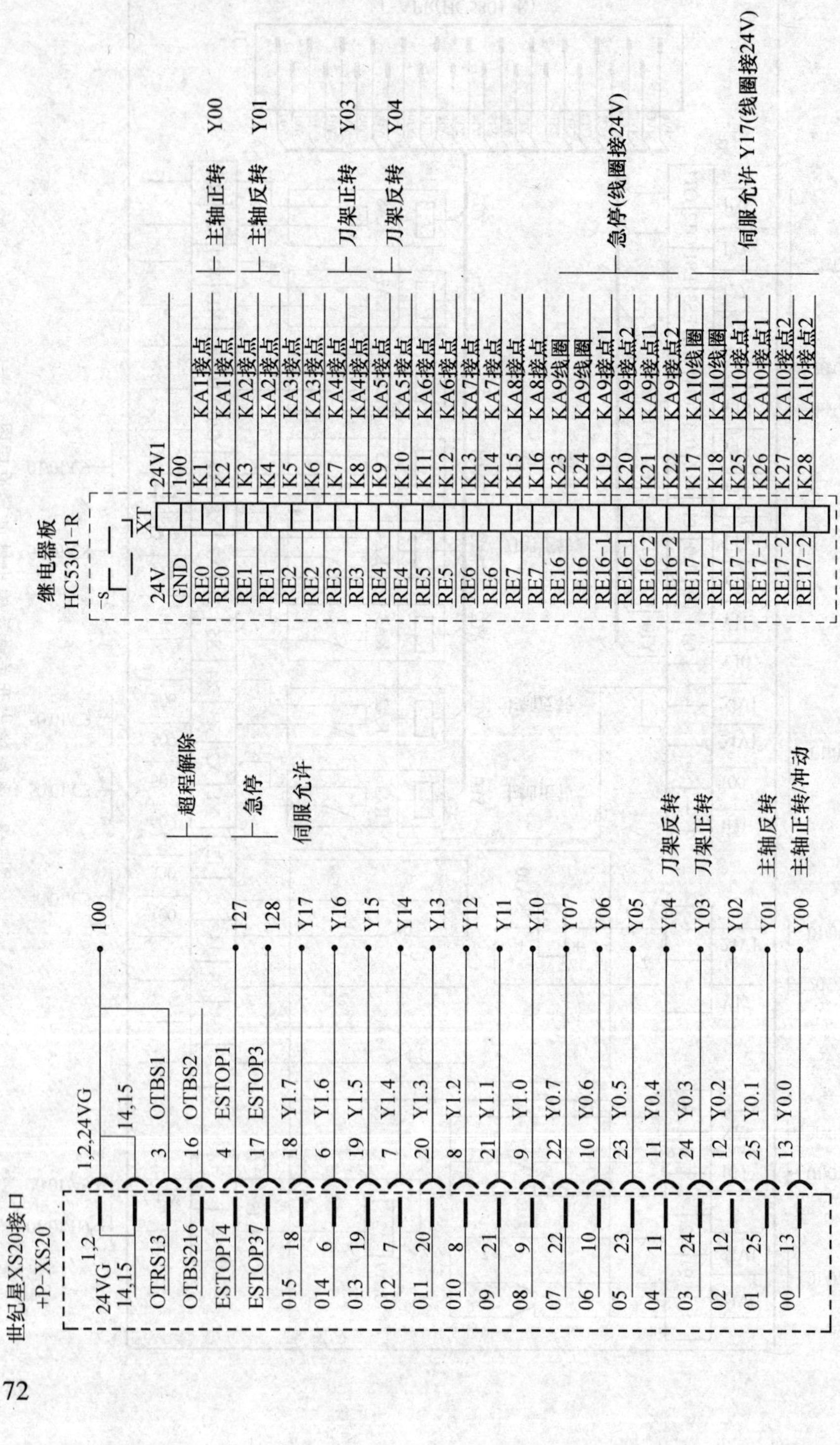

世纪星XS20接口
+P-XS20

24VG 1,2 — 1,2,24VG — 100
14,15 — 14,15
OTRS13 — 3 OTBS1
OTBS216 — 16 OTBS2 超程解除
ESTOP14 — 4 ESTOP1 — 127
ESTOP37 — 17 ESTOP3 — 128 急停
015 18 — 18 Y1.7 — Y17 伺服允许
014 6 — 6 Y1.6 — Y16
013 19 — 19 Y1.5 — Y15
012 7 — 7 Y1.4 — Y14
011 20 — 20 Y1.3 — Y13
010 8 — 8 Y1.2 — Y12
09 21 — 21 Y1.1 — Y11
08 9 — 9 Y1.0 — Y10
07 22 — 22 Y0.7 — Y07
06 10 — 10 Y0.6 — Y06
05 23 — 23 Y0.5 — Y05
04 11 — 11 Y0.4 — Y04 刀架反转
03 24 — 24 Y0.3 — Y03 刀架正转
02 12 — 12 Y0.2 — Y02
01 25 — 25 Y0.1 — Y01 主轴反转
00 13 — 13 Y0.0 — Y00 主轴正转/冲动

继电器板
HC5301-R
-S
XT

24V — 24V1
GND — 100
RE0 — K1 KA1接点
RE0 — K2 KA1接点 主轴正转 Y00
RE1 — K3 KA2接点
RE1 — K4 KA2接点 主轴反转 Y01
RE2 — K5 KA3接点
RE2 — K6 KA3接点
RE3 — K7 KA4接点
RE3 — K8 KA4接点 刀架正转 Y03
RE4 — K9 KA5接点
RE4 — K10 KA5接点 刀架反转 Y04
RE5 — K11 KA6接点
RE5 — K12 KA6接点
RE6 — K13 KA7接点
RE6 — K14 KA7接点
RE7 — K15 KA8接点
RE7 — K16 KA8接点
RE16 — K23 KA9线圈
RE16 — K24 KA9线圈
RE16-1 — K19 KA9接点1
RE16-1 — K20 KA9接点2 急停(线圈接24V)
RE16-2 — K21 KA9接点1
RE16-2 — K22 KA9接点2
RE17 — K17 KA10线圈
RE17 — K18 KA10线圈
RE17-1 — K25 KA10接点1
RE17-1 — K26 KA10接点1 伺服允许 Y17(线圈接24V)
RE17-2 — K27 KA10接点2
RE17-2 — K28 KA10接点2

图3-9 系统输出开关量及输出继电器接线端子图

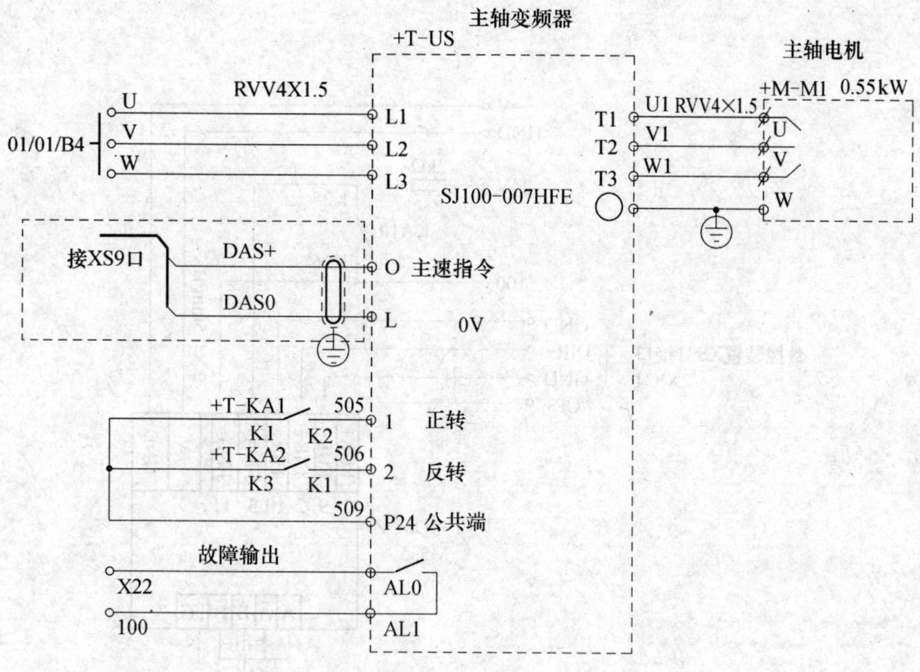

图 3-10 数控装置与主轴单元的连接图

数控装置与交流进给伺服驱动单元的连接如图 3-12 所示。图中各接线端子说明如下：

CAN——强电输入模块。R、S、T 为 220V 三相动力电源。动力电源是指进给驱动装置用于转换以驱动电动机运行的电源，由 380V 三相交流电源通过伺服变压器变换得到；r、t 为驱动器的控制电源。

CNC——强电输出模块。驱动器输出的三相交流电经 U、V、W 送到伺服电动机。

CN1——控制接口模块。接受从数控装置发出的位置控制信号，同时将光电编码器的脉冲输出到数控装置中，另外有开关信号控制驱动器的工作状态，例如电源允许信号、伺服准备好信号、伺服允许信号等。

CN2——反馈接口模块。接收伺服电动机上的编码器的位置反馈信号。

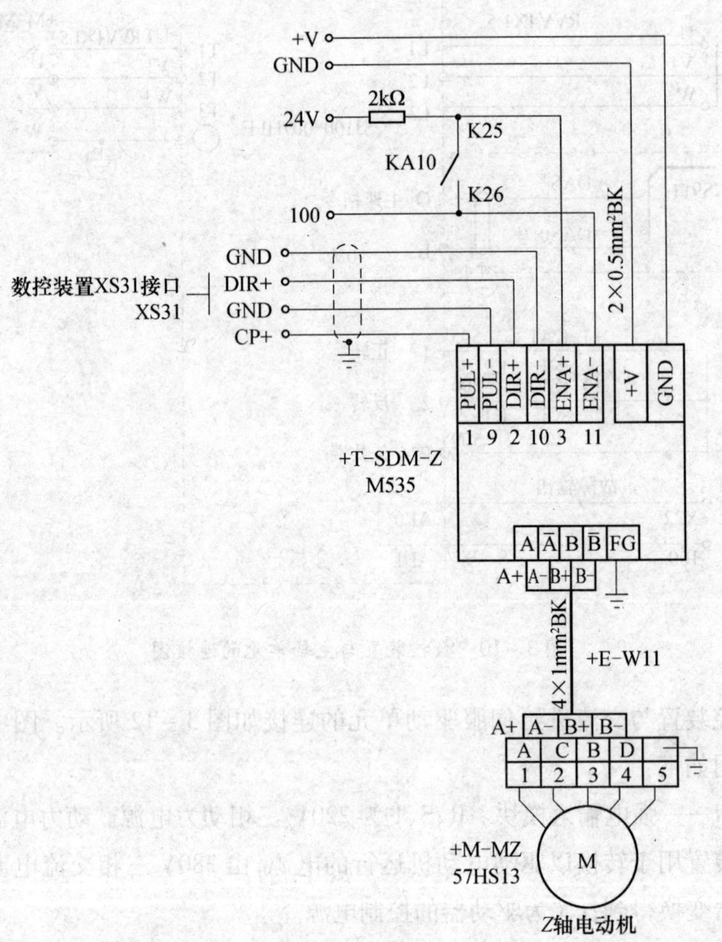

图 3-11　步进驱动器单元的连接图

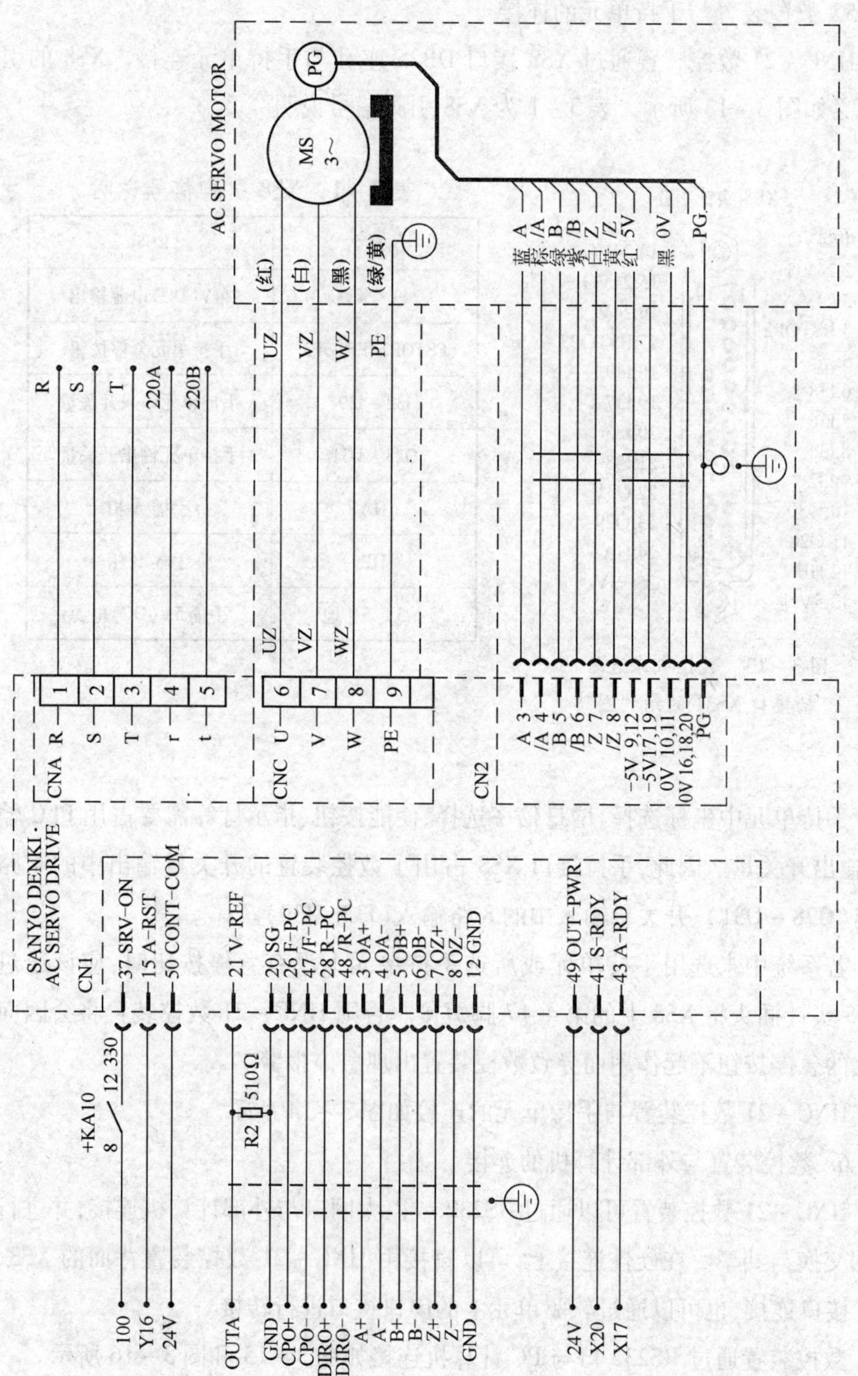

图3-12　数据系统与交流进给伺服驱动单元的连接图

5. 数控装置与手持单元的连接

HNC－21 数控装置通过 XS8 接口 DB25 座孔与手持单元连接。XS8 的引脚定义如图 3－13 所示。表 3－1 为 XS8 引脚信号说明。

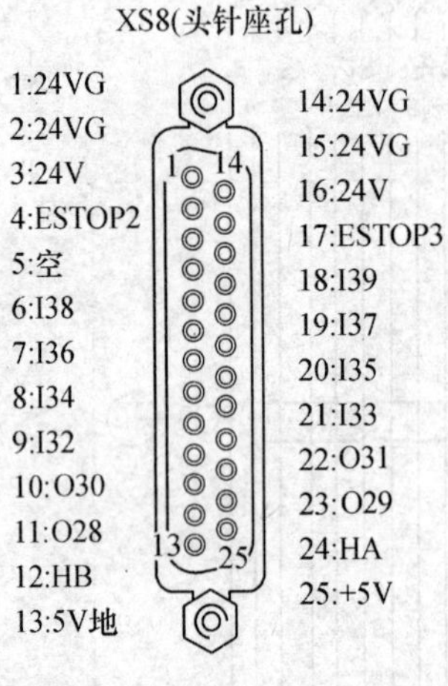

XS8(头针座孔)

1:24VG
2:24VG
3:24V
4:ESTOP2
5:空
6:I38
7:I36
8:I34
9:I32
10:O30
11:O28
12:HB
13:5V地
14:24VG
15:24VG
16:24V
17:ESTOP3
18:I39
19:I37
20:I35
21:I33
22:O31
23:O29
24:HA
25:+5V

图 3－13　数控机床进给轴接口 XS31 的结构图

表 3－1　XS8 引脚信号说明

信号名	说明
24V/24VG	24V(DC)电源输出
ESTOP2/ESTOP3	手持单元急停按钮
I32～I39	手持单元输入开关量
O28～O31	手持单元输出开关量
HA	手摇 A 相
HB	手摇 B 相
+5V/5V 地	手摇 5V(DC)电源

手持单元中坐标选择、增量倍率选择、使能按钮、指示灯等需要占用 PLC 输入/输出开关量。因此,手持接口 XS8 占用了数控装置的开关量输出中的 4 路输出(O28～O31)、开关量输入中的 8 路输入(I32～I39)。

若系统中未选用手持单元或所选手持单元上没有急停按钮时,应该通过 DB25 头针插头将 XS8 上的第 4、17 脚短接。否则 HNC－21 数控装置将会因面板上的急停按钮不起作用而导致数控装置出现急停报警。

HNC－21 数控装置与手持单元的连接如图 3－14 所示。

6. 数控装置与外部计算机的连接

HNC－21 数控装置可以通过 RS232 或以太网口与外部计算机连接,并进行数据交换与共享。在硬件连接上,可以直接由 HNC－21 数控装置背面的 XS3、XS5 接口连接,也可以通过软驱单元上的串口接口进行转接。

数控装置通过 RS232 口与 PC 计算机连接如图 3－15 和图 3－16 所示。

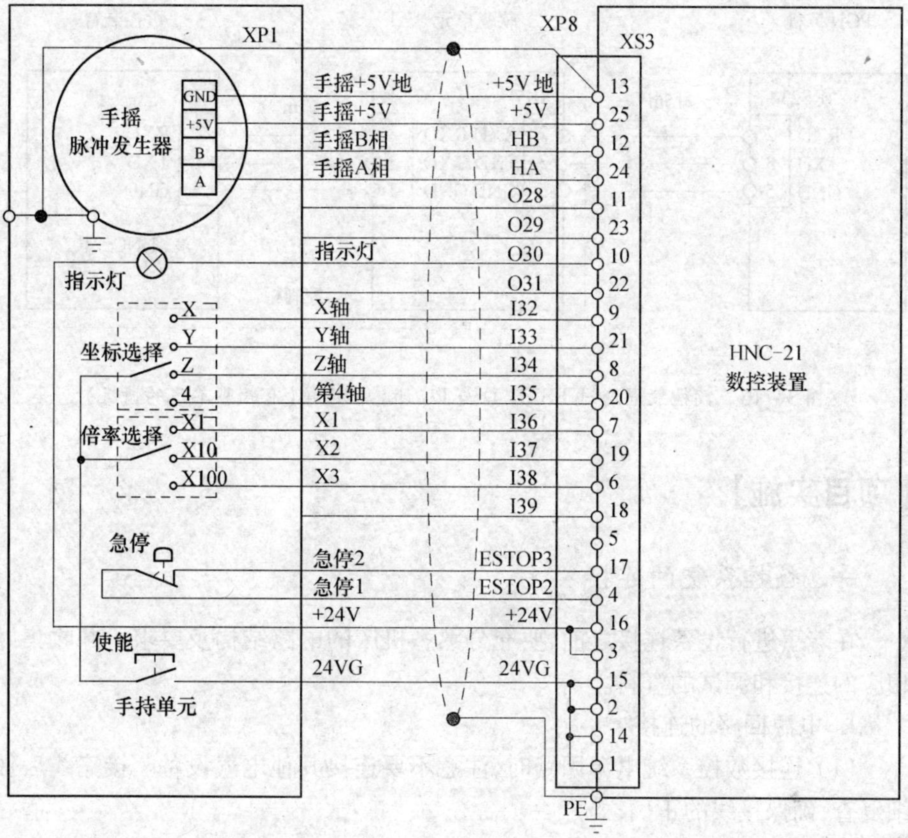

图 3－14　HNC－21 数控装置与手持单元的连接

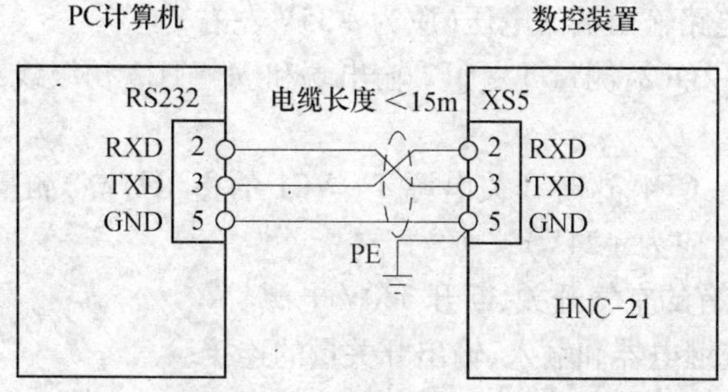

图 3－15　数控装置通过 RS232 口与 PC 计算机连接(没有软驱单元的情况)

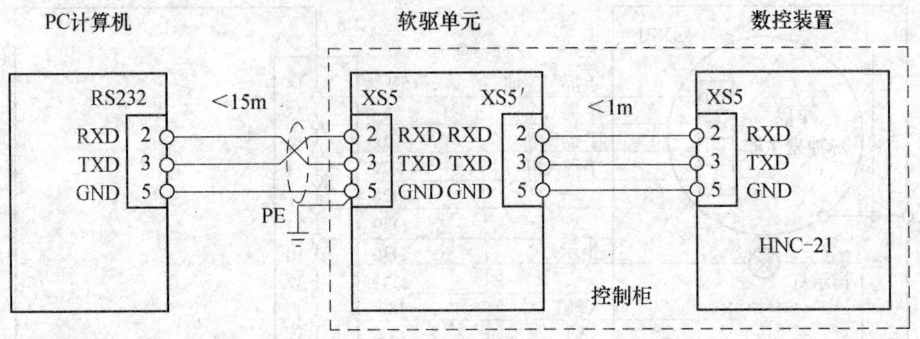

图 3-16 数控装置通过 RS232 口与 PC 计算机连接(有软驱单元的情况)

【项目实施】

一、数控系统的连接

在着手进行设备连接之前,要充分熟悉机床的电路结构及要求。并收集好相应的连接和调试的资料。

1. 电源回路的连接

(1) 连接数控系统电源回路时,注意不要连接其他电气设备。接完线后仔细复查,确保接线的正确;

(2) 断开所有的空气开关,接入三相 AC380V 电源,用万用表测量 T-QF1 进线端的电压是否为 380V;

(3) 合上 T-QF1,测量 T-TC1 的初级线圈、次级线圈和 T-QF2 的进线端电压,测量整流电路输出端的电压(应为 +35V 左右);

(4) 合上 T-QF2,测量 T-QF2 输出端和 M-TC2 初级线圈、次级线圈的电压;

(5) 合上 T-QF4,这时开关电源 T-VC1 的指示灯亮,测量开关电源 T-VC1 的输出电压(应为 +24V);

(6) 断开所有的空气开关,断开 380V 电源。

2. 数控系统继电器和输入、输出开关量的连接

(1) 连接数控系统的继电器和接触器;

(2) 连接数控系统的输入开关量;

(3) 连接数控系统的输出开关量。

3. 数控装置和手摇单元的连接

(1) 连接数控装置和手摇单元；

(2) 连接数控装置和光栅尺。

4. 数控装置和变频主轴的连接

(1) 连接主轴变频器和主轴电动机强电电缆；

(2) 连接数控装置和主轴变频器信号线；

(3) 确保地线可靠，且正确地连接。

5. 数控装置和步进电动机驱动器的连接

(1) 连接步进电动机驱动器和步进电动机；

(2) 连接步进电动机驱动器的电源；

(3) 连接数控装置和步进电动机驱动器；

(4) 确保地线可靠且正确地接地。

6. 数控装置和交流伺服的连接

(1) 连接交流伺服单元和交流伺服电动机的强电电缆和码盘信号线；

(2) 连接交流伺服单元的电源；

(3) 连接数控装置和交流伺服单元的信号线；

(4) 确保地线可靠且正确地接地。

7. 数控系统刀架电动机的连接

连接刀架电动机。

二、数控系统的调试

1. 线路检查

按照由强到弱，按线路走向顺序检查以下各项：

(1) 变压器规格和进出线的方向和顺序；

(2) 主轴电动机、伺服电动机强电电缆的相序；

(3) DC24V 电源极性的连接；

(4) 步进电动机驱动器(或称步进驱动器)直流电源极性的连接；

(5) 所有地线的连接。

2. 系统调试

1) 通电

(1) 按下急停按钮，断开系统中所有空气开关；

(2) 合上空气开关 T－QF1；

(3) 检查变压器 T－TC1 电压是否正常；

(4) 合上控制 DC24V 的空开 T－QF4，检查 DC24V 电源是否正常。HNC－

21 数控装置通电，检查面板上的指示灯是否点亮。HC5301－8 开关量接线端子和 HC5301－R 继电器板的电源指示灯是否点亮；

(5) 用万用表测量步进驱动器直流电源＋V 和 GND 两脚之间电压应为＋35V(DC)左右，合上控制步进驱动器直流电源空开 T－QF3；

(6) 合上空气开关 T－QF2；

(7) 检查变压器 T－TC1 电压是否正常；

(8) 检查设备用到的其他部分电源是否正常；

(9) 通过查看 PLC 状态，检查输入开关量是否和原理图一致。

2）系统功能初步检查

(1) 左旋并拔起操作台右上角的“急停”按钮使系统复位，系统默认进入“手动”方式，软件操作界面的工作方式变为“手动”。

(2) 按压“＋X”或“－X”按键(指示灯亮)，X 轴应产生正向或负向连续移动。松开“＋X”或“－X”按键(指示灯灭)，X 轴即减速停止。用同样的操作方法，使用“＋Z”、“－Z”按键可使 Z 轴产生正向或负向连续移动。

(3) 在手动工作方式下，以低速分别点动 X、Y 轴，使之压限位开关，仔细观察是否压得到限位开关，若到位后压不到限位开关，应立即停止点动；若压到限位开关，仔细观察轴是否立即停止运动，软件操作界面是否出现急停报警，这时一直按压“超程解除”按键，使该轴向相反方向退出超程状态后松开“超程解除”按键，若显示屏上运行状态栏“运行正常”取代了“出错”，表示恢复正常，可以继续操作。检查完 X、Z 轴的正、负限位开关后，手动将工作台移回中间。

(4) 按一下“回零”按键，软件操作界面的工作方式变为“回零”。按一下“＋X”和“＋Z”按键，检查 X、Z 轴是否回参考点。回参考点后，“＋X”和“＋Z”指示灯应点亮。

(5) 在手动工作方式下，按一下“主轴正转”按键(指示灯亮)，主轴电机以参数设定的转速正转，检查主轴电机是否运转正常，按压“主轴停止”，使主轴停止正转。按一下“主轴反转”按键(指示灯亮)，主轴电机以参数设定的转速反转，检查主轴电机是否运转正常，按压“主轴停止”，使主轴停止反转。

(6) 在手动工作方式下，按一下刀号选择按键，选择所需的刀号，再按一下“刀位转换”按键，转塔刀架应转动到所选的刀位。

(7) 调入一个演示程序自动运行，观察十字工作台运动情况。

3）关机

(1) 按下控制面板上的“急停”按钮；

(2) 断开空开 T－QF2、T－QF3；

(3) 断开空开 T－QF4；

(4) 断开空开 T－QF1,断开 380V 电源。

【知识拓展】

随着计算机技术及电子技术的迅速发展,数控机床因其高精度、高柔性而得到广泛的应用。在我国,机床上用得比较多的数控系统进口的有日本 FANUC 公司及德国 SIEMENS 公司生产的数控系统,国内生产高档数控系统的主要厂家有华中数控、广州数控等。下面介绍 FANUC 公司 FS6 数控系统及其结构。

1. FS6 数控系统基本特点

FS6 数控系统为 FANUC 公司 20 世纪 70 年代末、80 年代初的典型系统之一,最常见的有车床控制用系统(FS6T)与铣床(或加工中心)可控制用系统(FS6M)两种基本类型。FS6 数控系统具有以下特点。

(1) FS6 硬件为大板结构,各主要控制板(包括存储器板、PMC 控制板、旋转变压器与感应同步器接口板、附加轴控制板、显示与 I/O 接口控制板等)安装在主板上。

(2) 系统 CPU 采用 8086 系列微处理器,并使用了较多的大规模集成电路。

(3) 系统分辨率可以达到 0.0001mm。系统软件采用固定式专用控制软件,可以实现图形显示、正弦曲线插补等功能,并具有较强的自诊断功能与较高的可靠性。

(4) FS6 配套的伺服驱动一般为 FANUC 直流驱动装置,位置控制电路安装在系统主板上,伺服驱动仅作速度控制用,故 FS6 配套的伺服驱动装置常称为"速度控制单元"。FS6 配套的速度控制单元有晶闸管调速与 PWM 调速两种。

(5) FS6 与机床侧开关量输入/输出信号的连接,一般用系统上的连接单元进行。FS6 系统可以带两个连接单元,每一连接单元可以连接 96 个输入信号与 64 个输出信号,系统最大输入/输出点为 192/128 点。

2. FS6 数控系统体系结构

FS6 数控系统体系结构如图 3－17 所示。从图中可以看出,数控系统主板上有伺服驱动接口,最多可以实现 5 轴控制。有包括主轴在内的 PLC 控制接口,实现机床的 MST 功能。还有通信、显示接口和反馈信号接口等。

3. FS6 数控装置的连接与要求

参照图 3－17 所示,系统对丁外部连接的要求如下;

(1) 输入电源的连接。根据不同的用户要求,FS6 的电气柜可也以分为"自立型"与"分离型"两种基本结构,两者区别仅在于系统各组成部件在电气柜内部的安装位置不同,其功能与内部连接无区别。

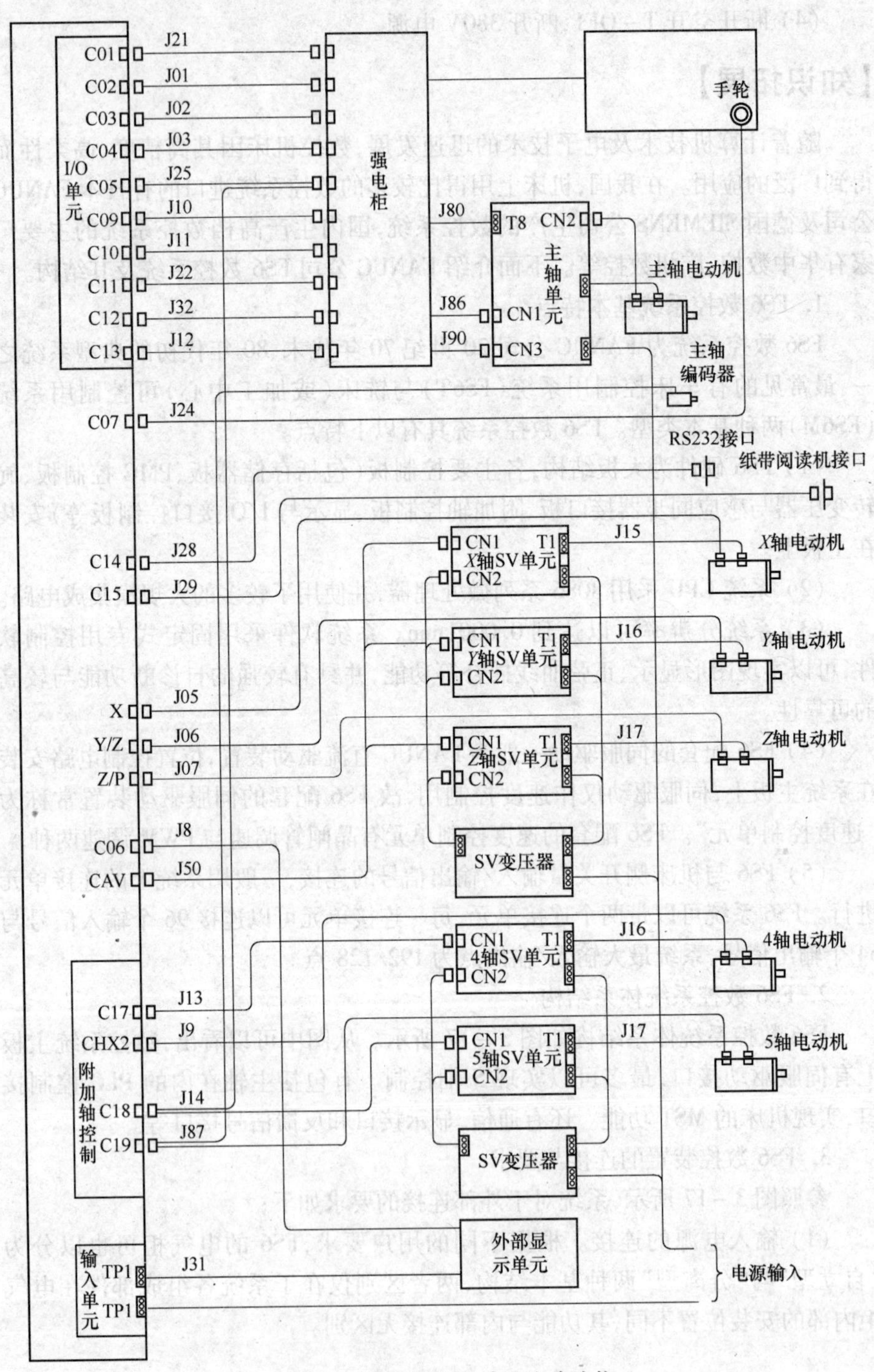

图3-17 FS6数控系统体系结构

当系统为“分离型”时，数控装置（不包括伺服驱动）对外部输入电源的要求如下：

输入电源电压：单相，200V(AC)，-15%～+10%。

输入电源频率：50/60Hz，±3%。

输入电源容量：1kVA。

当系统为“自立型”时，一般带有标准的FANUC多抽头电源输入变压器和多抽头伺服变压器，并通过输入单元实现同步通/断控制。这时，数控系统（包括伺服驱动）对外部输入电源的总体要求如下：

输入电源电压：三相，200/220/230/240/380/415/440/460/480/550V(AC)，-15%～+10%。

输入电源频率：50/60Hz，±1Hz。

输入电源容量：双轴（FS6T）、为4.5kVA，3轴（FS6M）为5.5kVA；4轴（FS6M）为6.7kVA。

（2）伺服驱动的电源连接。FS6伺服驱动对输入电压的要求根据使用驱动器的类型而有所不同：输入电源容量与控制轴数、驱动器规格等因数有关，在各机床上有所区别。同样，在系统带有标准FANUC伺服变压器的场合，允许伺服变压器输入端的进线电压为：200/220/230/240/380/415/440/460/480/550V(AC)，其他要求不变。

（3）机床侧开关输入信号的连接。FS6输入信号接收回路对机床侧开关输入信号要求信号触点容量大于DC30V/16mA，并满足如下条件：

触点断开：在DC26.4V时，漏电流不超过1mA。

触点闭合：在电流为8.5mA时，触点压降小于2V，信号接续时间需高于40ms。

（4）系统输出信号的连接。FS6触点输出信号对机床侧负载的要求：

输出为“1”（触点闭合）：输出端最大负载电流小于200mA。

输出为“0”（触点断开）：输出端最大负载电压小于DC29V。

光电耦合输出信号对机床侧负载的要求如下：

输出为“1”（触点闭合）：输出端最大负载电流小于40mA。

输出为“0”（触点断开）：输出端最大负载电压小于DC30V。

【项目作业】

1. 画出HED-21S数控系统综合实验台的结构框图；
2. 列举HED-21S数控系统综合实验台的主要部件，并简述其作用；
3. 简述HED-21S数控系统综合实验台的连接及基本操作。

项目四

数控机床参数设置和系统数据备份

＊知识目标

1. 熟悉数控系统参数的意义与分类；
2. 熟悉 I/O 开关量与 X/Y 之间的对应关系；
3. 掌握查看、修改和恢复数控系统参数的基本方法。

＊能力目标

通过对数控系统参数的意义与类别了解，具有查看数控系统参数、分析数控系统参数对数控机床运行的影响及修改和恢复数控系统参数的能力。

【项目导入】

在华中 HNC－21TF 数控装置中的主操作界面下，查看数控系统中的参数，并说明参数所属的类型、意义，掌握查看、修改和恢复数控系统参数的基本方法。

【项目知识】

数控系统的参数是系统软件中的一个可调整部分，数控系统只有设置了正确的参数，机床才能保证较高的控制精度并按其特定的功能和程序发挥出最佳性能。

在设计数控系统的功能时，数控系统设计者因为考虑到不同机床在实际应用中会有很大的差异，因而专门设计了一些预留存储空间放置有关数据，即系统参数。当数控系统与机床联机时，根据机床的功能要求进行设定。这种设定工作一般先由系统生产厂商设定，也可以根据机床使用者提出的要求设定，数控机床生产厂家现场调试时再修改、确定。对一些可以利用参数进行调整的机床误差，在经过检测确认后，修改调整原来的参数，机床也能恢复正常精度。

一、数控系统的参数

1. 系统的参数类型

各种不同类型的数控系统，参数的意义也不同，主要归纳有以下两类。

1）与数控系统功能有关的参数

数控系统功能的参数是数控装置制造厂商根据用户对系统功能的要求设定的。其中一部分参数对机床的功能有一定的限制，并有较高级别的密码保护，这些参数用户不可轻易修改，否则将会丢失某些功能。

2）用户参数

用户参数是供用户在使用机床时自行设置的参数，可随时根据机床使用的情况进行调整，如设置合理可提高设备的效率和加工精度，用户可设置、调整的参数如表 4－1 所列。

表 4－1 可调整的用户参数

序号	类别	可设参数的名称	备注
1	与机械有关的参数	①各坐标轴的反向间隙补偿量； ②丝杠的螺距补偿参数，包括螺补零点、螺补的间隔距离、每点的补偿值等；	这些参数设置不当，机床就不能正常工作甚至机床精度达不到使用要求

（续）

序号	类别	可设参数的名称	备注
1	与机械有关的参数	③主轴的换挡速度、主轴的准停速度； ④回参考点的坐标值及运动速度； ⑤机床行程极限范围； ⑥原点位置、位置的测量方式	这些参数设置不当，机床就不能正常工作甚至机床精度达不到使用要求
2	与伺服系统有关的参数	①到位宽度（坐标轴移动到这一区域，就认为到位）； ②位置误差极限，即机床的各坐标允许的最大位置误差，超过该值时会产生伺服报警； ③位置增益，即系统的 Kv 值，该参数设定时应使各联动坐标的 Kv 值相等； ④漂移补偿值（伺服系统能自动进行漂移补偿，该参数就是设定的补偿量）； ⑤快速移动速度，维修时可对该参数进行修改，以限定坐标移动的快慢； ⑥切削进给速度的上限（可根据机床实际加工情况，在维修时进行修改）； ⑦加减速时间常数，加减速时间常数不当，会影响伺服系统的过渡特性	当更换伺服系统或电动机时，应检查过渡特性，若无其他方法使过渡特性最佳，可试将该参数进行稍许调整。调整的依据是，使速度过渡特性曲线无超调，且过渡时间最短
3	与外设有关的参数	主要参数为波特率，不同的串行通信方式输入/输出外设有不同的波特率，外设与数控装置连接时，应根据外设的波特率值设定数控装置的这一参数，使二者的信息传递速率一致	有时外设接上后不执行数控的命令，要先检查接线，若接线无误，其原因可能是波特率不对所致
4	PLC 参数	设置 PLC 中容许用户修改的定时、计时、计数、刀具号及开通 PLC 中的一些控制功能的参数	

还有一些如栅格移动量、进给指令限定值等与机床用户有关的参数，但这些参数是在设计阶段已经确定的参数。用户参数在调机或使用、维修时是可以更改的，这些参数修改好后，应将参数锁定。

正常情况下，参数应由数控机床专职维修人员负责修改和记录、管理，操作人员一般不要修改。

2. 参数丢失的主要原因

数控机床使用过程中，在一些情况下会出现使数控机床参数全部丢失或个别参数改变的现象,造成机床使用异常,因此而形成故障。对这些因参数引起的故障,需要进行校对并改正,故障才能排除。机床较长时间使用后部分机械传动的磨损、松弛,电气参数的改变等不利因素也会引起的参数不匹配,导致机床的误差增大,在经过检测确认后,修改调整原来的参数,机床也能恢复正常精度。参数丢失的主要原因如下:

(1) 数控系统后备电池失效。存储器后备电池失效将导致全部参数丢失。因此,在机床正常工作时应注意显示器上是否显示出电池电压低的报警。如发现该报警,应在一周内更换符合系统生产厂家要求的电池。更换电池时一般要在数控系统通电状态下进行。如果机床长期停用,最容易出现电池失效的现象。应定期为机床通电,使机床空运行一段时间。这样不但有利于后备电池使用寿命的延长,及时发现后备电池是否失效,更重要的是能延长机床数控系统、机械系统等系统的使用寿命。

(2) 操作者的误操作。误操作是初次接触数控机床的操作者经常出现的问题。由于误操作,有的将全部参数清除,有的将个别参数改变。如操作FANUCO MC 系统时,同时按住 RESET 及 DELETE 两键,并按电源 POWER ON,将清除全部参数。为避免出现这类情况,应对操作者加强上岗前的业务技术培训及经常性的业务培训,制订可行的操作规章并严格执行。

(3) 机床在 DNC 状态下加工工件或进行数据通信过程中,电网瞬间停电。

由上述原因可以看出,数控机床参数改变或丢失的原因,有的是可以通过采取措施减少或杜绝的,有些则是无法避免的。当参数改变或机床异常时,首先要进行的工作就是数控机床参数的检查和恢复。

3. 数据的备份与保存

为了快速恢复丢失的参数,熟练掌握数控系统参数备份的方法,对数控系统参数的日常维护非常有利。当前对数控系统的参数、PLC 参数等进行备份,一般主要采取机内备份、机外备份以及利用存储卡等工具进行备份三种形式。

在使用过程中往往要对以下三类数据进行备份:

(1) 系统 CNC 参数的备份。在修改参数前必须进行备份,防止系统调乱后不能恢复。

(2) PLC 程序的备份。主要是对 PLC 的梯形图,寄存器的数据进行备份,同时当机床出现问题时,对数据进行恢复。常见的数据备份分为机内备份和机外备份两种情况。

(3) 系统加工程序的备份。在系统的编辑状态下对加工程序进行备份。

二、华中 HNC－21TF 数控系统的参数

1. 参数树

对数控系统中的参数进行分级管理，各级参数组成参数树。华中 HNC－21TF 数控系统的参数树如图 4－1 所示。

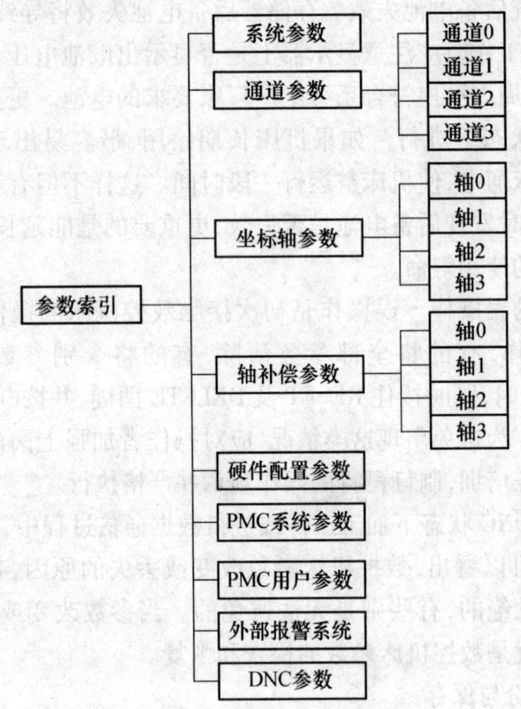

图 4－1　数控系统的参数树

2. 参数管理权限

数控装置的运行，严格依赖于系统参数的设置，因此，对参数修改的权限采用分级管理。在华中 HNC－21TF 数控装置中，设置了三种级别的权限，即数控厂家、机床厂家、用户；不同级别的权限，可以修改的参数是不同的。

（1）数控厂家。最高级权限，能修改所有参数。

（2）机床厂家。中间级权限，能修改机床调试时需要设置的参数。

（3）用户厂家。最低级权限，仅能修改用户使用时需要改变的参数。

数控机床在最终用户处安装调试后，一般不需要修改参数。在特殊的情况下，如需要修改参数，首先应输入参数修改的密码，所输入的密码正确，则可进

行此权限级别的参数修改。否则,系统会提示密码输入错,不能进行该权限级别参数的修改。

3. 主菜单与子菜单

在华中 HNC－21TF 数控装置中主操作界面下,用 Enter 键选中某项后,若出现另一个菜单,则前者称主菜单,后者称子菜单。菜单可以分为两种:弹出式菜单和图形按键式菜单,如图 4－2 所示。

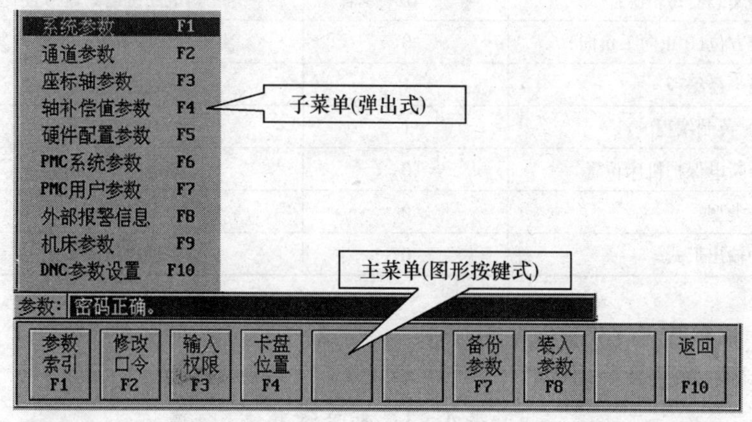

图 4－2　主菜单和子菜单

4. 参数的形式

数控系统参数是以数据的形式保存在数控装置内具有掉电保护功能的存储区域里,系统参数可以显示在显示器上,以人机交互的方式设置、调整,通过参数与系统软件沟通,达到在数控装置硬件不变的条件下调整功能的效果。数控系统参数一般有两种形式。

1) 位参数

位参数即二进制的"1"或"0",每位"1"或"0"可表示某个功能的"有"或"无",也可表示不同功能形式的转换。尽管这种表示简单,但功能性很强,包含的内容相当多。

位参数在系统中可达几十个到上千个,有的系统在 CRT 上有简单注释,而多数没有注释,这就要求必须保存好技术手册,以便对照检查。

2) 数据参数

数据参数多用十进制数值表示,它表示的是某些功能的设定值或规定范围。

5. 华中数控系统的参数设置

在华中数控系统中参数分为六大类:机床参数、轴参数、伺服参数、轴补偿参数和 PMC 用户参数。

1）机床参数

机床参数如表 4－2 所列。

表 4－2　机床参数表

参数名	数值	参数意义
(1)主轴编码器每转脉冲	1024	与电动机编码器一致
(2)刀架方位(0 正向 1 负向)	0	决定前置刀架还是后置刀架
(3)直径半径编程	1	决定编程语言是直径
(4)公制/英制编程	1	公制编程
(5)是否断电保护机床位置	0	断电后不需回零
(6)刀补类型	0	绝对刀偏
(7)脉冲输出形式	0	主轴单脉冲输出

2）轴参数

轴参数如表 4－3 所列。

表 4－3　轴参数表

参数名	*X* 轴数值	*Z* 轴数值	参数意义
(1)外部脉冲当量分子	－2	－3	
(2)外部脉冲当量分母	5	5	
(3)正软极限位置	15000	30000	决定机床行程
(4)负软极限位置	－12000	－492000	决定机床行程
(5)回参考点方向	+	+	一般设置为正向为回参考点
(6)参考点位置	0	0	
(7)参考点开关偏差	0	0	
(8)回参考点快移速度	3800	6000	注意单位
(9)回参考点定位速度	3000	4000	
(10)最高快移速度	3800	7600	G00 的设定速度
(11)最高加工速度	3000	4000	G01 的最高速度
(12)快移加减速时间常数	32	32	决定机床的刚度
(13)加工加减速时间常数	32	32	决定机床的刚度
(14)定位允差	30	30	注意，单位是 μm

3）伺服参数

伺服参数如表4－4所列。

表4－4　伺服参数表

参数名	X 轴数值	Z 轴数值	参数说明
(1)是否带反馈	45	45	45表示带反馈
(2)最大跟踪误差	12000	12000	产生跟踪误差报警
(3)电动机每转脉冲数	2500	2500	与伺服电动机的码盘对应
(4)步进电动机拍数	0	0	用步进电动机时有效
(5)反馈电子齿轮分子	1	1	与伺服驱动器设置一致
(6)反馈电子齿轮分母	－1	－1	
(7)是否步进电动机	0	0	开环系统有效

4）轴补偿参数如表4－5所列。

表4－5　轴补偿参数表

参数名	参数值	参数说明
(1)反向间隙		需要测量得出数值
(2)螺补类型	0－无、1－单向、2－双向	一般采用单向螺补
(3)补偿的点数	0～5000	补偿点数越多精度越高
(4)参考点偏差	0～127	参考点在偏差中的位置
(5)补偿间隔	0～100000000	两个补偿点间的距离

注意：轴补偿参数需要使用激光干涉仪或者步距规进行实际测量才能得出确定值，在进行轴补偿时应当注意，一般机床的参考点设置在正向，如果参考点坐标为0，各补偿点的坐标为负值。

5）PMC用户参数

PMC用户参数如表4－6所列。

表4－6　PMC用户参数表

参数名	参数值	参数说明
(1)系统上电是否提示回零	0	提示
(2)换刀超时时间	5	会产生换刀超时报警
(3)锁紧时间	1500	单位为ms
(4)正转延时	50	

（续）

参数名	参数值	参数说明
(5)打定位销时间	0	
(6)主轴速度到达时间	10	会产生 PLC 报警
(7)机床润滑间隔时间	3600	单位为 s
(8)机床润滑持续时间	10000	

6. 外部状态检查

检查各进给驱动单元、主轴驱动单元接通控制电源后是否正常。检查系统所需要的状态回答信号是否正常。如进给驱动是否正常，主轴驱动是否正常等，为接通伺服动力电源做准备。

1）开关量输入输出状态的显示

通过查看 PLC 状态，用户可以检查机床输入、输出开关量信号的状态 X、Y。另外用户还通过查看 PLC 编程用的内部的中间继电器、R 继电器的状态信息，调试 PLC 程序。

在图 4－3 所示的主操作界面下，按 F5 键进入 PLC 功能子菜单。命令行与菜单条的显示如图 4－4 所示。

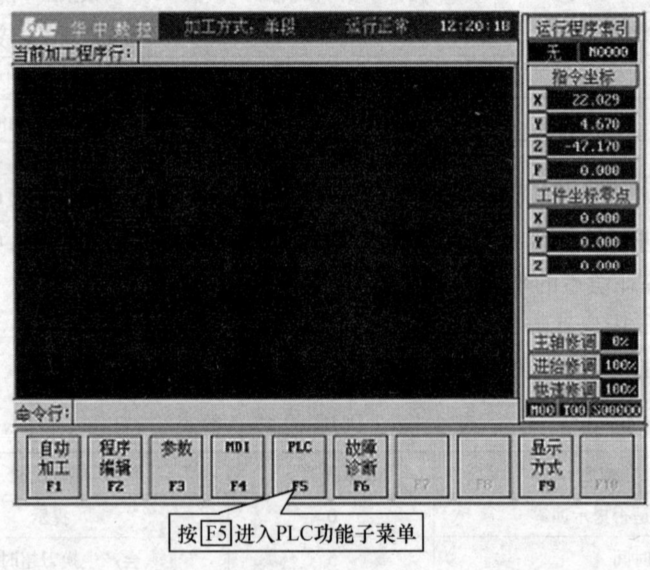

图 4－3 主菜单

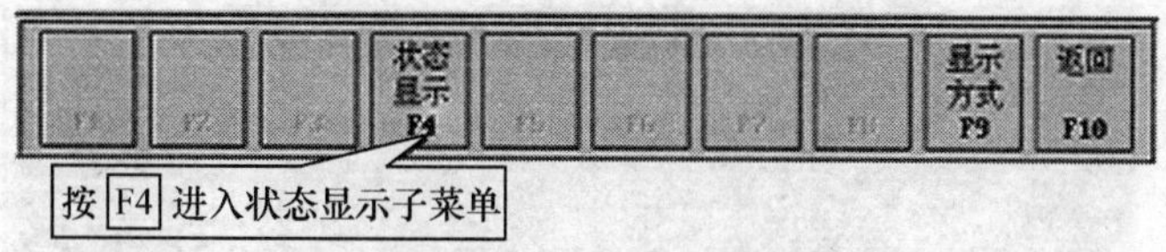

图 4－4　PLC 功能子菜单

在 PLC 功能子菜单中，选择 F4 键弹出状态选择子菜单，如图 4－5 所示，在状态选择子菜单中，可以用按键选择要查看的状态，例如按 F1 键选择机床输入到 PMC：X，则显示如图 4－6 所示的输入点状态窗口，X、Y 默认为二进制显示，每 8 位一组，每一位代表外部一位开关量输入或输出信号。例如通常 X[00]的 8 位数字量，从右往左依次代表开关量输入的 I0～I7；X[01]代表开关量输入的 I8～I15，以此类推。同样 Y[00]即通常代表开关量输出的 O0～O7，Y[01]代表开关量输出的 O8～O15，以此类推。

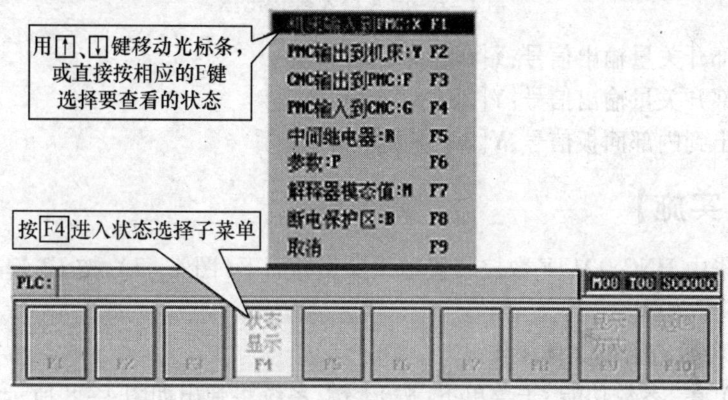

图 4－5　PLC 功能子菜单与状态选择子菜单

说明：这里 X[00]与 I0 到 I7 以及 Y[00]与 O0 到 O7 等的对应关系，取决于硬件配置参数和 PMC 系统参数的相关设置。这两部分参数应按说明书所给的数值设置。

各种输入/输出开关量的数字状态显示形式，可以通过 F5、F6、F7 键，在二进制、十进制和十六进制之间切换，若所连接的输入元器件的状态发生变化，由此可检查输入/输出开关量电路的连接是否正确。

2）PLC 地址定义

HNC－21 数控装置输入/输出地址定义如下：

外部开关量输入信号：X[00]～X[29]；

内部面板输入信号：X[30]～X[45]；

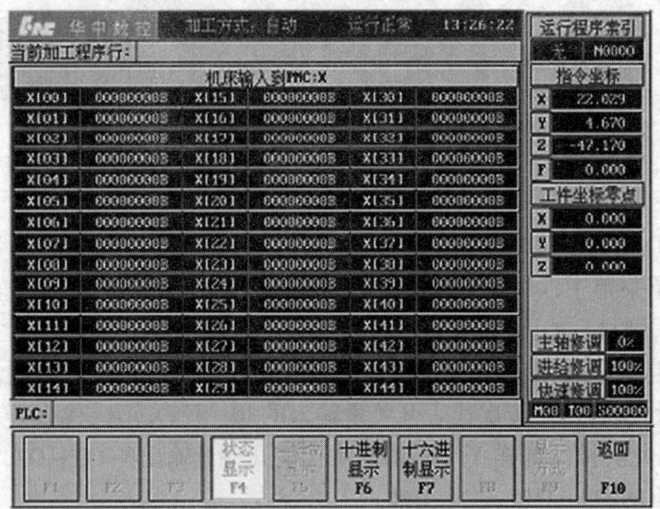

图 4-6　机床输入到 PMC:X

外部开关量输出信号:Y[00]~Y[27];

外部开关量输出信号:Y[28]~Y[29];

输出到内部面板信号:Y[30]~Y[37]。

【项目实施】

在华中 HNC-21TF 数控装置中主操作界面下(图 4-7),按 F3 键进入“参数功能”子菜单。

1. 参数查看的具体操作

(1) 在“参数功能”子菜单下,按 F1 键,系统将弹出如图 4-8 所示的“参数索引”子菜单;

(2) 用↑、↓键选择要查看或设置的选项,按 Enter 键进入下一级菜单或窗口;

(3) 如果所选的选项有下一级菜单,例如“坐标轴参数”,系统会弹出该选项的下一级菜单;如图 4-9 所示的“坐标轴参数”菜单;

(4) 用同样的方法选择、确定选项,直到所选的选项没有下一级的菜单止,此时,图形显示窗口将显示所选参数块的参数名及参数值,例如在“坐标轴参数”菜单中选择“轴 0”,则显示如图 4-9 右上所示的“坐标轴参数-轴 0”窗口;用↑、↓、→、←、PgUp、PgDn 等键移动蓝色光标条,到达所要查看或设置的参数处。

由图 4-9 所示的“坐标轴参数-轴 0”窗口的参数可知,坐标轴参数的类型

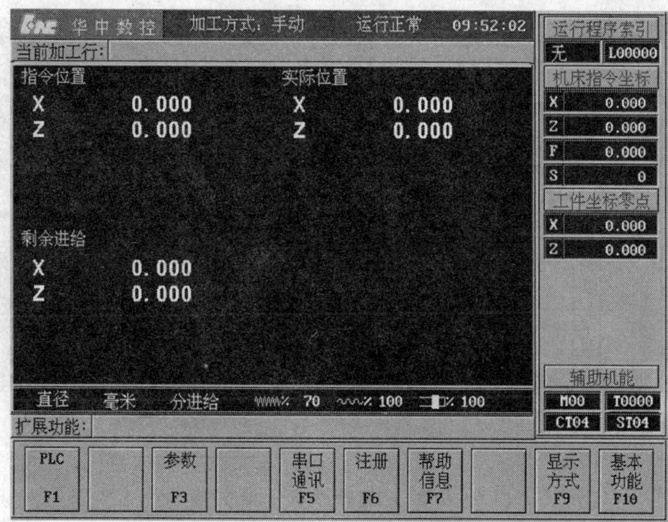

图 4－7　主操作界面

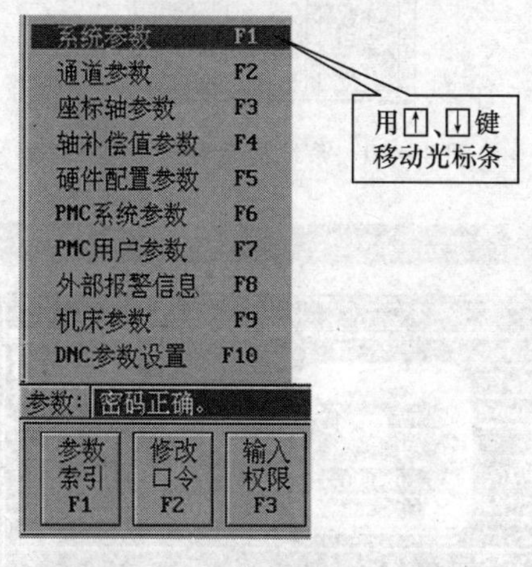

图 4－8　“参数索引”子菜单

有功能型参数和真实值型参数。

2. 参数修改与保存的具体操作

（1）如果在此之前，用户没有进入“输入权限 F3”菜单，或者输入的权限级别比待修改的参数所需的权限低，则只能查看该参数。若按 Enter 键试图修改该参数，系统将弹出如图 4－10 所示的提示对话框。

（2）完成权限设置，输入修改此项参数所需的权限口令。用户按 Enter 键，则进入参数设置状态（在参数值处出现闪烁的光标，如图 4－11 所示）。在输入

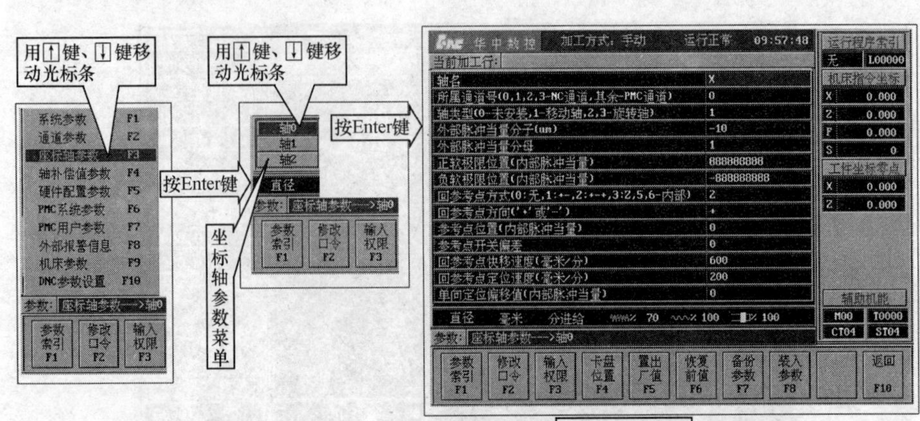

图4-9 "坐标轴参数-轴0"窗口

图4-10 系统提示对话框之一

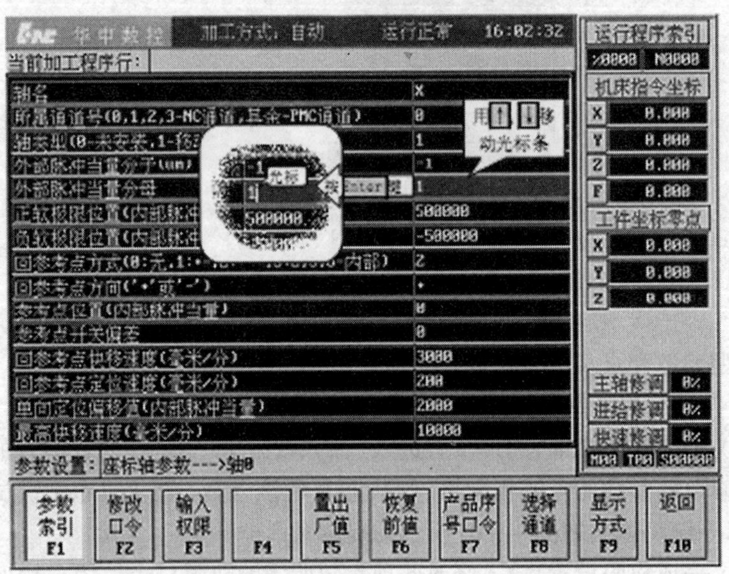

图4-11 修改参数

完参数值后，按 Enter 键确认（或按 Esc 键取消）刚才的输入或修改，此时光标消失。

(3) 继续用↑、↓、→、←、PgUp、PgDn 等键在本窗口内移动蓝色光标条，到达需要查看或设置的其他参数处，重复步骤(2)，直至完成窗口中各项参数的查看和修改。

(4) 按 Esc 或 F1 键，退出本窗口。如果本窗口中有参数被修改，系统将提示是否保存所修改的值，如图 4-12(a)所示，按 Y 键存盘，按 N 键不存盘。然后，系统提示是否将修改值作为缺省值保存，如图 4-12(b)所示，按 Y 键确认，按 N 键取消。

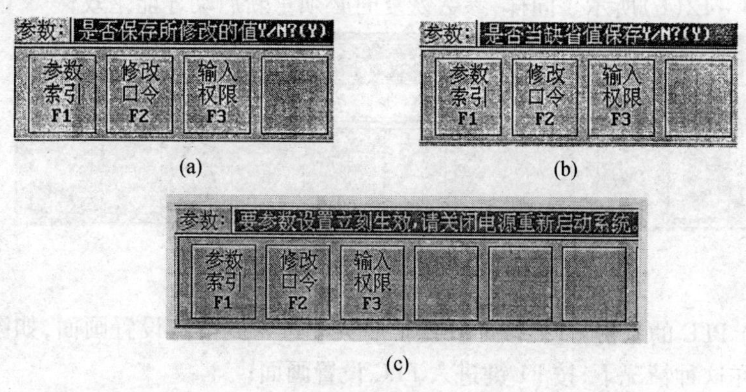

图 4-12　系统提示对话框

(5) 系统回到"参数索引"菜单，这时可以继续进入其他的菜单或窗口，查看或修改其他参数；若连续按 Esc 键，将最终退回到参数功能子菜单。如果有参数已被修改，则需要重新启动系统，以便使新参数生效。此时，系统将出现如图 4-12(c)所示的系统提示对话框。

3. 数据备份与保存的具体操作

(1) 开机按 F10 键进入扩展菜单，如图 4-13 所示。在这种情况下，按 F3 键进入参数设置画面；

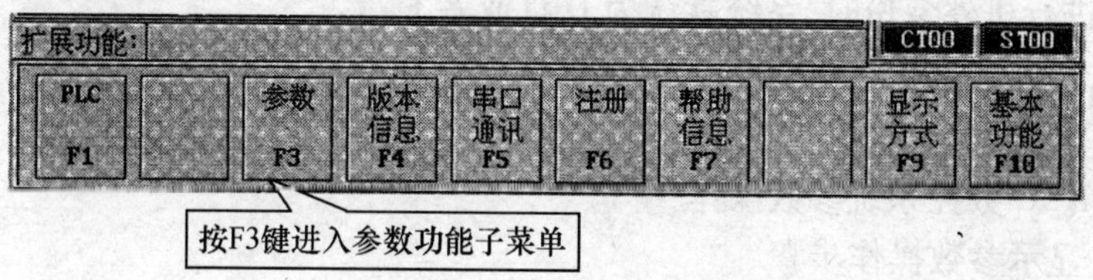

图 4-13　扩展菜单

(2) 进入到参数设置画面后,输入口令,画面显示如图 4-14 所示;

图 4-14 参数设置画面一

(3) 在此情况下,按 F7 键进行参数的备份,把参数备份到数控系统内部存储器上;

(4) 参数的恢复,重复上述过程,在图 4-15 所示画面中按 F8 键,画面显示如图 4-12(b)所示。同样,参数恢复时必须重新启动才能生效;

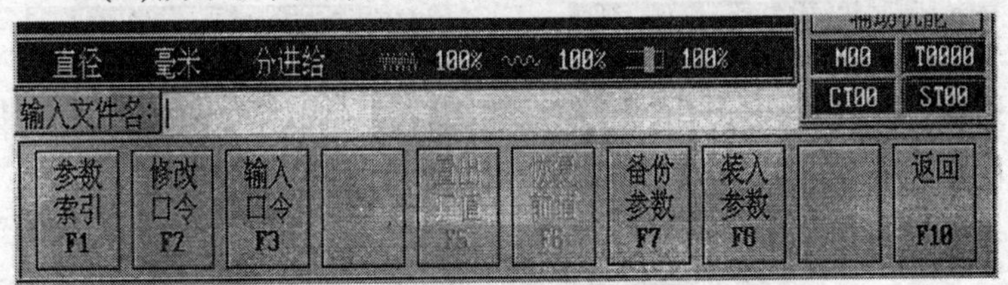

图 4-15 参数恢复画面

(5) PLC 的备份,开机按 F10 键扩展菜单进入到参数设置画面,如图4-16所示。在这种情况下,按 F1 键进入 PLC 设置画面;

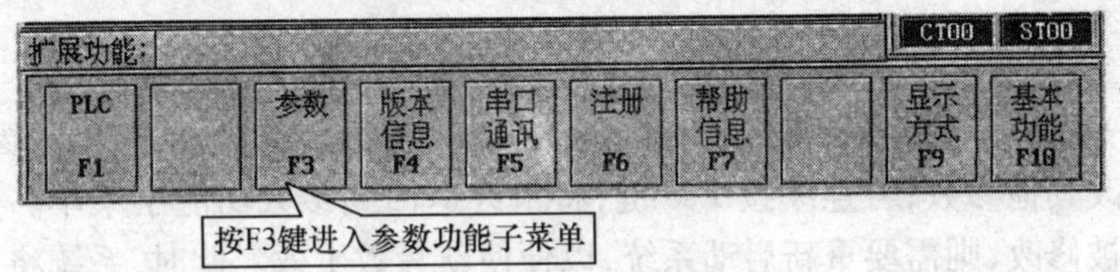

图 4-16 参数设置画面二

(6) 按 F7 键进行 PLC 的备份,在地址栏中输入 PLC 的存储地址,华中系统机内备份的默认地址为 A:\,输入程序名保存,完成对 PLC 的备份。

在进行机外备份时,系统默认为 D 盘或者 F 盘。

【知识拓展】

FANUC 数控系统参数操作

1. 显示参数操作步骤

1) 按 MDI 面板上的“SYSTEM”功能键,再按“参数”软键选择画面,如图 4-17所示。

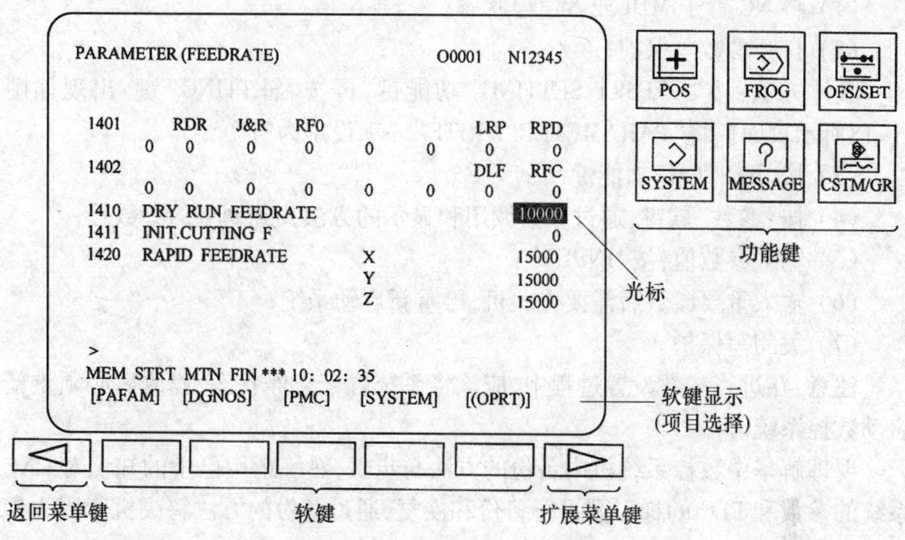

图 4－17　MDI 面板

2）参数画面由多页组成，通过（1）、（2）两种方法选择所需参数所在的画面。

（1）用翻页或者光标移动键，显示所需要的页面。

（2）从键盘输入所需要的参数号，按搜索键显示参数所在的页面，光标所在的位置就是所需的参数。

2. 用 MDI 设置参数

设置参数界面，如图 4－18 所示。

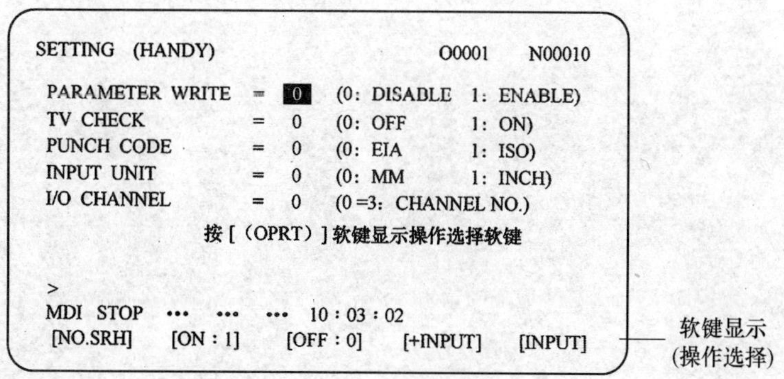

图 4－18　设置参数界面

(1) 将 NC 置于 MDI 或者急停状态;

(2) 打开参数写保护;

具体方法:按"OFFSET SETTING"功能键,再按"SETTING"键,出现如图 4-18所示页面。将"PARAMETER WRITE"一项设定为"1"。

(3) 按"SYSTEM"功能键;

(4) 按"参数"软键,通过参数调用和显示的方法找到期望的参数号;

(5) 输入参数值,按"INPUT";

(6) 输入重要参数后需要先关机,再重新启动系统;

(7) 关闭写保护。

注意:在进行参数设置过程中,应该将系统置于急停状态,修改后必须重新启动数控系统。

要理解华中数控系统机内备份的方法与步骤,熟练运用已学的知识对 CNC 系统的参数和 PLC 的梯形图进行备份和恢复,通过备份的方法解决机床因为参数和 PLC 引起的故障,提高设备的使用寿命。

【项目作业】

1. 查看 HNC-21TF 硬件配件参数、PMC 用户参数、机床参数。
2. 列举硬件配件参数、PMC 用户参数的组成和分类。
3. 分析各设置参数权限对数控系统运行的作用及影响。
4. 简述数控系统参数设置后的调整过程。

项目五

数控车床操作面板无显示故障诊断与排除

＊知识目标

1. 熟悉数控机床常见电源结构和控制方式；

2. 掌握数控车床开机后面板无显示故障的常见原因及分析、排除方法。

＊能力目标

通过对华中世纪星系统数控车床开机后面板无显示故障的分析、诊断与维修操作练习。初步具备准确地诊断与排除相关故障的能力。

【项目导入】

华中世纪星系统数控车床开机后面板无显示，现对数控机床面板无显示的故障进行诊断与维修，使其开机后能够正常显示。

【项目知识】

一、数控系统显示故障和电源

1. 数控系统显示故障

数控系统不能正常显示的原因很多，除了显示系统本身的故障而造成系统显示不正常的直接原因之外，当电源故障、系统主板故障时，均可能导致系统不能正常显示。同样，系统的软件出错，在多数情况下可能会导致显示混乱、显示不正常或系统无显示。因此，系统在不能正常显示的时候，首先要分清造成系统不能正常显示的主要原因，不能简单地认为系统不能正常显示就是显示系统的故障。

数控系统显示的不正常，可以分为完全无显示和显示不正常两种情况。当系统电源、系统的其他部分工作正常时，系统无显示，在大多数的情况下是由硬件原因引起的。而显示混乱或显示不正常，一般来说是由系统软件引起的。当然，系统不同，所引起的原因也不同，要根据实际情况进行分析研究。

由于系统电源、系统出错等原因造成系统不能正常显示时，应首先对其他相关部分进行维修处理。

2. 数控系统的电源

电源是电路板的能源供应部分，电源不正常，电路板的工作必然异常。通常，电源部分故障率较高，修理时应足够重视。在用外观法检查数控机床后，可先对其电源部分进行检查。

电路板的工作电源，有的是由外部电源系统供给，有的由板上本身的稳压电路产生。电源检查包括输出电压稳定性检查和输出纹波检查。输出纹波过大，会引起系统不稳定，用示波器交流输入挡可检查纹波幅值，纹波大一般由集成稳压器损坏或滤波电容不良引起。有些运算放大器、比较器用单电源供电，有些则用双电源供电。用双电源的运放器，要求正负供电对称，其差值一般不能大于0.2V。

数控系统中对各电路板供电的系统电源大多数采用开关型稳压电源。这类电源种类繁多，故障率也较高，但大部分都是分立元件，用万用表、示波器即可进行检查。维修开关电源时，最好在电源输入端接一只1:1的隔离变压器，以防触电。另外,为了防止在修理过程中可能导致好的元件损坏,或引发新的故障,最好按图5-1所示的接线方法,使输入电压从0V开始逐渐增大,在输入和输出回路中都有电流、电压检测,一旦发现有过压或过流现象,即可关掉总电源,不致造成损失。

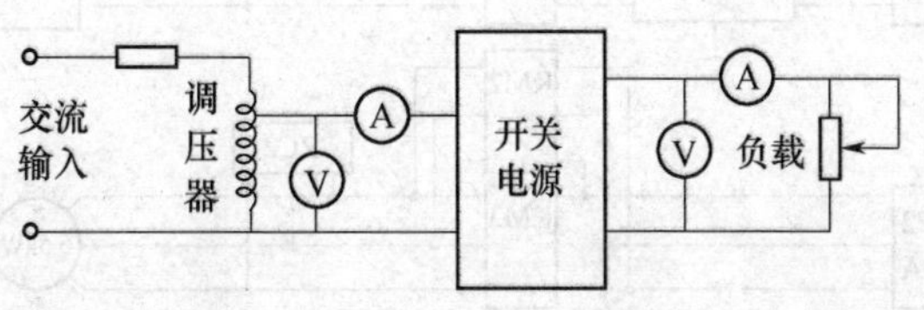

图5-1 修理开关电源接线图

1)华中数控车床数控系统典型电气设计

图5-2中QF0~QF4为三相空气开关,QF5~QF10为单相空气开关,KM1~KM6为三相交流接触器,RC1~RC4为三相阻容吸收器(灭弧器),RC5~RC10为单相阻容吸收器,KA1~KA8为直流24V继电器。KA1为急停回路中间继电器。

在设计中,三相AC380/200V,2.5kW伺服变压器,通过KM1为伺服电源模块供电。主轴采用了普通异步电机,通过机械手动换挡变速,由KM2、KM3完成正、反转切换控制。三相刀架电动机由KM4、KM5完成正、反转切换。

控制变压器提供四路电压,AC220V,300W绕组,一方面接上DC24V,100W的开关电源为继电器、数控装置、伺服驱动器提供24V电源;同时通过一个低通滤波器给伺服控制模块提供AC220V工作电压。电柜风扇和接触器回路电源由另一AC220V,250W绕组提供。为稳定工作,数控装置和安全照明灯分隔开来,各单独由一组AC24V,100W绕组供电。

2)华中数控铣床数控系统典型电气设计

如图5-3所示,与数控车床不同的是,主轴采用变频器驱动装置并配合两挡机械变速方式,通过液压换挡,主轴采用变频器通过KM2接通。

V1、V2、V3、VZ为续流二极管,YV1、YV2、YV3、YVZ为电磁阀和Z轴电机抱闸。

在设计中,同样的是数控装置和安全照明灯分隔开来,各单独由一组AC24V,100W绕组供电。工作电流较大的电磁阀用DC24V电源与输出开关量(如继电器、伺服控制信号等)用的DC24V电源也是各自独立的,且中间用一个低通滤波器隔离开来。

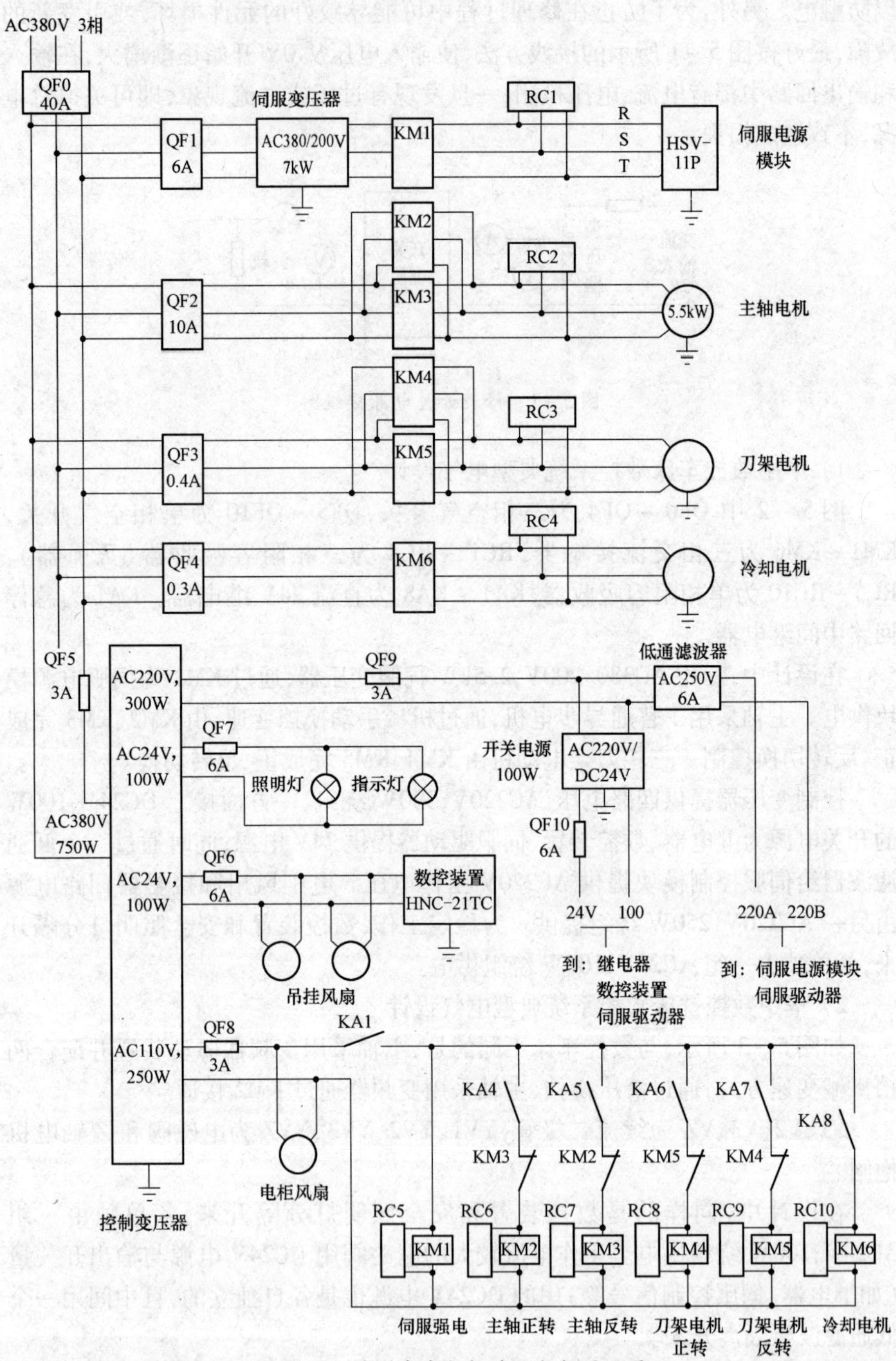

图 5-2　典型车床数控系统电气原理图

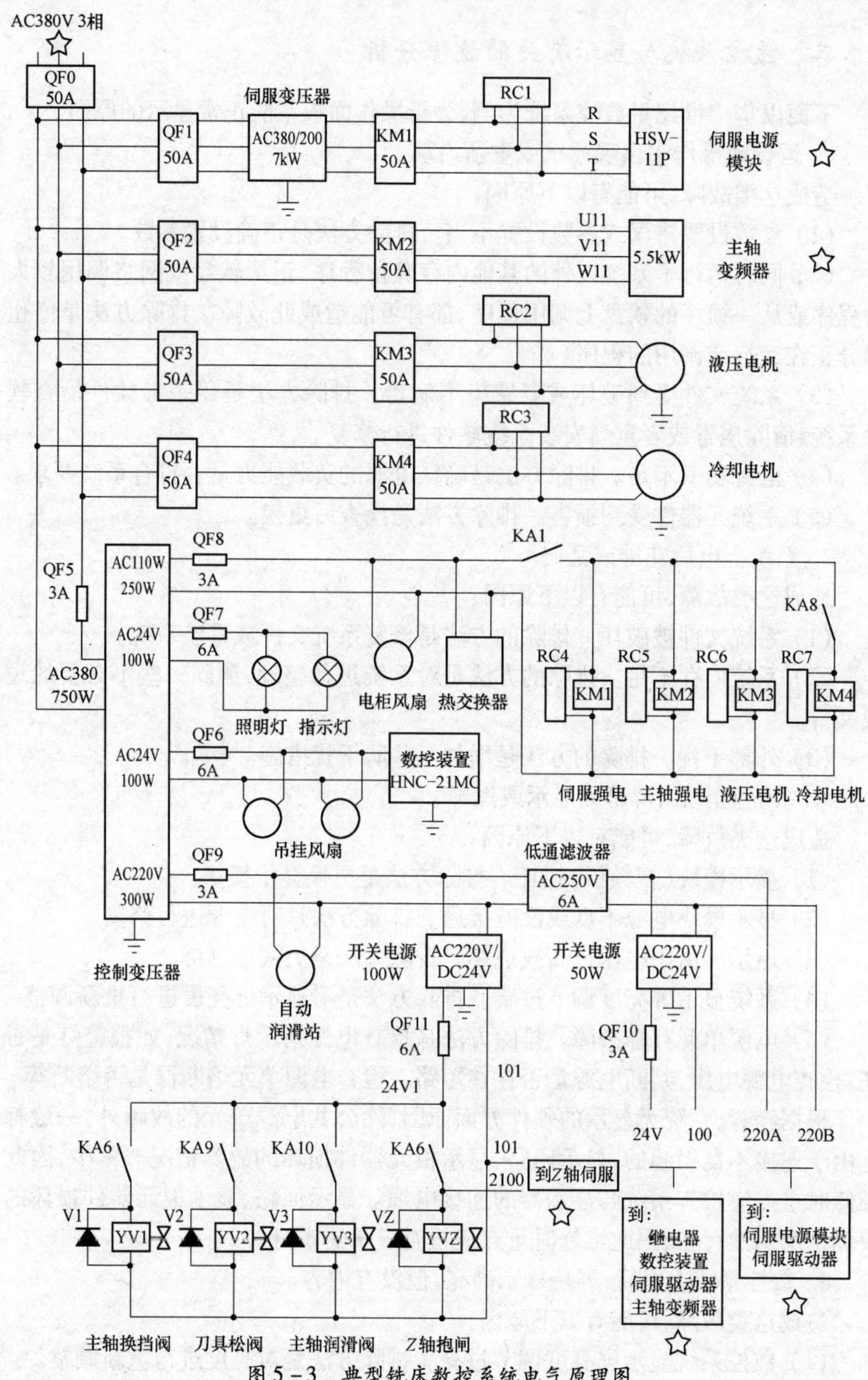

图5－3　典型铣床数控系统电气原理图

二、数控系统与显示有关的故障分析

下面以华中世纪星数控系统为例,分析操作面板不能正常显示的原因。

1. 运行或操作中出现死机或重新启动

造成这类故障,可能有以下原因:

(1) 参数设置错误或参数设置不当。排除方法是正确设置参数。

(2) 同时运行了系统以外的其他内存驻留程序、正从软盘或网络调用较大的程序或从一损坏的软盘上调用程序,都有可能造成此故障。排除方法是停止部分正在运行或调用的程序。

(3) 系统文件受到破坏或者感染了病毒。排除方法是用杀毒软件检查软件系统,清除病毒或者重新安装系统软件进行修复。

(4) 电源功率不足。排除方法是确认电源的负载能力是否符合系统要求。

(5) 系统元器件受到损害。排除方法是检查后更换。

2. 系统上电后花屏或乱码

造成这类故障,可能有以下原因:

(1) 系统文件被破坏。排除的方法是修复系统文件或重装系统。

(2) 系统内存不足。排除的方法是对系统进行整理,删除一些不必要的垃圾文件。

(3) 外部干扰。排除的方法是增加一些防干扰措施。

3. 系统上电后,屏幕无显示或黑屏

造成这类故障,可能有以下原因:

(1) 显示模块(视频板)损坏。排除方法是更换显示模块。

(2) 显示模块电源不良或没有接通。排除方法是对电源进行修复。

(3) 显示屏由于电压过高被烧坏。排除方法是更换显示屏。

(4) 系统显示屏亮度调节过暗。排除方法是对显示屏亮度进行重新调整。

(5) 电源单元存在故障。排除方法是检查电源指示灯情况,如报警灯是否亮,检查电源电压,判断电源是否存在短路。检查电源单元熔断器是否熔断等。

根据经验,系统无显示的硬件方面原因,除公共电源单元的故障外,一般都是由于连接不良引起的,显示回路、显示板元器件损坏的故障情况非常少,因此维修时重点应检查系统与显示器的连接电缆。显示回路、显示板元器件损坏的故障情况偶然存在,因此维修时重点应检查显示器本身。

4. 数控系统上电后,屏幕显示高亮,但没有内容

造成这类故障,可能有以下原因:

(1) 数控系统显示屏亮度调节过亮。排除方法是对亮度进行重新调整。

（2）数控系统文件被破坏或者感染了病毒，显示模块出现故障。排除方法是用杀毒软件检查软件系统，清除病毒或者重新安装系统软件进行修复，无效的情况下可尝试更换显示模块。

5. 数控系统上电后，屏幕显示暗淡，但可以正常操作，系统运行正常

造成这类故障，可能有以下原因：

（1）数控系统显示屏亮度调节过暗。排除方法是对亮度进行重新调整。

（2）显示屏亮度灯管故障。排除方法是更换显示器或显示器灯管。

（3）显示模块故障。排除方法是更换显示模块。

三、典型故障案例分析

1. 电源开关与机床开关按钮闭合后，电源不能接通故障分析

检查内容：

（1）检查电源输入端熔断器熔芯是否熔断或爆断（或自动开关跳闸）。若是则应更换电源熔丝；

（2）检查机床电源进线是否有断开现象。若是则应换线并进行重新连接；

（3）检查机床总电源开关或电源开关是否损坏。若是则应更换电源开关；

（4）观察电气控制柜门是否关好，开门断电保护开关是否动作，若是应将电气控制柜门关好；

（5）检查电气控制柜上的开门断电保护开关是否损坏或关门后与碰块是否接触不良，若是应更换断电保护开关或重新安装碰块，使之接触良好。

2. 控制电源故障分析

1）控制变压器无输入电压（输入端熔体烧断或断路器跳闸）

检查控制变压器内部是否短路、过载线短路、电流过大。若是则应对故障点进行修理。

2）无直流电流输出

（1）检查直流侧是否因短路、过流、过压、过热等造成整流模块或直流电源损坏，整流电路是否有断线或接触不良。若是则应找出故障点并重新接线。

（2）检查电源连接线是否有接触不良或断线。若是则应重新更换电源线并连接。

（3）用万用表检查控制变压器输入电源电压是否过高、过低（超过 ±10%）或电压浪涌。若是则应更换电源。

（4）检查控制变压器是否损坏，可能的原因为熔断器、断路器的电流过大，没有起到保护作用，以及电源短路、串接、负荷过大、内部绕组短路等。

（5）检查控制变压器附近熔断器是否熔断或爆断。若是则应更换熔丝。

3. CNC 电源单元无电压输入故障分析

1）当电源单元不能接通肘，如果电源指示灯（绿色）不亮

（1）电源单元的熔丝 F1、F2 已熔断；

原因：输入高电压、元器件损坏、短路或过流。

（2）用万用表检查输入电压是否过低，电压的允许值为 200V（AC）±20V（AC），50Hz；

（3）检查电源单元是否不良，内存元器件是否损坏。若是则应更换电源单元。

2）电源指示灯亮，报警灯消失，但电源不能接通

检查电源是否正常接通。电源的接通条件：

（1）电源 ON 按钮闭合；

（2）外部报警接点断开。

3）电源单元报警灯亮

（1）检查 24V 输出电压的熔丝是否熔断。若是则可能是由两个原因引起的：

① 9″显示器屏幕使用 +24V 电压，检查 +24V 与地是否短路；

② 显示器/手动数据输入板不良。

（2）电源单元不良，重新更换。

（3）24E 的熔丝熔断，重新更换熔断器。

① +24E 是提供外部输入/输出信号用的，参照图 5-4 检查外部输入/输出回路是否短路；

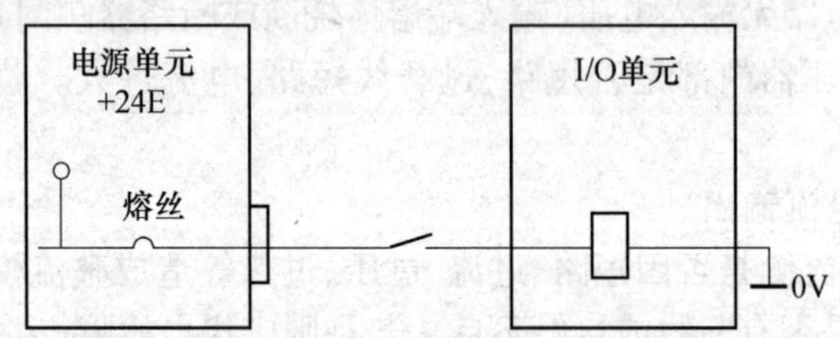

图 5-4　输入/输出单元供电图

② 外部输入/输出开关引起 +24E 短路或系统 I/O 板不良。

（4）5V 电源负荷短路，检查方法如下：

① 把 +5V 电源、所带负荷一个一个地拔掉，每拔一次，必须关电源再开电源，负荷连接图如图 5-5 所示；

② 在拔掉任何一个 +5V 电源负荷后，电源报警灯熄灭，那么可以证明该负

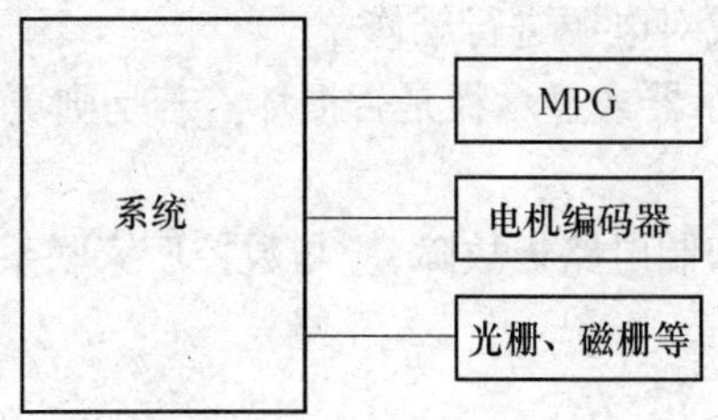

图 5-5　负荷连接图

荷及其连接电缆出现故障。

注意事项:当拔掉电机编码器的插头时,如果是绝对位置编码器,还需要重新回零,机床才能恢复正常。

(5) 系统的印制电路板上有短路。

检查:在电源关的状态下,用万用表测量 +5V、±15V、+24V 与 0V 之间的电阻。

① 把系统各印制板一个一个地往下拔,再开电源,确认报警灯是否再亮;

② 如果当某一印制板拔下后,电源报警灯不亮,那就证明该板有问题,需更换该板或维修;

③ 当计算机与 CNC 系统进行通信作业时,如果 CNC 通信接口烧坏,有时也会使系统电源不能正常供电。

4. 系统显示故障分析

显示系统由 CRT 显示器和视频板组成。CRT 显示器是将视频信号转换为图像显示出来,视频板是将字符及图像点阵转换为视频信号输出。

1) 显示系统故障通常表现

(1) 屏幕黑,系统无法强行启动;

(2) 屏幕显示一条水平或垂直的亮线;

(3) 屏幕左右图像变形;

(4) 屏幕图像上下线性不一致,或被压缩,或被扩展;

(5) 屏幕图像发生倾斜或抖动;

(6) 屏幕图像不完整;

(7) 屏幕无图像,但有亮度等。

2) 典型故障分析

(1) 检查显示器信号线电缆或电源线连接是否不良或断线。若是则应重新连接或换线;

(2) 电源单元故障,显示器无供电电源(CRT 灯丝不亮,LCD 无背景光)。

若是则重新更换电源或对电源进行维修；

（3）检查 CRT 显示器或显示板是否损坏。若是则更换 CRT 显示器或进行维修；

（4）数控系统主印制电路板故障，应与数控厂家联系维修。

【项目实施】

1. 项目实施路径

项目实施路径如图 5－6 所示。

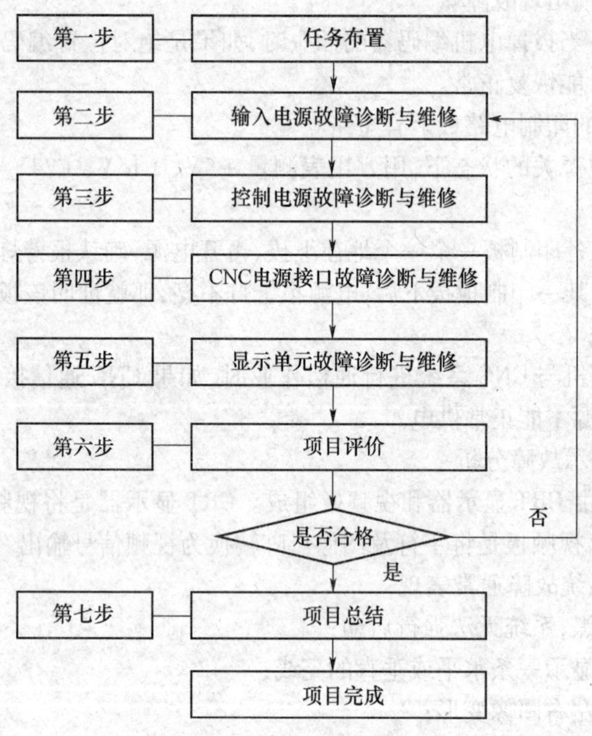

图 5－6　项目实施路径图

2. 项目实施步骤

（1）布置项目任务，对项目实施时间、最终质量、安全生产、文明生产、环保意识做出具体要求。

（2）按照规定次序开机后，用万用表检查电源输入端熔断器、机床电源进线及机床总电源开关是否正常，若有电压不正常或缺相问题，应马上断电，并按照电气原理图重新接线。

(3) 从控制电源出发,检查控制电源是否有输入电压,检查控制变压器是否有损坏。

(4) 从 CNC 电源单元出发,检测系统的印制电路板上是否有短路;检测电源单元的熔丝 F1、F2 是否熔断;检测 5V 电源负荷是否短路;检测 24E 的熔丝是否熔断。

(5) 机床和系统电源检测若均无故障,应对数控显示系统进行检测。首先检测显示器信号线电缆或电源线连接是否正常,以及显示器供电电源是否正常。若以上检测全部正常,则故障原因可能是显示器故障,应拆掉显示器并与数控厂家联系维修或更换数控系统显示器。

(6) 对学生的项目完成情况进行评价,按照评分表的标准给出成绩。如果故障不能排除,要重新诊断与排除故障。

【知识拓展】

一、FS0 数控系统电源单元

FANUC AI 电源单元主回路原理图如图 5－7 所示。可以看出,外部电源经输入端子 CPI 的 R,S 端加入,经熔断器 F11、F12(7.5A),浪涌电压吸收器 VS11,继电器触点 RY3、RY4,控制 AC200V。这一 AC200V 电压经 CP2 上的 200R,200S 端输出到模块外部,使外部获得与电源单元同步接通/断开的 200V 控制电压。在通常情况下,CP2 上的 AC200V 输出电压用来接通伺服驱动的主接触器 MCC,从而实现伺服驱动器和系统的同步通/断控制。

在电源单元内部,200V(200R,200S)控制电压又经电源滤波器 NF1,二极管整流桥 DS1 滤波电容 C12、C13 产生开关电源的直流母线电压(V＋/V－)。

电源单元内部 ON/OFF 控制部分的 DC24V 辅助控制电压、主电源的 DC15V 控制电压由单独的集成开关电源控制模块 M11 进行控制。M11 的开关信号经变压器 T1 输出,通过 D1 整流,C2 滤波以及 ZD1、Q2 组成稳压环节,在 A4 上获得 DC24V 的输入单元辅助控制电压。

当 DC24V 电源正常后,发光二极管 PIL 正常发光,同时,24V 辅助控制电压又经过熔断器 F1,浪涌电压吸收器 VS1 以及 ZD2,Q3,C4 组成的稳压、滤波环节产生用于开关主电源的 DC15V 控制电压 A15。

FANUC AI 电源单元的 CNC、伺服电源的 ON/OFF 控制部分的原理如图 5－8所示。为 AI 内部输入单元的电源通/断控制回路,它由中间继电器 RY1－RY5,RY12 等组成。其原理与 FS6 所使用的 FANUC 输入单元相类似,线路中考虑了 MDI/CRT 单元上的系统电源 ON/OFF 控制、外部报警(E. ALM 信号)、

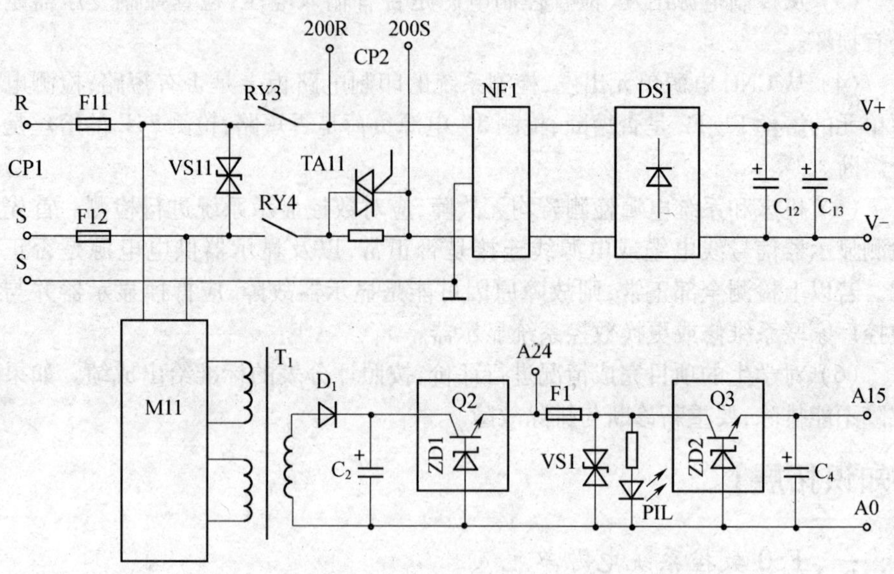

图 5－7　FS0AI 电源单元主回路原理图

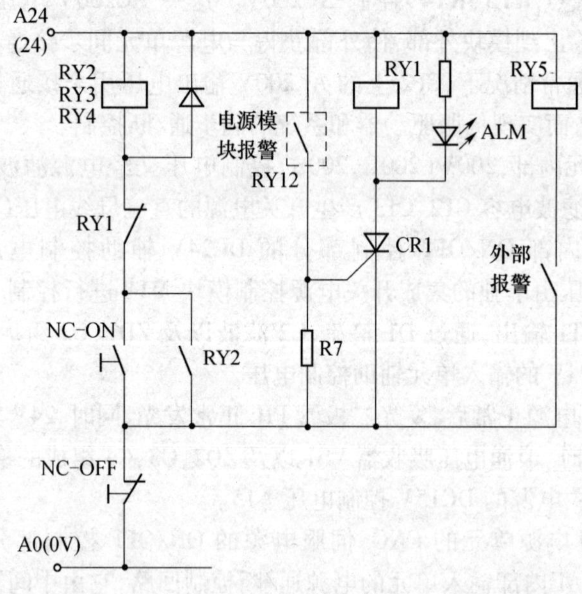

图 5－8　FS0AI 内部输入单元电源通断控制回路

内部电源单元的报警等多种条件，为用户使用提供了便利。

AI 内部输入单元的电源通、断控制过程如下。

(1) 通过系统 MICRT 单元上的系统 ON 按钮使 RY2 - RY4 通电。

(2) RY3，RY4 的常开触点闭合，AC200V 电源接通，开始工作，产生系统所需要的 DC5V，DC24V，DC ±15V 等电源电压。

(3) 通过 CP2 上的 200R，200S 输出，可以同时接通外部的主接触器 MCC，接通伺服驱动电源。

输入单元的电源接通条件如下：

(1) MI/CRT 单元上的电源切断 OFF 按钮触点闭合；

(2) 外部报警触点断开，系统内部开关主电源 DC5V，DC24V，DC ±15V 无障碍。

二、典型案例分析

案例一：

故障现象：一台进口卧式加工中心，开机时按下操作面板上的 NC 电源按钮，红、绿灯都亮，但显示器屏幕黑屏无显示，查看电气柜中的开关和主要部分无异常，关机后重开，故障一样。

故障诊断与处理：经查，确定其电源部分无故障，各处电压都正常。仔细检查发现数控系统有多处故障，在更换了显示器后，显示器屏幕出现了显示，使机床能进入其他的故障维修。

案例二：

故障现象：一立式加工中心，开机后屏幕无显示。

故障诊断与处理：该加工中心使用进口数控系统，造成屏幕无显示的原因有很多。对故障进行检查后，确认系统提供的外部电源没有问题，但主板上的电压不正常，时有时无。可以确认是因主板故障造成的，因此进行了更换，更换主板后系统有显示。由于主板更换后参数需要重新设置，按系统参数设置步骤，对照机床附带的参数表进行设置调整后机床正常。如还有其他故障，可根据机床的报警和其他故障信息作出处理。

案例三：

故障现象：一数控系统，机床送电，CRT 无显示，查 NC 电源 +24V、+15V、-15V、+5V 均无输出。

故障诊断与处理：此现象可以确定是电源方面出了问题，可以根据电气原理图逐步从电源的输入端进行检查。当检查到熔丝后的噪声滤波器时发现性能不良，后面的整流、振荡电路均正常。拆开噪声滤波器外壳，发现里面烧焦，更换噪声滤波器后,系统故障排除。

看完以上案例后,请列举出屏幕无显示故障的所有可能原因,并以表格方式列出。

案例四:

一普通数控车床,NC 启动就断电,且 CRT 无显示。

故障分析与处理:初步分析可能是某处接地不良,经过对各个接地点的检测处理,故障未排除。之后检查了一下 CNC 各个板的电压,用示波器测量发现数字接口板上集成电路的工作电压有较强的纹波,经检查电源低频滤波电容正常。在电源两端并接一小容量滤波电容,启动机床止常,本故障由 CNC 系统电源抗干扰能力不强所致。

【项目作业】

1. 熟悉华中数控系统电源结构,分析哪些部分使用了 24V 电源。
2. 容易造成数控系统软件故障的原因有哪些?如何排除软件故障?

项目六

数控车床开机后急停不能复位故障诊断与排除

＊知识目标

1. 熟悉数控机床急停与超程解除的设计原理；

2. 掌握数控车床开机后急停不能复位的故障常见原因及排除方法。

＊能力目标

通过对华中世纪星系统数控车床急停与超程解除的设计原理分析，掌握开机后急停不能复位的故障分析、诊断与维修操作，初步具备准确地诊断与排除相关故障的能力。

【项目导入】

华中数控加工中心能够正常开机,但是不能产生复位信号,按下“急停”按钮也不起作用。现对加工中心开机后无法正常复位的故障进行诊断与排除,使其能够开机后产生复位信号,为加工做好准备。

【项目知识】

在数控系统的操作面板上和手持单元上均设有急停按钮,用于数控系统或数控机床出现紧急情况时,使数控机床立即停止运动或切断动力装置,如伺服驱动等的主电源。当数控系统出现报警信息后,需要按下急停按钮。待查看报警信息并排除故障后,再松开急停按钮,使数控系统复位并恢复正常。

一、急停与超程解除的设计

HNC-21 数控装置急停与超程解除的内部电路关系和外部电路的设计如图 6-1 所示。数控装置急停按钮与系统中各轴的正向、负向的超程限位开关的常闭触点,以串联方式连接到系统的超程回路中。

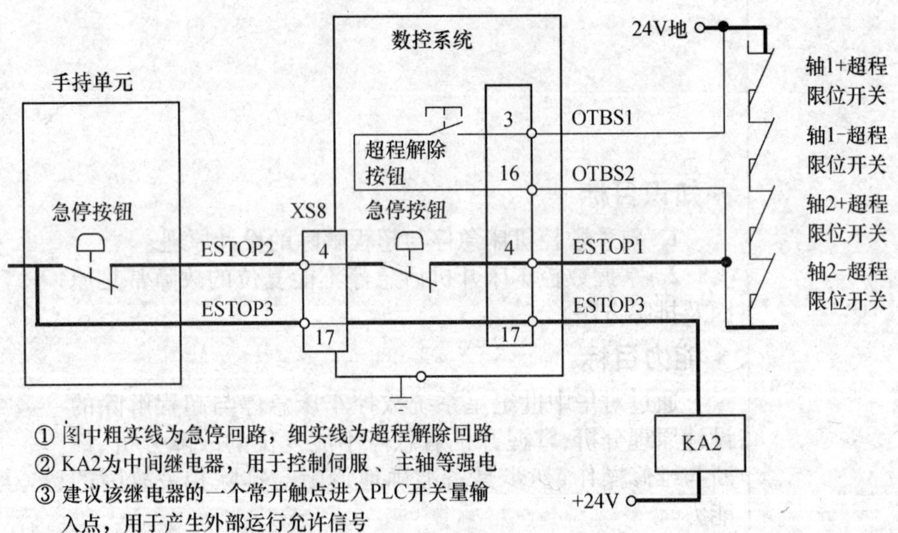

图 6-1 急停控制回路电气原理图

除数控装置操作面板和手持单元处的急停按钮外,系统还可根据实际需要设置更多急停按钮,所有急停按钮的常闭触点以串联方式连接到系统的急停回路中,在正常情况下急停按钮处于松开状态,其触点处于常闭状态。按下急停按钮后，其触点断开使得系统的急停回路所控制的中间继电器 KA2 断电，从而通过中间继电器 KA1 切断移动装置如进给轴电机、主轴电机、刀架电机等的动力电源，同时连接在 PLC 开关量输入端的中间继电器 KA2 的一组常开触点向系统发出急停报警，此信号在打开急停按钮时则作为系统的复位信号。

急停控制回路继电器部分如图 6-2 所示。信号 420 来自伺服电源模块与伺服驱动模块的故障连锁，Y0.0 来自 PLC 的运行允许输出，KA1 为控制伺服、主轴和刀架等回路接触器的中间继电器，参见图 5-2 所示车床数控系统电源部分原理图。

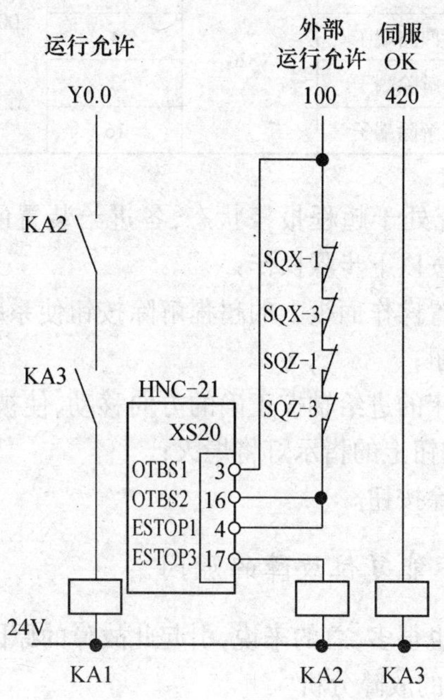

图 6-2　急停控制回路继电器部分

系统中各轴的正向、负向的超程限位开关的常闭触点，以串联方式连接到系统的超程回路中。同时，每个超程限位开关另有一个常开触点连接 PLC 输入端，使系统能够判断各超程限位开关的状态。在正常情况下超程限位开关处于松开状态，若用户操作机床不慎将某轴的超程限位开关压下，其常闭触点断开使得系统的超程回路断开，同时使急停回路中的中间继电器 KA2 断电而自动切断移动装置的动力电源。超程限位开关连接在 PLC 输入端的常开触点向系统发出超程报警信息发生超程的坐标轴及超程方向，并使超程解除按钮上的指示灯发光。与急停报警一样，发生超程时，中间继电器 KA2 断电，他的一组常开触点也会通过PLC输入端向系统发出急停报警信号,但系统的PLC除检测中间继电器KA2的常开触点外还检测各超程限位开关的常开触点的状态,以此区分急停报警和超程报警。表6-1是急停回路中相关的信号。

表6-1 急停回路中相关信号说明

<table>
<tr><th>序号</th><th>信号名</th><th>信号说明</th><th>所在接口</th><th>接口脚号</th><th>接口说明</th><th>接口型号</th></tr>
<tr><td rowspan="2">1</td><td rowspan="2">ESTOP2</td><td rowspan="2">急停回路端子</td><td rowspan="2">XS8</td><td>4</td><td rowspan="2">手持接口</td><td rowspan="2">DB25
(头孔座针)</td></tr>
<tr><td>17</td></tr>
<tr><td>2</td><td>ESTOP3</td><td>急停回路端子</td><td rowspan="4">XS20</td><td>17</td><td rowspan="4">00-015
开关量
输出接口</td><td rowspan="4">DB25
(头针座孔)</td></tr>
<tr><td>3</td><td>ESTOP1</td><td>急停回路端子</td><td>4</td></tr>
<tr><td>4</td><td>OTBS1</td><td>超程解除端子</td><td>3</td></tr>
<tr><td>5</td><td>OTBS2</td><td>超程解除端子</td><td>16</td></tr>
</table>

发生超程后,系统处于超程报警状态,各进给装置的动力电源已被切断。为了解除超程用户应按以下步骤操作:

(1) 按住数控装置操作面板上的超程解除按钮使系统复位,在解除超程前不得松开超程解除按钮;

(2) 手动操作机床的进给轴按正确的方向移动,使被压下的超程限位开关松开,此时超程解除按钮上的指示灯将熄灭;

(3) 松开超程解除按钮。

二、系统急停不能复位故障的原因

引起故障的原因也很多,总的来说,引起此故障的原因大致有以下几种:

1. 电气方面引起的故障分析

如图6-1所示,从图上可以清晰看出由于下面原因引起急停回路不闭合,可能导致急停后不能复位的故障。

(1) 急停回路开路;

(2) 限位开关损坏;

(3) 急停按钮损坏。

如果机床一直处于急停状态,首先检查急停回路中KA2继电器是否吸合。继电器如果吸合而系统仍然处于急停状态,可以判断出故障不是出自电气回路方面,这时可以从别的方面查找原因。如果继电器没有吸合,可以判断出故障是因为急停回路断路引起,这时可以利用万用表对整个急停回路逐步进行检查,检查急停按钮的常闭触点,并确认急停按钮或者行程开关是否损坏。急停按钮是急停回路中的一部分,急停按钮的损坏,可以造成整个急停回路的断路。检查超程限位开关的常闭触点,若未装手持单元或手持单元上无急停按钮,XS8 接口中的 4 脚、17 脚应短接,逐步测量,最终确定故障的出处。

2. 参数设置错误故障分析

系统参数设置错误,使系统信号不能正常输入输出或复位条件不能满足,可引起急停故障。若 PLC 软件未向系统发送复位信号,检查 KA2 中间继电器,并检查 PLC 程序。

3. 复位条件未满足故障分析

松开急停按钮,PLC 中规定的系统复位所需要完成的信息,如"伺服动力电源准备好"、"主轴驱动准备好"等信息未满足要求,可引起急停故障。若使用伺服,检查伺服动力电源是否准备好,检查电源模块,检查电源模块的接线,检查伺服动力电源空气开关。

如出现复位条件未满足故障。检查逻辑电路,根据电气原理图和系统的检测功能,判断什么条件未满足,并进行排除。

4. PLC 程序编写错误故障分析

PLC 程序编写错误时,应按照 PLC 编程手册,重新调试 PLC 程序,并正确编译。

5. 系统跟踪误差过大造成急停不能复位

造成系统跟踪误差过大的可能原因有:

(1) 负载过大,夹具夹偏造成摩擦力或阻力过大,从而使伺服电动机输出扭矩过大,电动机出现丢步,造成跟踪误差;

(2) 编码器因电压、连接等原因反馈出现问题;

(3) 伺服驱动器报警或故障;

(4) 进给伺服驱动系统强电电压不稳或缺相等。

三、数控系统急停报警类故障维修实例

案例一:检测仪表故障导致急停报警。

故障现象:一数控车床工作时突然停机。系统显示急停状态,并显示主轴温度报警。

故障诊断及处理:经过实际测量检查,发现主轴温度并没有超出允许的范围,故判断故障出现在温度仪表上,调整外围线路后报警消失,更换新仪表后恢复正常。

案例二:接近开关故障导致急停报警。

故障现象:由 SIEMENS 820 数控系统的加工中心产生 7035 号报警,查阅报警信息为工作台分度盘不回落。

故障诊断及处理:在该数控系统中 7 字头的报警为操作信息或机床故障,指示 CNC 系统外的机床侧状态不正常。处理方法是,针对故障信息,调出 PLC 输入输出状态与拷贝清单对照。工作台分度盘的回落是由工作台下面的接近开关 SQ25、SQ28 来检测的。其中 SQ28 检测工作台分度盘是否旋转到位,对应 PLC 输入接口 110.6;SQ25 检测工作台分度盘回落到位,对应 PLC 输入点 110.0。工作台的回落是由输出接口 Q4.7 通过继电器 KA32 驱动的。

【项目实施】

1. 项目实施路径

项目实施路径如图 6-3 所示。

2. 项目实施步骤

(1) 布置项目任务,对项目实施时间、最终质量、安全生产、文明生产、环保意识做出具体要求。

(2) 从数控机床急停回路的结构和工作原理出发,得出可能的故障原因,并对所有可能原因引起的数控系统开机不能复位故障进行分析。

(3) 如果继电器 KA2 不吸合,则可能是电源方面的故障。使用万用表逐一查看电源进线是否正常,总电源开关 QF0、QF5 是否合上。变压器输出 220V 是否正常,断路器 QF9 是否合上或正常。低通滤波器是否完好。开关电源是否有 24V 的输出,QF10 是否合上,24V 与 100 之间是否有 24V 的电压。

(4) 如果继电器 KA2 不吸合,电源回路正常,则可能是由急停回路硬件故障引起的。利用导线或万用表检查“急停”按钮的常闭触点,确认“急停”按钮或者行程开关是否损坏。检查超程限位开关的常闭触点,中间继电器 KA2 线圈是否完好。检查数控系统各开关量输入接口 XS10、XS11 是否接触良好。

(5) 如果继电器 KA2 吸合还仍有故障,则可能为硬件故障。利用万用表检查 KA2 的一对常开触点是否闭合,检查数控系统的输出开关量接口 XS20(如图 3-9 所示)与手持单元各个接口 XS8 是否接触良好。

(6) 若继电器 KA2 吸合且硬件无故障,则可能为系统参数设置故障。应该按照数控系统的要求正确设置参数。

(7) 另外,还可能为复位条件未满足故障。应检查逻辑电路,根据电气原理图和系统的检测功能,判断什么条件未满足,并进行排除。

(8) 判断 PLC 程序是否编写错误,若是则应按照《PLC 编程》重新调试 PLC 程序,正确编译。

(9) 对学生的项目完成情况进行评价,按照评分表的标准给出成绩。如果故障不能排除,要重新诊断与排除故障。

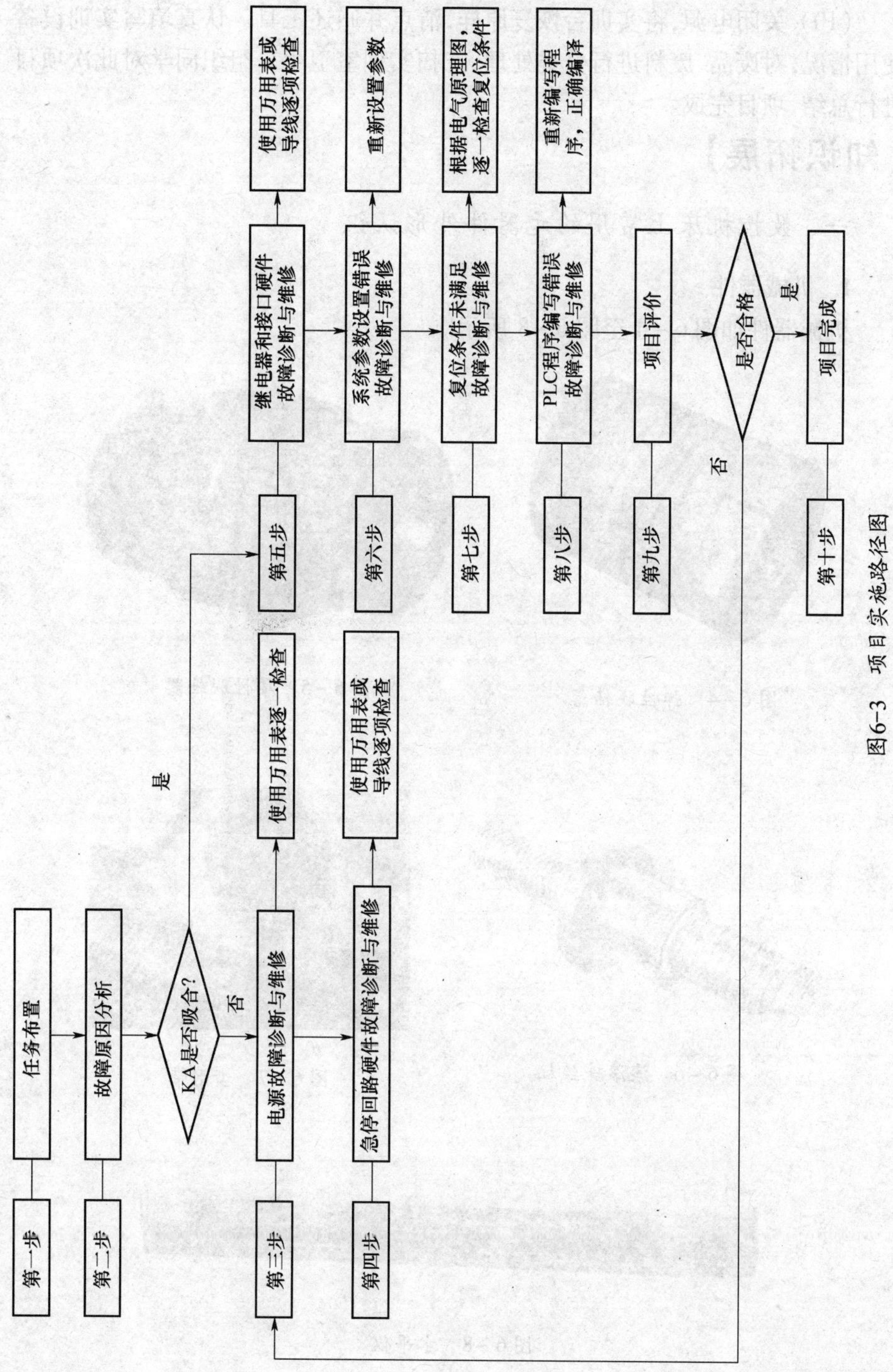

第一步
任务布置
第二步
故障原因分析
KA是否吸合?
是
否
第三步
电源故障诊断与维修
使用万用表逐一检查
第四步
急停回路硬件故障诊断与维修
使用万用表或导线逐项检查
第五步
继电器和接口硬件故障诊断与维修
使用万用表或导线逐项检查
第六步
系统参数设置错误故障诊断与维修
重新设置参数
第七步
复位条件未满足故障诊断与维修
根据电气原理图，逐一检查复位条件
第八步
PLC程序编写错误故障诊断与维修
重新编写程序，正确编译
第九步
项目评价
是否合格
是
否
第十步
项目完成

图6-3　项目实施路径图

(10) 关闭电源,将实训台恢复原样,清点并归还工具。认真填写实训设备使用情况,对废品、废料进行分类处理,打扫实训室卫生。组织同学对此次项目进行总结,项目完成。

【知识拓展】

一、数控机床上常用的元器件外形认识

1. 机械器件

机械器件如图6-4至图6-8所示。

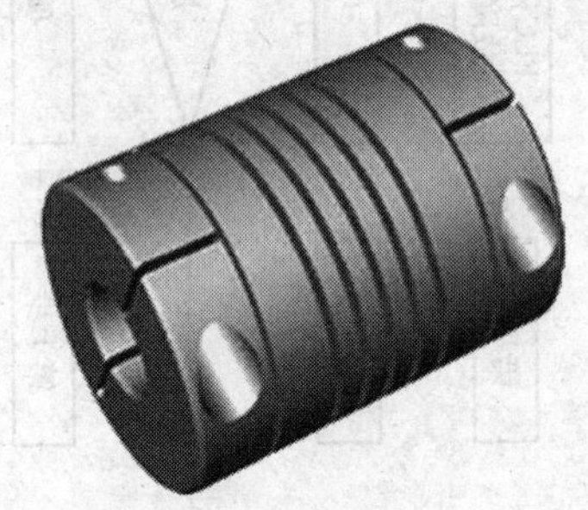

图6-4 弹性联轴器

图6-5 柔性联轴器

图6-6 滚滚珠丝杠

图6-7 齿形带

图6-8 水平仪

2. 电气器件

电气器件如图 6 –9 至图 6 –18 所示。

图 6 –9　低压断路器

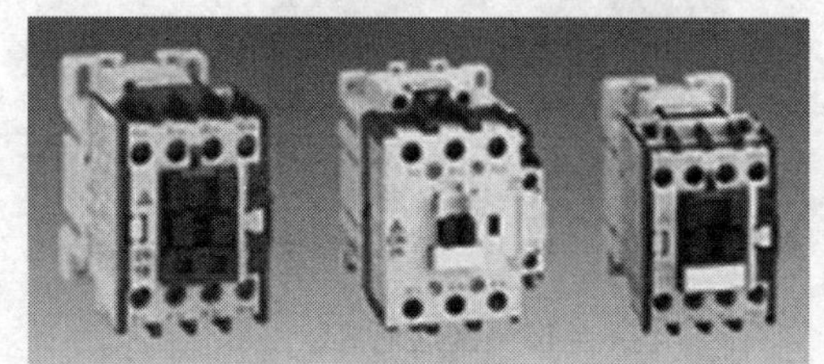

图 6 –10　交流接触器

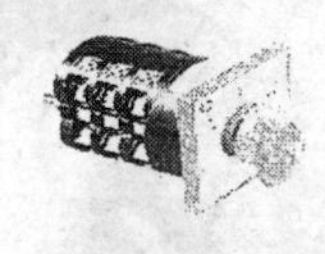
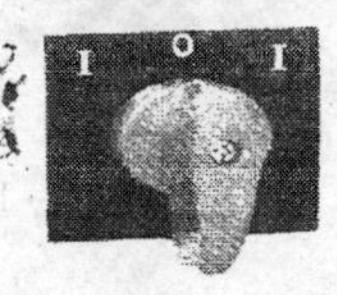

图 6 –11　万能转换开关

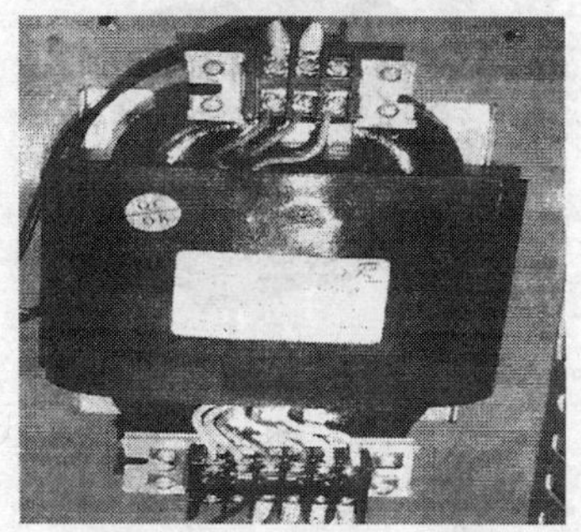

图 6 –12　控制变压器

图 6 –13　熔断器

图 6-14　热继电器

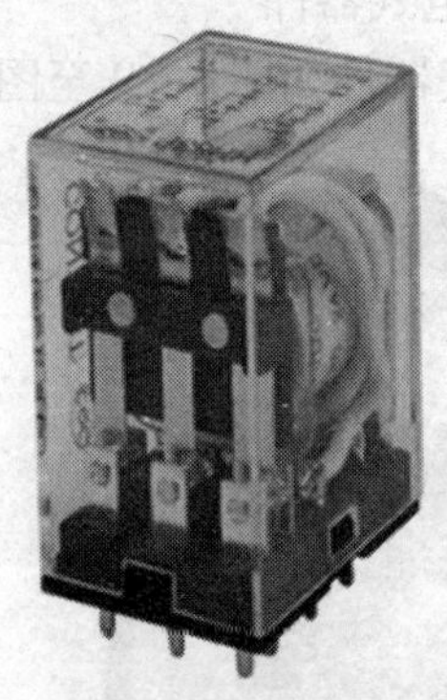

图 6-15　中间继电器

图 6-16　固态继电器

图 6-17　圆光栅编码器

图 6-18　光栅尺

二、急停报警类故障及排除

急停回路是为了保证机床的安全运行而设计的，所以整个系统各个部分出现故障均有可能引起急停，除机床一直处于急停状态无法复位外，其他常见故障现象及排除方法如表 6-2 所列。

表6-2　急停报警类故障及排除

报警类型	故障原因	故障的排除
数控系统在自动运行的程中，跟踪误差过大报警引起的急停报警	负载过大，或者夹具夹偏造成的摩擦力或阻力过大，形成跟踪误差过大	减小负载，改变切削条件或装夹条件
	编码器的反馈出现问题	检查编码器的接线是否正确，接口是否松动，或用示波器检查编码器所反馈的脉冲是否正常
	伺服驱动器报警或损坏	对伺服驱动器进行更换或维修
	进给伺服驱动系统强电电压不稳或者由电源缺相引起	改善供电电压
	打开急停系统后。在复位的过程中，带抱闸的电动机由于打开抱闸时间过早，引起电动机的实际位置发生变动产生了跟踪误差过大的报警	适当拖延抱闸电动机抱闸的时间，当伺服电动机完全准备好以后再打开抱闸
伺服单元报警引起的急停故障	伺服单元如果报警或者出现故障，PLC 检测到后可以使整个系统处于急停状态，如过载、过流、欠压、反馈断线等	找出引起伺服驱动器报警的原因，将伺服部分的故障排除，令系统重新复位
主轴单元报警引起的急停故障	主轴空气开关跳闸	减小负载或增大空开的限定电流
	负载过大	改变切削参数，减小负载
	主轴过压、过流或干扰	清除主轴单元或驱动器的报警
	主轴单元报警或主轴驱动器出错	
注：如果是因为伺服单元报警引起的急修，有些系统可以通过急停对整个系统进行复位，包括伺服驱动器，可以消除一般的报警		

三、典型案例分析

案例三：

故障现象：某配套 FANUCOM 的加工中心，开机时显示“NOTREADY”，伺服电源无法接通。

故障诊断及处理：FANUCOM 系统引起“NOTREADY”的原因是数控系统的

紧急停止"＊ESP"信号被输入，这一信号可以通过系统的"诊断"页面进行检查。经检查发现，PMC 到 CNC 的急停信号(DGN12L 4)为"0"，证明系统的"急停"信号被输入。

再进一步检查，发现系统 I/O 模块的"急停"输入信号为"0"。对照机床电气原理图，检查发现机床刀库侧的手动操纵盒上的"急停"按钮断线，重新连接复位"急停"按钮后，再按"Reset"键，机床即恢复正常工作。

案例四：

故障现象：某配套 FANUCOTC 的进口数控车床，开机后，CNC 显示"NOTREADY"，伺服驱动器无法起动。

故障诊断及处理：由机床的电气原理图，可以查得该机床急停输入信号包括"急停"按钮、机床 XLZ 轴的"超程保护"开关、中间继电器 KA10 的常开触点等。

检查"急停"按钮、"超程保护"开关均已满足条件，但中间继电器 KA10 未吸合。进一步检查 KA10 线圈，发现该信号由内部 PLC 控制，对应的 PLC 输出信号为 Y53.1。根据以上情况，通过 PLC 程序检查 Y53.1 的逻辑条件，确认故障是由于机床主轴驱动器报警引起的。

通过排除主轴报警，确认 Y53.1 输出为"1"，在 KA10 吸合后，再次启动机床，故障清除，机床恢复正常工作。

案例五：

故障现象：某配套 FANUCOMC 的数控铣床(二手机床)，开机后，CNC 显示"NOTREADY"，伺服驱动器无法启动。

故障诊断及处理：由于机床为二手设备，随机资料均已丢失，为了确定故障原因，维修时从 XLI.4"急停"信号回路依次分析、检查，确认故障原因是与 XLI.4 输入连接的中间继电器未吸合引起的"急停"。

进一步检查机床的控制电路，发现该中间继电器的吸合条件是机床未超程，且按下面板上的"机床复位"按钮后，才能自锁保持。据此，再检查以上条件，最终发现故障原因是面板上的"机床复位"按钮不良，更换按钮后，故障排除，机床可以正常动作。

【项目作业】

1. 简述急停回路在整个数控系统的作用及回路所包含的内容。
2. 分析急停回路工作原理，超程怎样解除？
3. 除了超程急停报警之外，产生急停报警的原因还有哪些？

项目七

数控车床无法返回参考点故障诊断与排除

＊知识目标

1. 熟悉数控机床回参考点的原理及过程；

2. 掌握数控车床无法返回参考点故障常见原因，排除方法。

＊能力目标

通过对华中世纪星系统数控车床开机后数控车床无法返回参考点故障的诊断与排除操作。初步具备准确地诊断与排除相关故障的能力。

【项目导入】

华中数控车床 Z 轴不能执行自动返回参考点动作，产生超行程急停报警，系统自诊断报警号是44H。现对此故障进行诊断与维修，使 Z 轴能够自动返回参考点。

【项目知识】

在数控机床的操作说明书或设备的操作规程中一般明确规定，当接通数控系统电源后，首先要执行数控机床的返回参考点操作，或称为回零操作。返回参考点操作是数控机床的重要功能，也是数控机床的工作方式之一，但由于操作频繁，通常在这个过程中会遇到各种问题，从而影响机床的正常使用及零件加工精度，因此，对数控机床因参考点产生的故障进行归类和分析，并找到有效排除此故障的方法是非常必要的。

一、机床回参考点相关概念

1. 返回参考点操作的定义

机床断电后，则失去了对各坐标轴具体位置的记忆，所以必须让各坐标轴回到机床上某一固定的点，该固定点是机床坐标系的零点，也称机床参考点，这一操作被称为回零操作或返回参考点。回参考点目的在于正确建立机床坐标系，可以消除丝杠间隙的累计误差及丝杠螺距误差补偿对加工的影响。

2. 返回参考点的方法

按机床检测元件检测参考点信号方式的不同，返回机床参考点的方法有两种，即栅点法和磁开关法。在栅点法中，检测器随着电动机一转信号同时产生一个栅点或一个零位脉冲信号。在机床本体上安装一个减速撞块及一个减速开关。当减速撞块压下减速开关时，伺服电动机减速到接近参考点速度运行。当减速撞块离开减速开关，即释放减速开关后，数控系统检测到的第一个栅点或零位信号即为参考点。在磁开关法中，在机床本体上安装磁铁及磁感应参考点开关或者接近开关，当磁感应参考点开关检测到参考点信号后，伺服电动机立即停止运行，该停止点被认作参考点。

栅点法的特点：如果接近参考点速度小于某一特定值，则伺服电动机总是停止于同一点，也就是说，在进行回参考点操作后，机床参考点的保持性好。磁开关法的特点是软件及硬件简单，但参考点位置随着伺服电动机速度的变化而成比例地漂移，即参考点不确定。目前，大多数机床采用栅点法。

栅点法中，按照检测元件测量方式的不同分为以绝对脉冲编码器方式回零和以增量脉冲编码器方式回零。在使用绝对脉冲编码器作为测量反馈元件的系统中，机床调试时，第一次开机后，通过参数设置配合机床回零操作，调整到合适的参考点后，只要绝对脉冲编码的后备电池有效，此后每次开机，不必进行返回参考点操作。在使用增量脉冲编码器的系统中，回参考点有两种模式：一种为开机后在参考点回零模式下各轴手动返回参考点。且每一次开机后都要进行手动返回参考点操作；另一种是在存储器模式下，第一次开机手动返回参考点，以后均可用G代码指令返回参考点（自动回零）。现在的机床大都采用增量脉冲编码器位置检测系统。

3. 返回参考点的方式

使用增量脉冲编码器作为测量反馈元件的机床，返回参考点的方式一般可以分为以下几种：

1）回参考点的Z脉冲方式（零位脉冲方式）

手动回参考点时，回零轴先以参数设置的快速进给速度 F_r 向原点方向移动，当原点减速撞块压下原点减速开关时，伺服电动机减速至由参数设置的接近原点速度 F_1 继续向前移动。当减速撞块释放减速开关后，数控系统检测到编码器发出的第一个栅点或零标志信号时，回零轴停止，此停止点即为机床参考点，如图7－1所示。

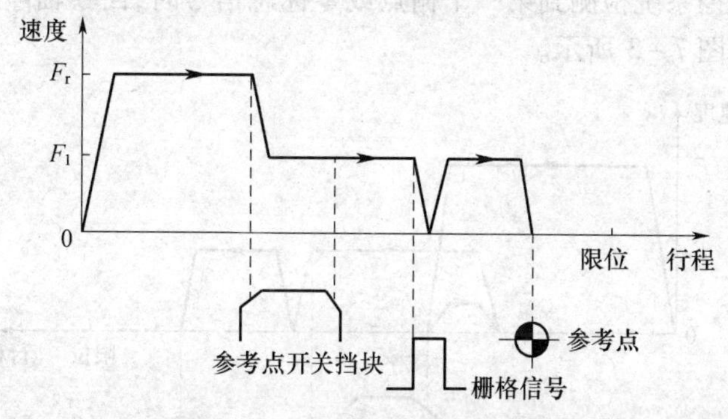

图7－1 回参考点的Z脉冲方式

2）回参考点的“＋－”方式

回零轴先以快速进给速度 F_r 向原点方向移动，当原点减速开关被减速撞块压下时，回零轴制动到速度为零，再以接近原点速度 F_1 向相反方向移动。当减速撞块释放原点接近开关后，数控系统检测到检测反馈元件（如编码器）发出的第一个栅点回零标志信号时，回零轴停止，该点即机床原点，如图7－2所示。

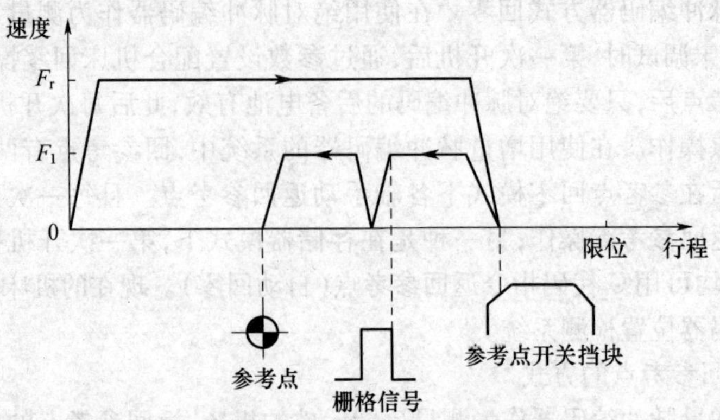

图 7-2　回参考点的"+ -"方式

3）回参考点的"+ - +"方式

回原点时，回零轴先以快速进给速度 F_r 向原点方向移动，当减速撞块压下减速开时，回零轴制动到速度为零，再向相反方向以 F_1 速度微动。当减速撞块释放减速开关时，回零轴又反向以 F_1 速度沿原快速进给方向移动。当减速撞块再次压下减速开关时，回零轴仍以接近原点速度 F_1 前移。减速撞块释放减速开关后，数控系统检测到第一个栅点或零标志信号时，回零轴停止，机床原点随之确立，如图 7-3 所示。

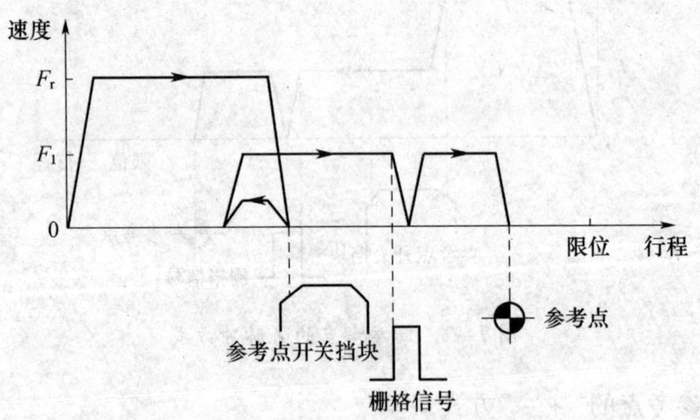

图 7-3　回参考点的"+ - +"方式

4. 华中世纪星数控机床返回参考点的方式

华中世纪星 HNC-21T 数控车床 Z 轴伺服系统属于半闭环控制系统，位置检测装置为内置式脉冲编码器，因此采用的返回参考点方法属于增量栅点法回零，返回参考点的方式为第三种，其工作过程如下：

（1）按下数控车床操作面板上的“返回参考点”按键，然后按下该轴正向点动按钮，该轴以回参考点快速移动速度移向参考点。

（2）当与工作台一起运动的减速撞块压下参考点减速开关时，减速信号由通（ON）转为断（OFF）状态，工作台反向离开参考点减速开关，然后再以回参考点定位速度向参考点方向前进，再次压下参考点减速开关后，接收到的第一个零位脉冲的位置（或步进电动机 A 相第一次输出的位置）加上参考点偏差即为参考点位置。

二、机床回参考点故障分析

无论采用何种方式或方法返回参考点，系统都是通过 PLC 的程序编制和数控系统的机床参数设定来决定的，同时轴的运动速度也是在机床参数中设定的。数控系统返回参考点的过程是 PLC 系统与数控系统配合完成的，由数控系统给出返回参考点的命令。轴按预定的方向运动，压上参考点减速开关（或离开参考点减速开关）后，PLC 向数控系统发出减速信号，数控系统按照预定的方向减速运动，并由测量系统接收零位脉冲，接收到第一个零位脉冲后，设定坐标值。所有的轴都找到参考点后，返回参考点的过程结束。

根据回参考点的原理可知，信号控制线路中的任何部位出现故障，都可能引起进给轴无法正常返回参考点。回参考点过程中出现故障，大多数是由电气线路硬件问题引起，也可能由回参考点参数的设置错误引起。在整个过程中，在系统参数设置正确的前提下，必须还满足两个基本条件：一是“参考点减速信号”必须按要求输入；二是“位置检测零位脉冲”信号必须正确且正常输入。

1. “参考点减速信号”引起故障的分析

华中世纪星 HNC－21T 数控车床 PLC 开关量输入信号与数控装置的连接图如图 7－4 所示。进给轴上的参考点减速开关信号输入到 PLC 输入转接板 HC5301－8 上，然后经过互联电缆输入到数控装置的 XS10 接口，从而被数控装置与 PLC 接收，完成返回参考点操作。

项目案例中 Z 轴能够运动，且无异常噪声，只是不能正常返回参考点位置，PLC 系统正常报警，报警号为 44H，查系统报警代码表可知，此故障为数控车床不能返回参考点故障。通过直观法与系统自诊断法，初步排除机械故障的可能性，此故障属于典型的电气故障。

当 Z 轴以快移速度回参考点的过程中，按回参考点方向压下参考点减速开关后，应反向离开参考点减速开关，然后再以回参考点定位速度按参考点方向前进，再次压下参考点减速开关后，接收到 Z 轴脉冲编码器的第一个零位脉冲，这时操作面板上的“＋Z”按键灯亮，数控机床显示器上 Z 轴位移量显示为零，

数控装置XS10接口
+P-XS10

24VG	1,2	1,2	
	14, 15	14,15	
119	16	16	X23
118	4	4	X22
117	17	17	X21
116	5	5	X20
115	18	18	X17
114	6	6	X16
113	19	19	X15
112	7	7	X14
111	20	20	X13
110	8	8	X12
19	21	21	X11
18	9	9	X10
17	22	22	X07
16	10	10	X06
15	23	23	X05
14	11	11	X04
13	24	24	X03
12	12	12	X02
11	25	25	X01
10	13	13	X00

100
24V
外部运行允许
+T-KA9
K19 K20
变频器故障输入
伺服报警
伺服准备好
手摇选择Z轴
手摇选择X轴
+M-SQZ-2 Z轴回零
+M-SQX-2 X轴回零
+M-SQZ-3 Z轴负限位
+M-SQZ-1 Z轴正限位
+M-SQX-3 X轴负限位
+M-SQX-1 X轴正限位

输入接线端子板HC5301-8
-T-APHX1
-S
XT

+24V	24V	24V电源
GND	100	24V电源地
N1	X00	X轴正限位
N2	X01	X轴负限位
N3	X02	Z轴正限位
N4	X03	Z轴负限位
N5	X04	X轴回零
N6	X05	Z轴回零
N7	X06	手摇选择X轴
N8	X07	手摇选择Z轴
N9	X10	
N10	X11	1号刀到位
N11	X12	2号刀到位
N12	X13	3号刀到位
N13	X14	4号刀到位
N14	X15	
N15	X16	
N16	X17	
N17	X20	伺服准备好
N18	X21	伺服报警
N19	X22	变频器故障输入
N20	X23	外部运行允许

图7-4　PLC开关量输入信号接线图

则表明回参考点成功。

根据PLC输入开关量的接线图,认真观察故障现象,由直观法与原理分析法可知,如果挡块在压下参考点减速开关后,并没有反向运动或减速运动,则是参考点减速开关故障或是进给轴上的挡块松动。检查的步骤如下:

(1) 检查 Z 轴上的减速挡块是否松动,若松动应重新固定。

(2) 检查参考点减速开关是否损坏、松动、短路,或接线是否有问题,若有应更换参考点减速开关或是重新接线。如果 Z 轴工作台的挡块在压下参考点减速开关后,反向离开参考点减速开关,这就说明参考点减速开关正常。

(3) 检查HC5301-8输入转接板到数控装置XS10接口的互联电缆是否接触不良,若是,则重新接线。如果还是不能排除故障,可根据CNC系统PLC接口的I/O状态,观察参考点减速信号是否输入到数控系统中。

(4) 如果按下参考点减速开关,PLC接口的I/O状态无变化,则说明数控装置主印制电路板故障,应与数控系统生产厂家联系,重新更换数控装置主印制电路板。

2. “位置检测零位脉冲”信号引起故障的分析

若参考点减速信号正常输入,Z 轴不能正常返回参考点,那么有可能是位置检测零位脉冲信号引起的故障。检查的步骤如下:

(1) 用万用表检查脉冲编码器的工作电压是否正常,若不正常,应找出故障原因,恢复正常供电。

(2) 用示波器测试 Z 轴脉冲编码器零位脉冲信号波形,若无零标志位脉冲,应清洗伺服电动机的脉冲编码器或者更换。

(3) 若零位脉冲信号有效,则可能是脉冲编码器的零位脉冲信号没有输送至数控装置的主印制电路板,应检查 Z 轴控制接口电路是否损坏或插口接触是否不良,若是,要重新接线或更换数控系统控制检测放大的线路板。

3. 进给轴不能返回参考点软件故障的分析

如果参数设置不当,可能引起不能正常返回参考点的故障。在华中世纪星数控车床系统轴参数中,关于进给轴返回参考点的参数见表7-1。

表7-1　返回参考点轴参数说明

参数名	设定值	说明
正软极限位置	2000000	软件规定的正方向极限软件保护位置,只有在机床回到参考点后,此参数才有效
负软极限位置	-2000000	软件规定的负方向极限软件保护位置,只有在机床回到参考点后,此参数才有效

（续）

参数名	设定值	说明
回参考点方式	2	0—无;1—单向返回参考点方式;2—双向返回参考点方式;3—零位脉冲方式:以规定的方向压下参考点减速开关后,接收到的第一个零位脉冲的位置加上参考点偏差即为参考点位置
回参考点方向	+或－	发出返回参考点指令后,坐标轴寻找参考点的初始移动方向。若发出返回参考点指令后,坐标轴已经压下了参考点减速开关,则初始移动方向与返回参考点方式有关
参考点位置	0	设置参考点在机床坐标系中的坐标位置。一般将机床坐标轴的零点定为参考点位置,因此通常将其设置为0
参考点减速开关偏差	0	返回参考点时,坐标轴找到零位脉冲后,并不将其作为参考点,而是继续走过一个参考点减速开关偏差值,才将其坐标设置为参考点
回参考点快移速度	500	返回参考点时,在压下参考点减速开关前的快移速度,该值必须小于最高快移速度
回参考点定位速度	200	返回参考点时,在压下参考点减速开关后减速定位移动的速度,该参数必须小于参考点快移速度

在坐标轴参数检查中,如果参数设定值与标准值不一致,要对参数值进行重新设置。如果参数设置完成后,故障仍存在,则可能是 PLC 返回参考点程序编译错误或是数控装置控制板故障,应重新编译 PLC 程序或是与数控系统厂家联系更换数控装置控制板。

三、机床回参考点常见故障的类型及排除方法

下面分析机床回参考点常见故障及排除方法。

1. 机床回不了参考点故障

机床开机回不了参考点,产生故障的可能原因如下:

(1) 系统参数设置错误。排除方法是重新设置系统参数。

(2) 零位脉冲不良引起故障。零位脉冲不良会导致回零时找不到零位脉冲,原因可能是编码器及接线故障或系统轴板故障,排除方法是检查接线、板卡以及对编码器进行清洗或更换。

(3) 减速开关损坏或短路。减速开关损坏或短路会造成不能产生减速信

号。排除的方法是维修或更换减速牙关。

（4）机械误差。机械误差包括导轨平行度、导轨与压板面平行度、导轨与丝杠的平行度超差等。排除方法是对机床重新进行调整。

（5）检测元件被污染。当采用全闭环控制时光栅尺沾了油污，不能采集信号。排除方法是清洗光栅尺。

2. 机床回参考点找不到零点的故障

机床能够回参考点，但因参考点找不到零点，产生故障。可能的原因如下：

（1）减速挡块位置不正确。属于回参考点位置调整不当引起的故障，减速挡块距离限位开关行程过短。排除方法是调整减速挡块的位置；

（2）零脉冲不良。当零脉冲不良时，回零时会找不到零脉冲。排除方式是对编码器进行清洗或更换；

（3）减速开关损坏或短路。排除方法是维修或更换减速开关；

（4）线路板故障。如数控系统控制检测放大的线路板出错。排除方法是更换线路板；

（5）机械故障。原因及排除方法同上。

3. 回参考点位置随机性变化故障

产生这类故障可能的原因如下：

（1）零位脉冲信号受到干扰。排除方法是检查反馈电缆屏蔽线连接是否正确，接地是否良好，脉冲编码器的电缆是否布置合理等。

（2）编码器的供电电压过低。排除方法是检查脉冲编码器线路板上电源电压是否在规定值范围内，调整主板上的输出电压值等。

（3）电动机与丝杠的联轴器松动。排除方法是在电动机轴上做一标记，检查电动机轴与丝杠之间的关系是否完全一致。若不一致，紧固联轴器。

（4）电动机扭矩过低或由于伺服调节不良，引起跟踪误差过大。排除方法是调节伺服参数，改变其运动特性。

（5）零位脉冲不良。排除方法是利用示波器检查编码器的输出脉冲，确认全部信号是否输出正常；否则对编码器进行清洗或更换。

（6）滚珠丝杠间隙增大。排除方法是调整滚珠丝杠螺母副轴向间隙。

4. 回参考点后原点漂移或参考点发生整螺距偏移

产生这类故障可能的原因如下：

（1）参考点单个脉冲偏移故障。减速开关与减速挡块安装不合理，使减速信号与零位脉冲信号相距过近，这时参考点往往会发生单个螺距偏移。排除方法是调整减速开关或挡块的位置，使机床轴开始减速的位置大概处在一个栅距或一个螺距的中间位置。

(2) 参考点发生多个螺距偏移。可能的原因有:参考点减速信号不良;减速挡块固定不良引起寻找零位脉冲的初始点发生了漂移;零位脉冲不良等。排除方法是检查减速信号是否有效,接触是否良好;重新固定减速挡块以及对码盘清洗。

四、机床回参考点故障维修示例

案例一:行程开关故障导致回参考点故障。

故障现象:某机床在回零时,Y 轴回零不成功,报超程错误。

故障诊断及处理:首先观察轴回零的状态,选择回零方式,让 X 轴先回零,结果能够正确回零,再选择 Y 轴回零,观察到 Y 轴在回零的时候,压到减速开关后 Y 轴并不发生减速动作,而是越过减速开关,直至压到限位开关机床超程。直接将限位开关按下后,观察机床 PLC 的输入状态,发现 Y 轴的减速信号并没有到达系统,可以初步判断可能是机床的减速开关或者是 Y 轴的回零输入线路出现了问题。然后用万用表进行逐步测量,最终确定为减速开关的焊接点出现脱落。将脱落的线头焊好后,故障即排除。

案例二:编码器导致回参考点故障。

故障现象:某机床在回零时有减速过程,但是找不到零点。

故障诊断及处理:机床轴回零时有减速过程,说明减速信号已经到达系统,证明减速开关及其相关电气没有问题,问题可能出在编码器上。用示波器测量编码器的波形,的确找不到零位脉冲,可以确定是编码器出现了问题。将编码器拆开,观察里面是否有灰尘或者油污,再将编码器擦拭干净,用示波器测量,如发现零位脉冲,则问题解决。否则可以更换编码器或者进行修理。

案例三:伺服板卡故障导致的回零故障。

故障现象:某数控车床,回零时,X 轴回零动作正常(先正方向快速运动,碰到减速开关后能以慢速运动),但机床出系统因 X 轴硬件超程而急停报警。同时 Z 轴回零控制正常。

故障诊断及处理:根据故障现象和返回参考点控制原理,可以判定减速信号正常,位置检测装置的零标志脉冲信号不正常。产生该故障的原因可能是来自 X 轴进给电动机的编码器故障(包括连接的电缆线)或系统轴板故障。因为此时 Z 轴回零动作正常,所以可采取交换方法来判断故障部位。交换后,发现故障转移到 Z 轴上(X 轴回零操作正常而 Z 轴回零出现报警),则判定故障在系统轴板,最后更换轴板,机床恢复正常工作。

案例四:机床轴开始减速时位置距离光栅尺或脉冲编码器的零点太近引发故障。

故障现象：某机床在回零时，发现机床回零的实际位置每次都不一样，漂移一个栅点或者是一个螺距的位置，并且时好时坏。

故障诊断及处理：如果每次漂移只限于一个栅点或螺距，这种情况有可能是因为减速开关与减速撞块安装不合理，机床轴开始减速时的位置距离光栅尺或脉冲编码器的零点太近。由于机床的加减速或惯量不同，机床轴在运行时过冲的距离不同，从而使机床轴所找的零点位置发生了变化。

解决办法如下：

(1) 改变减速开关与减速撞块的相对位置，使机床轴开始减速的位置大概处在一个栅距或一个螺距的中间位置；

(2) 重新设置机床零点的偏移量，并适当减小机床的回零速度或机床的快移速度的加减速时间常数。

【项目实施】

1. 项目实施路径

项目实施路径如图 7 - 5 所示。

2. 项目实施步骤

(1) 布置项目任务，对项目实施时间、最终质量、安全生产、文明生产、环保意识做出具体要求。

(2) 从进给轴返回参考点控制信号的传送线路出发，对进给轴不能自动返回参考点可能的电气硬件故障进行分析。

(3) 从数控系统返回参考点参数的设置出发，对进给轴不能自动返回参考点可能的电气软件故障进行分析。

(4) 首先判断 Z 轴的挡块在压下参考点减速开关后，是否反向或减速，若是则是参考点减速开关故障或是进给轴上的挡块松动。首先应检查 Z 轴上的挡块是否松动，若松动应重新固定。然后检查参考点减速开关是否损坏、松动或接线是否有问题。若有，应更换参考点减速开关或重新接线；若否，说明参考点减速开关无问题，则要检查 HC5301 - 8 输入转接板到数控装置 XS10 接口的互联电缆是否接触不良。若是，则重新接线。如果还是不能排除故障，可根据 CNC 系统 PLC 接口的 I/O 状态观察参考点减速信号是否输入到数控系统中。如果按下参考点减速开关，PLC 接口的 I/O 状态无变化，则说明数控装置主印制电路板故障，应与数控系统生产厂家联系，重新更换数控装置主印制电路板。

(5) 用万用表检查脉冲编码器的工作电压是否正常，若不正常，应找出故障原因，正常供电。然后用示波器测试 Z 轴脉冲编码器零位脉冲信号波形，若

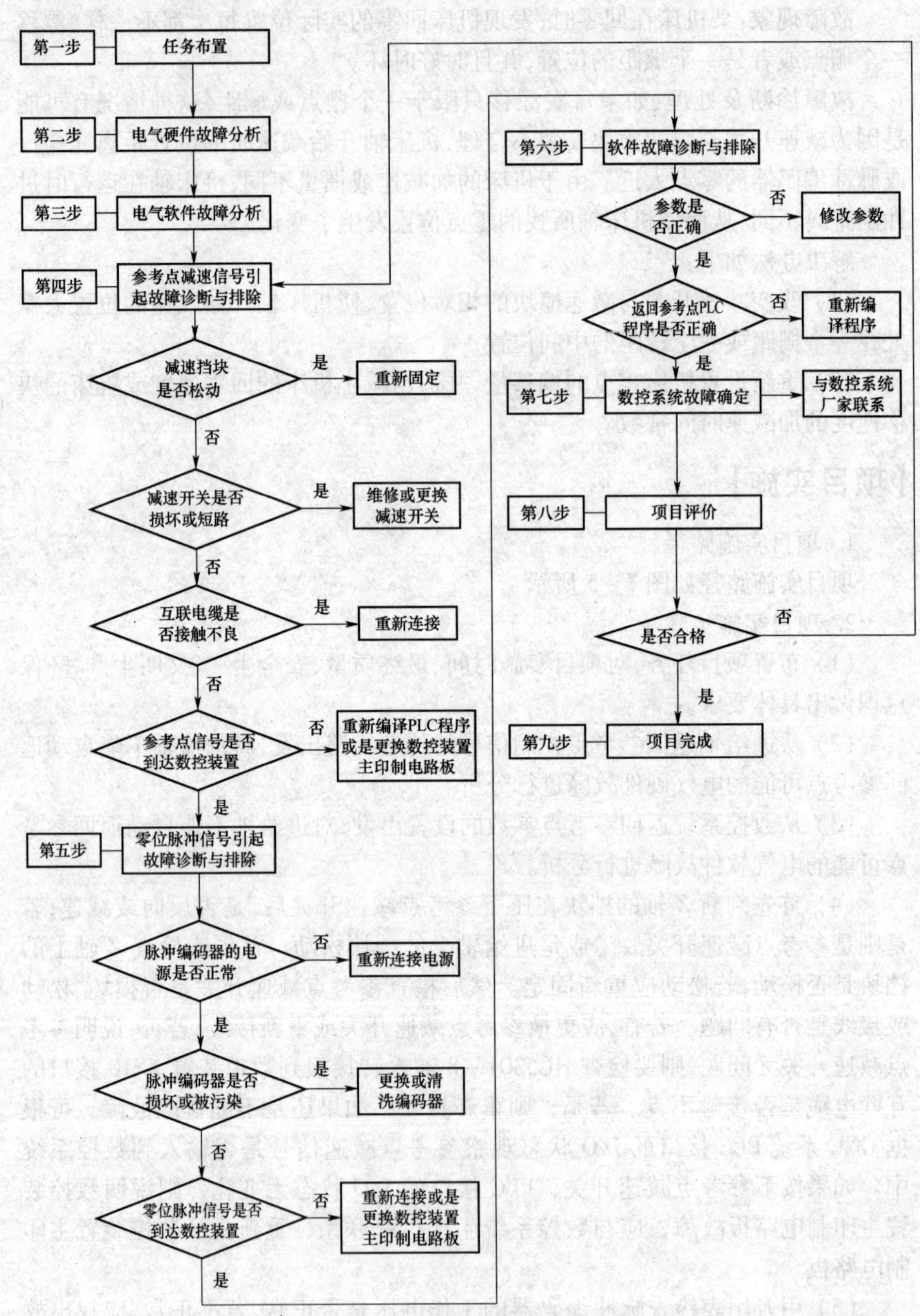

图 7－5　项目实施路径图

第一步
任务布置
第二步
电气硬件故障分析
第三步
电气软件故障分析
第四步
参考点减速信号引起故障诊断与排除
减速挡块是否松动
是
重新固定
否
减速开关是否损坏或短路
是
维修或更换减速开关
否
互联电缆是否接触不良
是
重新连接
否
参考点信号是否到达数控装置
否
重新编译PLC程序或是更换数控装置主印制电路板
是
第五步
零位脉冲信号引起故障诊断与排除
脉冲编码器的电源是否正常
否
重新连接电源
是
脉冲编码器是否损坏或被污染
是
更换或清洗编码器
否
零位脉冲信号是否到达数控装置
否
重新连接或是更换数控装置主印制电路板
是
第六步
软件故障诊断与排除
参数是否正确
否
修改参数
是
返回参考点PLC程序是否正确
否
重新编译程序
是
第七步
数控系统故障确定
与数控系统厂家联系
第八步
项目评价
是否合格
否
是
第九步
项目完成

无零位脉冲,应清洗伺服电动机的脉冲编码器或者更换。若零位脉冲信号有效,则可能是脉冲编码器的零位脉冲信号没有输送至数控装置的主印制电路板,应检查 Z 轴控制接口电路是否损坏或插口是否接触不良,需要重新接线或更换数控系统控制检测放大的线路板。

(6) 进入数控系统参数编辑状态,查看与返回参考点有关参数的设置是否正确,若不正确,将参数值调整正确。如果参数正确,还不能排除故障,需重新编译返回参考点程序。

(7) 如果还是无法排除故障,则说明数控系统主印制电路板故障,应与生产厂家联系或更换数控装置控制板。

(8) 对学生的项目完成情况进行评价,按照评分表的标准给出成绩。如果故障不能排除,要重新诊断与排除故障。

(9) 关闭电源,将实训台恢复原样,清点并归还工具。认真填写实训设备使用情况,对废品、废料进行分类处理,打扫实训室卫生。组织同学对此次项目进行总结,项目完成。

【知识拓展】

一、FANUC 机床回参考点的过程

FANUC 机床回参考点的方式是前面介绍的第一种方式。

1. 操作过程

下面以 FANUC 系统 FS6 为例,说明数控机床回参考点的操作过程:

(1) 在手动方式(JOG)下,选择“回参考点”操作方式;

(2) 按对应轴运动方向键,如 +X、+Y、+Z 键;

(3) 被选择的坐标轴以 FS6 机床参数设定的回参考点快速速度与回参考点方向向参考点快速移动;

(4) “参考点减速挡块”被压下后,系统的参考点减速信号(* DECn)生效,坐标轴减速至机床参数设定的“参考点搜索速度”,向参考点慢速移动;

(5) 越过“参考点减速挡块”后, * DECn 信号恢复,坐标轴继续以参考点搜索速度运动;

(6) 在“参考点减速挡块”放开、位置检测装置(脉冲编码器等)的第一个“零位脉冲”到达后,开始“参考点偏移量”计数;

(7) 当到达机床参数设置的“参考点偏移量”后,坐标轴停止运动,系统发出“参考点到达”信号,回参考点运动结束。

2. 影响回参考点动作的因素

由上述操作过程可见,影响回参考点动作的主要因素有:

(1) 数控系统的操作方式必须选择回参考点(Ref)方式;

(2) "参考点减速"信号必须按要求输入;

(3) 位置检测装置"零位脉冲"必须正确;

(4) 机床参数的参数设置必须正确。

二、机床回参考点故障案例

案例五:参考点位置不稳的故障。

故障现象:机床类型为数控车床,采用 FANUC0i 数控系统,伺服系统为半闭环控制方式。在返回参考点的过程中动作正常,但参考点的位置随机性大,每次定位都有不同的值。

分析与处理过程:由于机床返回参考点动作正常,进一步检查发现,参考点位置虽然每次都在变化,但却总是处在减速开关放开后的位置上,因此,可以初步判定故障的原因是由于脉冲编码器零位脉冲不良或丝杠与电动机间的联接不良引起的故障。该机床伺服系统为半闭环结构,维修时采用隔离法,脱开电动机与丝杠间的联轴器,手动压下参考点减速开关,进行返回参考点试验。经多次试验发现,每次返回参考点完成后,电动机总是停在某一固定的角度上,说明脉冲编码器零位脉冲无故障,故障的原因可能在电动机与丝杠的连接处。经仔细检查,发现拉杆与联轴器间的弹性胀套配合间隙过大而产生松动,因此修整胀套,重新安装后机床恢复正常。

看完以上案例后,请思考:除了电动机与丝杠的连接问题外,还有哪些原因可能引起返回参考点的位置随机性变化故障?如果伺服调节不良或是滚珠丝杠间隙增大,是否会引起此类故障?

案例六:回参考点后机床无法继续操作的故障。

故障现象:某配套 FANUCOM 的数控机床,在回参考点时发现,机床在参考点位置停止后,参考点指示灯不亮,机床无法进行下一步操作。机床关机后,又可手动操作,回参考点后上述现象又出现。

故障诊断及处理:根据以上现象判断,机床回参考点动作属于正常。考虑到机床已在参考点附近停止运动,因此初步判断其原因可能是参考点定位精度未达到规定的要求所引起的。通过机床的诊断功能,在诊断页面下对系统的"位置跟随误差"(DGN800 - 02)进行了检查,发现机床 Y 轴的跟踪误差超过了定位精度的允许范围。经调整伺服驱动器的"偏移"电位器,使"位置跟随误差”的值接近“0”后，机床恢复正常。

案例七：参考点位置发生整螺距偏移的故障。

故障现象：某配套 FANUCOM 的数控铣床，在批量加工零件时，某天加工的零件产生批量报废。

故障诊断及处理：经对工件进行测量，发现零件的全部尺寸相对位置都正确，但 X 轴的全部坐标值都相差了整整 10mm。分析原因，导致 X 轴尺寸整螺距偏移（该轴的螺距是 10mm）的原因是由于参考点位置偏移引起的。

对于大部分系统，参考点一般设定于参考点减速挡块松开后的第一个编码器的“零位脉冲”上；若参考点减速挡块松开时刻，编码器恰巧在零位脉冲附近，由于减速开关动作的随机性误差，可使参考点位置发生 1 个整螺距的偏移。这一故障在使用小螺距滚珠丝杠的场合特别容易发生。

对于此类故障，只要重新调整参考点减速挡块位置，使得挡块松开点与“零位脉冲”位置相差在半个螺距左右，机床即可恢复正常工作。

案例八：位置环增益设定不当引起的故障。

故障现象：某配套 FANUC6M 的卧式加工中心，在回参考点时发生 ALM091 报警。

故障诊断及处理：ALM091 报警的含义是“脉冲编码器同步出错”，可能出错的原因有两个方面：

（1）编码器零位脉冲不良；

（2）回参考点时位置跟随误差值小于 128μm。

维修时对回参考点的跟随误差进行了检查，发现此值回参考点时为 83μm 左右，小于规定的 128μm 值。进一步检查机床参数的设定，发现该轴位置环增益（PRM090）设置为 30，回参考点减速速度为 150mm/min。如根据机床的实际情况，该机床属于大型机床，工作台负载重，其快进速度、加速度等设定都应较低。因此引起故障的原因可能是位置环增益设置过大。根据机床生产厂家的推荐，参照同类机床的数据比较，并经计算校验后得出：对于该机床，位置环增益应在 16.67 左右。

维修时将位置环增益设置为 16.67 后，机床恢复正常。测试 3 轴的动态性，也满足机床动特性的要求。

【项目作业】

1. 机床回参考点的方式有哪几种？
2. 机床回参考点的时，找不到零点的原因有哪些？
3. 与机床回参考点有关的参数有哪些？怎样设置？

项目八

数控车床进给轴抖动故障诊断与排除

＊知识目标

1. 熟悉进给驱动系统的组成,控制方式;

2. 熟悉进给伺服系统各类故障的表现形式,机床振动类故障的原因及分析、排除的方法。

＊能力目标

通过相关知识的学习和实际故障的诊断分析操作,达到初步具备准确地诊断与排除相关故障的能力。

【项目导入】

华中世纪星数控车床在加工过程中 X 轴自动抖动,加工出来的工件有振纹,表面粗糙度差。现对数控车床进给轴自动抖动故障进行诊断与维修,使其能够正常运行。

【项目知识】

数控机床进给轴抖动故障一般属于进给伺服驱动系统的故障。

一、机床进给系统相关概念

1. 进给驱动系统的组成

进给驱动系统的性能在一定程度上决定了数控系统的性能,决定了数控机床的档次,因此,在数控技术发展的历程中,进给驱动系统的研制和发展总是放在首要的位置。

数控系统所发出的控制指令,是通过进给驱动系统来驱动机械执行部件,最终实现机床精确的进给运动的。数控机床的进给驱动系统是一种位置随动与定位系统,它的作用是快速、准确地执行由数控系统发出的运动命令,精确地控制机床进给传动链的坐标运动。它的性能决定了数控机床的许多性能,如最高移动速度、轮廓跟随精度、定位精度等。

数控机床的进给驱动系统一般由驱动单元、机械传动部件、执行部件和检测反馈环节等组成。驱动控制单元和驱动元件组成伺服驱动系统,机械传动部件和执行部件组成机械传动系统,检测元件和反馈电路组成检测装置(或称作检测系统)。

伺服系统一般是一个反馈控制系统,通过输入给定值与反馈值进行比较,利用比较后产生的偏差对系统进行自动调节,从而达到消除偏差、使被调节量与给定值一致的目的。伺服系统通常是一个双闭环系统,内环是速度环,外环是位置环。速度环中用作速度反馈的检测装置为测速发电机、脉冲编码器等。速度控制单元是一个独立的单元部件,它由速度调节器、电流调节器及功率驱动放大器等各部分组成。位置环是由 CNC 装置中的位置控制模块、速度控制单元、位置检测及反馈控制等各部分组成。位置控制主要是对机床运动坐标轴进行控制,坐标轴控制是要求最高的位置控制,不仅对单个轴的运动速度和位置精度的控制有严格要求,而且在多轴联动时,还要求各移动轴有很好的动态配合,才能保证加工效率、加工精度和表面粗糙度。

2. 进给驱动系统的基本形式

进给驱动系统分为开环和闭环控制两种控制方式,根据控制方式,我们把进给驱动系统分为步进驱动系统和进给伺服驱动系统。开环控制与闭环控制的主要区别为是否采用了位置和速度检测反馈元件组成了反馈系统。闭环控制一般采用伺服电动机作为驱动元件,根据位置检测元件所处在数控机床不同的位置,它可以分为半闭环、全闭环和混合闭环三种。

1）根据控制方式分类

(1) 开环控制系统。开环控制系统的驱动元件主要是功率步进电动机或电液脉冲马达。这两种驱动元件工作原理的实质是数字脉冲到角度位移的变换,它不用位置检测元件实现定位,而是靠驱动装置本身,转过的角度正比于指令脉冲的个数,运动速度由进给脉冲的频率决定。开环控制系统的结构如图8-1所示。采用开环控制系统的数控机床结构简单,制造成本低,但是由于系统对移动部件的实际位移量不进行检测,因此无法通过反馈自动进行误差检测和校正。步进电机的步距角误差、齿轮与丝杠等部件的传动误差,最终都将影响被加工零件的精度;特别是在负载转矩超过电动机输出转矩时,将导致步进电机的“失步”,使加工无法进行。因此,开环控制仅适用于加工精度要求不高,负载较轻且变化不大的简易、经济型数控机床上。

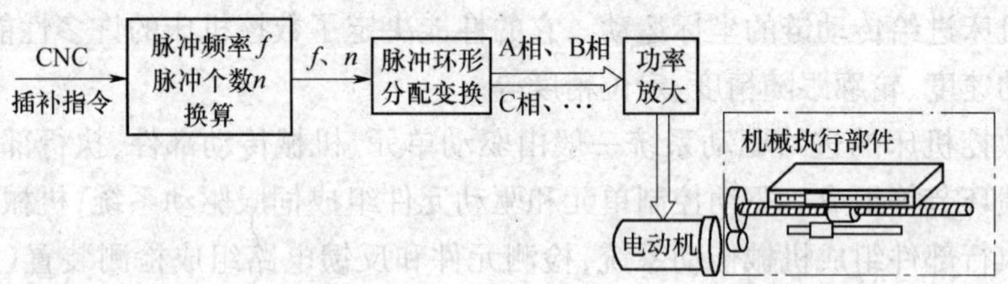

图8-1　开环控制系统

(2) 半闭环控制系统。位置检测元件不直接安装在进给坐标的最终运动部件上,而是中间经过机械传动部件的位置转换,称为间接测量。半闭环伺服系统的结构如图8-2所示。

采用半闭环控制系统的数控机床,电气控制与机械传动间有明显的分界,因此调试维修与故障诊断较方便,且机械部分的间隙、摩擦死区、刚度等非线性环节都在闭环以外,因此系统的稳定性较好。伺服电机和光电编码器通常做成一体,电动机和丝杠间可以直接联接或通过减速装置联接。位置检测单位和实际最小移动单位间的匹配,可以通过数控系统的参数(电子齿轮比)进行设置。它具有传动系统简单、结构紧凑、制造成本低、性能价格比高等特点,从而在数

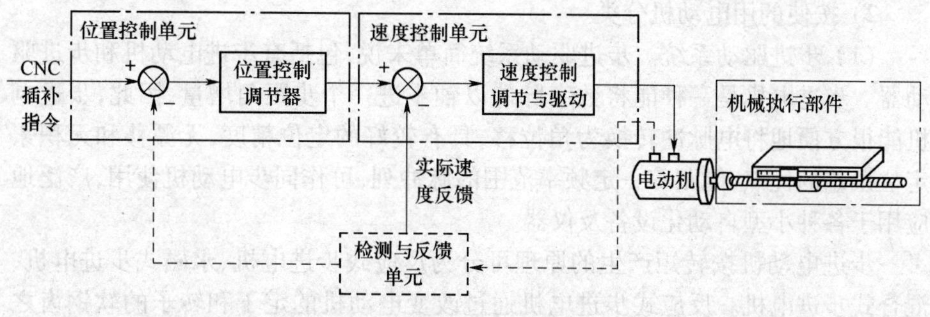

图 8-2　半闭环控制系统

控机床上得到广泛应用。

(3) 闭环控制系统。闭环系统是误差控制随动系统。数控机床进给系统的误差是 CNC 输出的位置指令和机床工作台(或刀架)实际位置的差值。闭环系统位置检测装置测出实际位移量或者实际所处位置,并将测量值反馈给 CNC 装置,与指令进行比较,求得误差,依此构成闭环位置控制。闭环系统结构图,如图 8-3 所示。

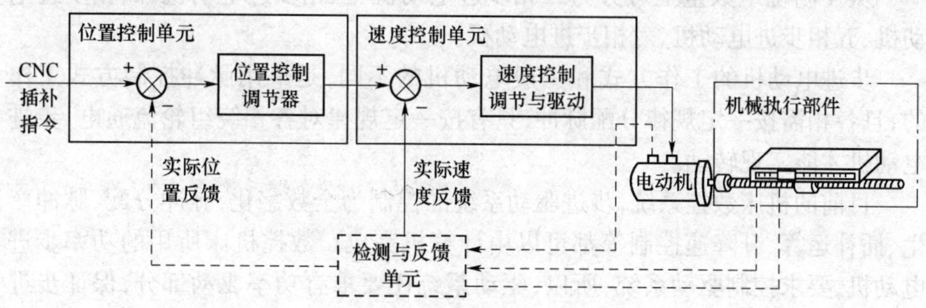

图 8-3　闭环伺服系统

由于闭环伺服系统是反馈控制,从理论上说,其运动精度仅取决于检测装置的检测精度,系统传动链的误差环内各元件的误差以及运动中造成的误差都可以得到补偿,而且它可以对传动系统的间隙、磨损自动补偿,其精度保持性要比半闭环系统好得多。目前闭环系统的分辨率多数为 1μm,定位精度可达 ±(0.01 ~0.05)mm,高精度系统分辨率可达 0.1μm。系统精度只取决于测量装置的制造精度和安装精度。

由于闭环控制系统的工作特点,它对机械结构以及传动系统的要求比半闭环更高,传动系统的刚度、间隙、导轨的爬行等各种非线性因素将直接影响系统的稳定性,严重时甚至产生振荡。

2）按使的用电动机分类

(1) 步进驱动系统。步进驱动系统简单来说，包括有步进电动机和步进驱动器。步进电机是一种能将数字脉冲以轴步进一个步距角增量，因此，步进电机能很方便地将电脉冲转换为角位移，具有较好的定位精度，无漂移和无积累定位误差的优点，能跟踪一定频率范围的脉冲列，可作同步电动机使用，广泛地应用于各种小型自动化设备及仪器。

步进电动机按转矩产生的原理可分为反应式步进电机、永磁式步进电机、混合式步进电机。反应式步进电机通过改变电动机的定子和转子的软钢齿之间的电磁引力来改变定了和转子的相对位置，来实现电机功能，这种电动机结构简单、步距角小。永磁式步进电机的转子铁心上装有多条永久磁铁，转子的转动与定位是由定、转子之间的电磁引力与磁铁磁力共同作用的。与反应式步进电机相比，相同体积的永磁式步进电动机转矩大，步距角也大。混合式步进电机结合了反应式步进电机和永磁式步进电机的优点，采用永久磁铁提高电动机的转矩，采用细密的极齿来减小步距角，是目前数控机床上应用最多的步进电动机。

从控制绕组数量上可分为二相步进电动机、三相步进电动机、四相步进电动机、五相步进电动机、六相步进电动机。

步进电动机的工作方式和一般电动机的不同，是采用脉冲控制方式工作的，且各相需按一定规律分配脉冲，只有按一定规律对各相绕组轮流通电，步进电动机才能实现转动。

目前的机床数控系统，步进驱动系统的控制为全数字化，脉冲分配、脉冲产生、插补运算、升降速控制等都可以由计算机完成。数控机床所用的功率步进电动机，要求控制驱动系统，所以，驱动系统还要求有功率驱动部分，保证步进电动机不失步地起停。

如图 8－4 所示为 SH－50806A 五相步进驱动装置的基本接口。

(2) 直流伺服系统。直流伺服系统常用的伺服电动机有小惯量直流伺服电动机和永磁直流伺服电动机（也称为大惯量宽调速直流伺服电动机）。小惯量伺服电动机最大限度地减少了电枢的转动惯量，所以能获得最好的快速性。在早期的数控机床上应用较多，现在也有应用。小惯量伺服电动机一般都设计成有高的额定转速和低的转动惯量，所以应用时，要经过中间机械传动（如齿轮副）才能与丝杠相连接。

永磁直流伺服电动机能在较大过载转矩下长时间工作，电动机的转子惯量较大，能直接与丝杠相连而不需中间传动装置。此外，它还有一个特点是可在低速下运转，如能在 1r/min 甚至在 0.1r/min 下平稳地运转。因此，这种直流伺

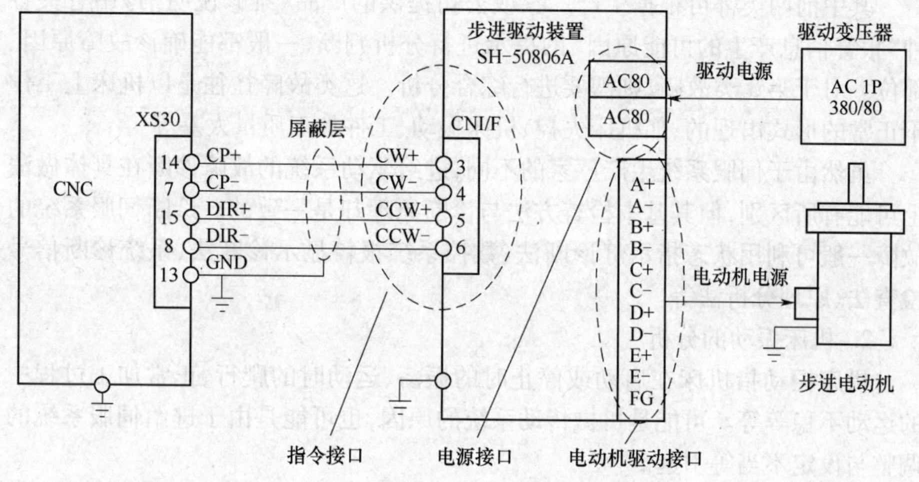

图 8-4　步进驱动装置的基本接口

服系统在数控机床上获得了广泛的应用。自20世纪70年代至80年代中期,直流伺服系统在数控机床上的应用占绝对多数,至今,许多数控机床上仍使用这种电动机的直流伺服系统。永磁直流伺服电动机的缺点是有电刷,限制了转速的提高,一般额定转速为1000r/min～1500r/min,而且结构复杂,价格较贵。

(3) 交流伺服系统。交流伺服系统使用交流异步伺服电动机(一般用于主轴伺服电动机)和永磁同步伺服电动机(一般用于进给伺服电动机)。由于直流伺服电动机存在着一些固有的缺点,使其应用环境受到限制,交流伺服电动机没有这些缺点,且转子惯量较直流电动机小,使得动态响应好。另外在同样体积下,交流电动机的输出功率可比直流电动机提高10%～70%,且交流电动机的容量可以比直流电动机大,因此可达到更高的电压和转速。所以,交流伺服系统得到了迅速发展,从20世纪80年代后期开始,大量使用交流伺服系统。

二、机床进给系统故障分析

1. 进给伺服系统各类故障的表现形式

当进给伺服系统出现故障时,通常有以下三种表现形式:

(1) 在CRT或操作面板上显示报警内容和报警信息,这是利用软件的诊断程序来实现的;

(2) 利用进给伺服驱动单元上的硬件(如报警灯或数码管指示,保险丝熔断等)显示报警驱动单元的故障信息;

(3) 进给运动不正常,但无任何报警信息。

其中前两类都可根据生产厂家或公司提供的产品《维修说明书》中有关各种“报警信息产生的可能原因”的提示进行分析判断，一般都能确诊故障原因、部位。对于第3类故障，则需要进行综合分析。这类故障往往是以机床上工作不正常的形式出现的，如机床失控、机床振动、工件加工质量太差等。

虽然由于伺服系统生产厂家的不同，进给驱动系统的故障诊断在具体做法上可能有所区别，但其基本检查方法与诊断原理却是一致的。诊断伺服系统的故障一般可利用状态指示灯诊断法、数控系统报警显示诊断法、系统诊断信号检查法、原理分析法等。

2. 机床振动的分析

机床振动指机床在启动或停止时的振荡、运动时的爬行、正常加工过程中的运动不稳等等。可能是机械传动系统的原因，也可能是由于进给伺服系统的调整与设定不当等引起。

1）开停机时振荡的故障原因及检查、排除

(1) 位置控制系统参数设定错误。对照系统参数说明检查原因；

(2) 速度控制单元设定错误。对照速度控制单元说明书或根据机床生产厂家提供的设定单检查设定；

(3) 反馈装置出错。反馈装置本身是否有故障或反馈装置连线错误；

(4) 电动机本身有故障。用替换法检查电动机是否有故障；

(5) 机床、检测器不良，插补精度差或检测增益设定太高。检查与振动周期同步的部分，并找到不良部分，更换或维修不良部分，调整或检测增益。

例如，当机床高速运行时，如果产生振动，这时就会出现过流报警。这种振动问题一般属于速度问题，所以应检查速度环，而机床速度的整个调节过程是由速度调节器来完成的。所以凡是与速度有关的问题，应该查找速度调节器。因此振动问题应查找速度调节器，且主要从给定信号、反馈信号及速度调节器本身这三方面去查找故障。

(1) 检查输入速度调节器的信号，即给定信号。这个给定信号从位置偏差计数器出来经D/A转换器转换成模拟量送入速度调节器。应检查这个信号是否有振动分量，如它只有一个周期的振动信号，可以确认速度调节器没有问题，而是前级的问题，即应向D/A转换器或位置偏差计数器去查找问题。如果正常，就转向查看测速发电机或伺服电动机的位置反馈装置是否有故障或连线错误。

(2) 检查测速发电机及伺服电动机。机床振动说明机床速度在振荡，所以反馈回来的波形一定也在振荡，观察他的波形是否出现有规律的大起大落。这时，最好能测一下机床的振动频率与旋转的速度是否存在一个准确的比例关系，如果振动频率为电动机转速的四倍，这时就应考虑电动机或发电机是否有故障。因振动频率与电动机转速成一定比例，所以首先要检查电动机有无故障，如果没有问题，就再检查反馈装置连线是否正确。

(3) 位置控制系统或速度控制单元上的设定错误，例如系统或位置环的放大倍数过大，最大轴速度、最大指令值等设置错误。

(4) 如采用上述方法还不能完全消除振动，甚至无任何改善，就应考虑是否是速度调节器本身的问题，应更换速度调节器板或换下后彻底检测各处波形。

(5) 检查振动频率与进给速度的关系，如二者成比例，除机床共振原因外，多数是由 CNC 系统插补精度太差或位置检测增益太高引起的，须进行插补调整和检测增益的调整。如果与进给速度无关，可能是速度控制单元的设定与机床不匹配，或是速度控制单元调整不好，或是该轴的速度环增益太大，或是速度控制单元的印制线路板不良。

案例一：

故障现象：一台配备 FANUC 15MA 数控系统的龙门式加工中心，在启动完成进入可操作状态后，*X* 轴只要一运动即出现高频振荡并产生尖叫，系统无任何报警。

故障诊断及处理：在故障出现后，观察 *X* 轴拖板，发现实际上拖板振动位移很小，但触摸输出轴，可感觉到转子在以很小的幅度、极高的频率振动，且振动的噪声就来自 *X* 轴伺服系统。

考虑到振动无论是在运动中还是在静止中发生，其与运动速度无关，基本上可以排除测速发电机、位置反馈编码器等硬件损坏的可能性。分析该振动可能是 CNC 中与伺服驱动有关的参数设定、调整不当引起的，且由于机床振动频率很高，因此时间常数较小的电流环引起振动的可能性较大。

维修时调出伺服调整参数页面，并与机床随机资料中提供的参数表对照，发现参数 PARM1852、PARM1825 与提供值不符将上述参数重新修改后，振动现象消失，机床恢复正常工作。

2) 在工作过程中，数拉机床坐标轴振动或爬行的原因和处理

(1) 负载过重。减轻负载，让机床工作在额定负载以内；

(2) 机械传动系统不良。保持庭好的机械润滑，并排除传动故障；

(3) 位置环增益过高。查看相关参数，重新调整伺服参数；

(4) 伺服驱动器不良。通过交换法检查，更换不良的伺服驱动器。

案例二：

故障现象：一台配备某系统的加工中心，进给加工过程中发现 *X* 轴振动。

故障诊断及处理:加工过程中坐标轴出现振动、爬行与多种原因有关,可能是机械传动系统的故障,亦可能是伺服进给系统的调整与设定不当等等。为了判定故障原因,将机床操作方式置于手动方式,用手摇脉冲发生器控制 X 轴进给,发现 X 轴仍有振动现象。在此方式下,通过较长时间的移动后,X 轴速度单元上 OVC(过电流)报警灯亮。

针对前述原因,维修时通过互换法确认故障原因出在直流伺服上。卸下 X 轴,经检查发现 6 个电刷中有两个的弹簧已经烧断,造成了电枢电流不平衡,使输出转矩不平衡。另外,发现轴承亦有损坏,故而引起 X 轴的振动与过电流。更换轴承与电刷后,机床恢复正常。

案例三:

故障现象:配备某系统的加工中心,在长期使用后,手动操作 Z 轴时有振动和异常响声,并出现"移动过程中 Z 轴误差过大"报警。

故障诊断及处理:为了分清故障部位,考虑到机床伺服系统为半闭环结构,脱开与丝杠的连接,再次开机试验,发现伺服驱动系统工作正常,从而判定故障原因在机床机械部分。

利用手动方式转动机床 Z 轴,发现丝杠转动困难,丝杠的轴承发热。经仔细检查,发现 Z 轴导轨无润滑,造成 Z 轴摩擦阻力过大,重新修理 Z 轴润滑系统后,机床恢复正常。

3. 本项目故障分析

机床由于 X 轴的驱动系统有步进电动机和步进驱动器组成,为开环控制系统。

用目测法观察故障现象,发现 X 轴电动机转速不均匀,会发生自动抖动。X 轴电动机为五相步进电动机,步进电动机的转速是由指令脉冲的频率决定的,所以初步判断故障出现在 CNC 指令脉冲上。可能的故障原因有以下几种:

(1) CNC 指令脉冲不正确;

(2) 指令脉冲与步进驱动器不匹配;

(3) 脉冲信号中存在干扰噪声;

(4) 脉冲频率与机械发生共振。

CNC 指令脉冲不正常可能是由软件故障、硬件故障和干扰故障引起的,现从这三方面进行分析。

1) 进给轴自动抖动干扰故障分析

按照数控机床上故障诊断的先简单后复杂一般原则,应首先判断是否具有干扰故障。检查方法:用示波器观测脉冲信号,注意观察电平的变化是否频繁,如果是,则为干扰故障。这时,检查系统接地是否良好,是否采用屏蔽线,注意应正确接地。

2）进给轴自动抖动硬件故障分析

在数控加工的过程中，程序中的位置指令经过 CNC 装置中央处理器的插补运算后，根据数控系统接口的类型，从而产生指令脉冲并输送到步进驱动器中，由步进驱动器发出脉冲信号控制步进电动机的动作，从而带动机床工作台到达程序中指定的位置。

查看 HNC－21T 系统说明书可知，X 轴位置控制信号的接口为 XS31，接口类型为脉冲式伺服接口。XS31 接口结构图如图 8－5 所示。表 8－1 为 XS31 引脚信号说明。

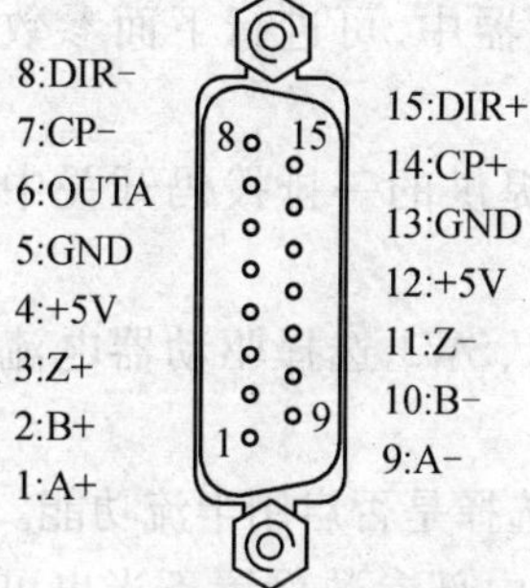

图 8－5　数控机床进给轴接口 XS30～XS33 的结构图

表 8－1　XS31 引脚信号说明

信号名	说明
A＋A－	编码器 A 相位反馈信号
B＋B－	编码器 B 相位信反馈信号
Z＋Z－	编码器零位脉冲反馈信号
＋5V GND	5V(DC)电源
OUTA	模拟指令输出(－20mA＋20mA)
CP＋ CP－	指令脉冲输出 A 相
DIR＋ DIR－	指令脉冲输出 B 相

由于 X 轴为开环系统，所以 XS31 进给轴控制接口只有位置指令脉冲输出，而没有位置检测装置的反馈输入，因此，接线时引脚 1、2、3、9、10、11 悬空没用，脉冲指令从 7、8、14、15 输出到步进驱动器，此时，CP 为脉冲信号，DIR 为方向信号。实际接线可参看图 3－11 的接线图。

脉冲指令信号是由数控装置内部电路计算完成，通过进给轴接口电路输送到步进伺服系统。指令产生的脉冲不均匀、指令脉冲太窄以及指令脉冲电平不正确，都可能使数控机床进给轴运转抖动，从而使加工出来的工件出现振纹，表面粗糙度差。

检测方法：用示波器观察指令脉冲，判断指令脉冲是否呈现不均匀分布、指令脉冲的脉宽是否很小，如果出现上述情况，确定为数控系统主印制电路板故障或接口电路故障，应进一步确定主印制电路板故障或更换电路板。

也可用万用表检测指令脉冲的电平,如果指令脉冲电平不正确,确定故障为数控系统主印制电路板故障,可重点检查放大电路故障,需维修或更换主印制电路板。

3）进给轴自动抖动软件故障分析

除硬件故障外,步进驱动器工作方式设置不当或数控系统内部参数设置不当,也有可能引起进给轴在加工过程中的自动抖动。

(1) 步进驱动器参数设置引起的故障分析。从数控装置发出的指令脉冲信号进入到步进驱动器中,在其中经过环形分配和电平放大,才能控制步进电动机的正常工作,而指令脉冲的电平输入应与驱动器的工作方式相对应,否则进给轴将无法正常工作。

进给轴的一些性能参数需要在步进驱动器上进行设置,如果设置不当,将会引起如进给轴抖动等的故障。在 M355 步进驱动器中,可进行下面参数的设定:

① 步进驱动器细分数的设定。由步进驱动器提供的一排拨码开关中的 SW5、SW6、SW7、SW8,从而改变进给轴的脉冲当量。

② 电流的选择。通过拨码开关中的 SW1、SW2、SW3 选择驱动器电流的大小。

③ 半流功能的选择。通过拨码开关中的 SW4,选择是否启用半流功能。

(2) 数控系统参数设置引起的故障分析。CNC 内部参数设置不当也可能引起进给轴在加工过程中的自动抖动故障,这主要是由与坐标轴有关的系统参数决定的。与坐标轴有关的参数可在轴参数与硬件配置参数中进行设置。具体设置参看项目四的相关部分。

【项目实施】

1. 项目实施路径

项目实施路径如图 8-6 所示。

2. 项目实施步骤

(1) 布置项目任务,对项目实施时间、最终质量、安全生产、文明生产、环保意识做出具体要求。

(2) 从步进伺服系统的结构和工作原理出发,得出可能的故障原因,并对干扰引起的进给轴自动抖动故障进行分析。

(3) 依据数控机床上步进伺服系统控制信号的产生原理和传输路径,对由硬件引起的进给轴自动抖动故障进行分析。

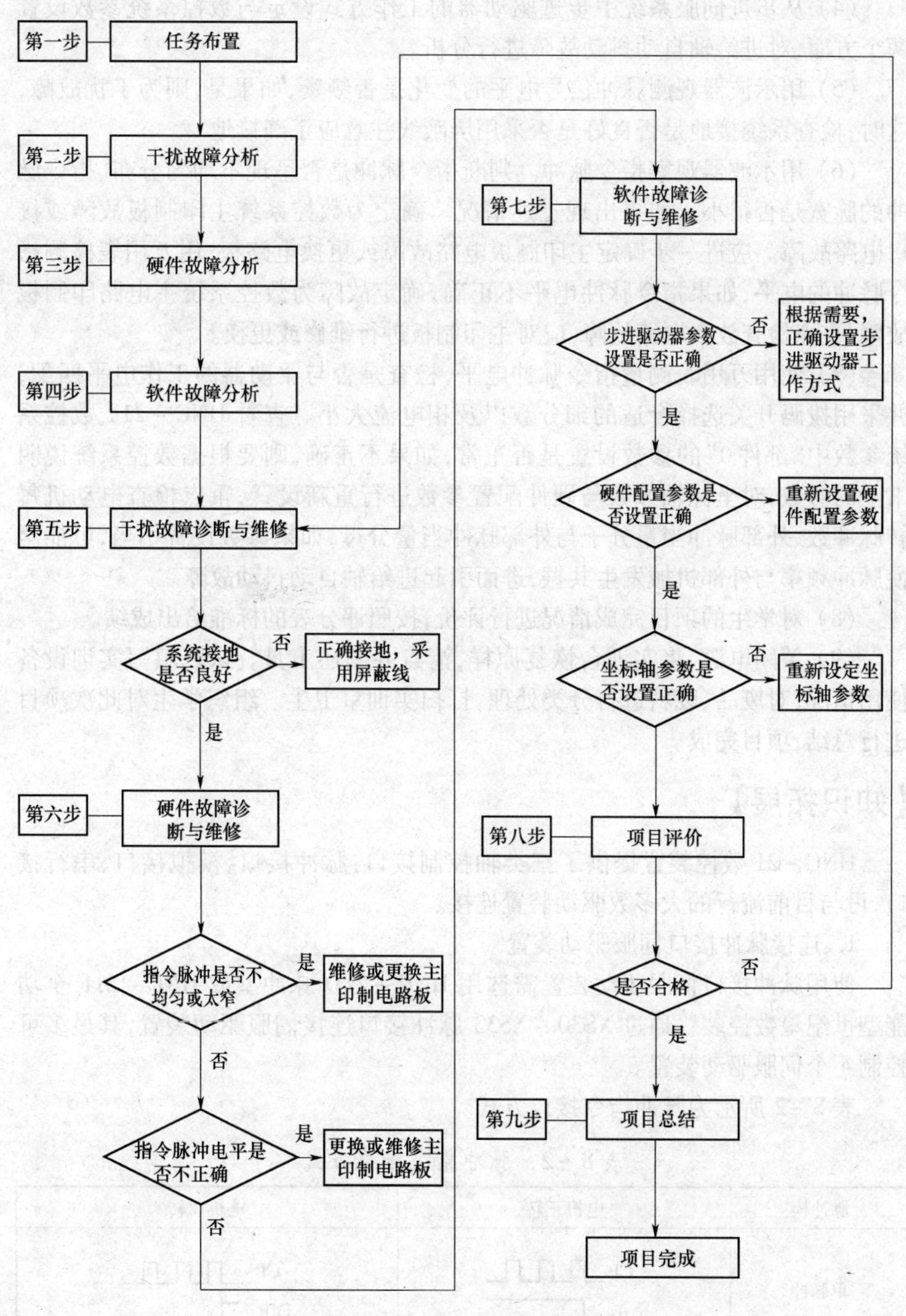

第一步
任务布置
第二步
干扰故障分析
第三步
硬件故障分析
第四步
软件故障分析
第五步
干扰故障诊断与维修
系统接地是否良好
否
正确接地，采用屏蔽线
是
第六步
硬件故障诊断与维修
指令脉冲是否不均匀或太窄
是
维修或更换主印制电路板
否
指令脉冲电平是否不正确
是
更换或维修主印制电路板
否
第七步
软件故障诊断与维修
步进驱动器参数设置是否正确
否
根据需要，正确设置步进驱动器工作方式
是
硬件配置参数是否设置正确
重新设置硬件配置参数
是
坐标轴参数是否设置正确
否
重新设定坐标轴参数
第八步
项目评价
是否合格
否
是
第九步
项目总结
项目完成

图 8－6　项目实施路径图

(4) 从步进伺服系统中步进驱动器的工作方式设定与数控系统参数设置两个方面,对进给轴自动抖动故障进行分析。

(5) 用示波器观测脉冲信号电平的变化是否频繁,如果是,则为干扰故障,这时,检查系统接地是否良好是否采用屏蔽线注意应正确接地。

(6) 用示波器观察指令脉冲。判断指令脉冲是否呈现不均匀分布、指令脉冲的脉宽是否很小。如果出现上述情况。确定为数控系统主印制板故障或接口电路故障。应进一步确定主印制板电路故障或更换电路板;用万用表检测指令脉冲的电平,如果指令脉冲电平不正确,确定故障为数控系统主电路印制板故障,重点检查放大电路故障,应对主印制板进行维修或更换。

(7) 使用万用表测量指令脉冲电平,检查是否与驱动器的工作电平匹配,并采用拨码开关选择合适的细分数以及相电流大小。查看 HNC－21T 数控系统参数中"部件 0"的参数设置是否正常,如果不正确,则要根据数控系统说明书上的参数,对坐标轴参数与硬件配置参数进行重新设置,重点检查电动机每转脉冲数、外部脉冲当量分子与外部脉冲当量分母,如果参数设置不当,可能会使脉冲频率与外部机械发生共振,进而引起进给轴自动抖动故障。

(8) 对学生的项目完成情况进行评价,按照评分表的标准给出成绩。

(9) 关闭电源,将实训台恢复原样,清点并归还工具。认真填写实训设备使用情况,对废品、废料进行分类处理,打扫实训室卫生。组织学生对此次项目进行总结,项目完成。

【知识拓展】

HNC－21 数控装置提供了三类轴控制接口:脉冲接口、模拟接口、串行接口,可与目前流行的大多数驱动装置连接。

1. 连接脉冲接口伺服驱动装置

使用脉冲接口伺服驱动装置需选用 HNC－21D 脉冲型或 HNC－21F 全功能型世纪星数控装置通过 XS30～XS33 脉冲接口连接伺服驱动装置,其最多可控制 4 个伺服驱动装置。

表 8－2 所示为脉冲指令接口方式。

表 8－2　脉冲指令接口方式

脉冲模	电机正转	电机反转
单脉冲	CP DIR	CP DIR

（续）

脉冲模	电机正转	电机反转
正交脉冲	90° CP DIR	90° CP DIR
正反向脉冲	CP DIR	CP DIR

图 8－7 所示为 HNC－21 采用脉冲接口伺服驱动器的总体框图；图 8－8 所示为 HNC－21 连接 Panasonic MINAS A 系列伺服驱动器的脉冲接口的示例。

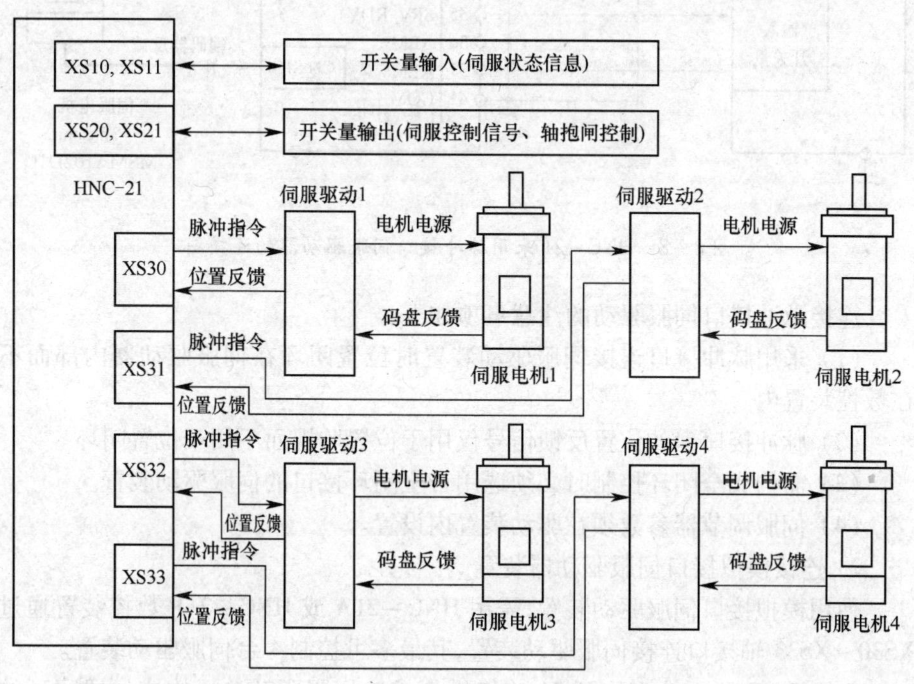

图 8－7　HNC－21 采用脉冲接口伺服驱动器的总体框图

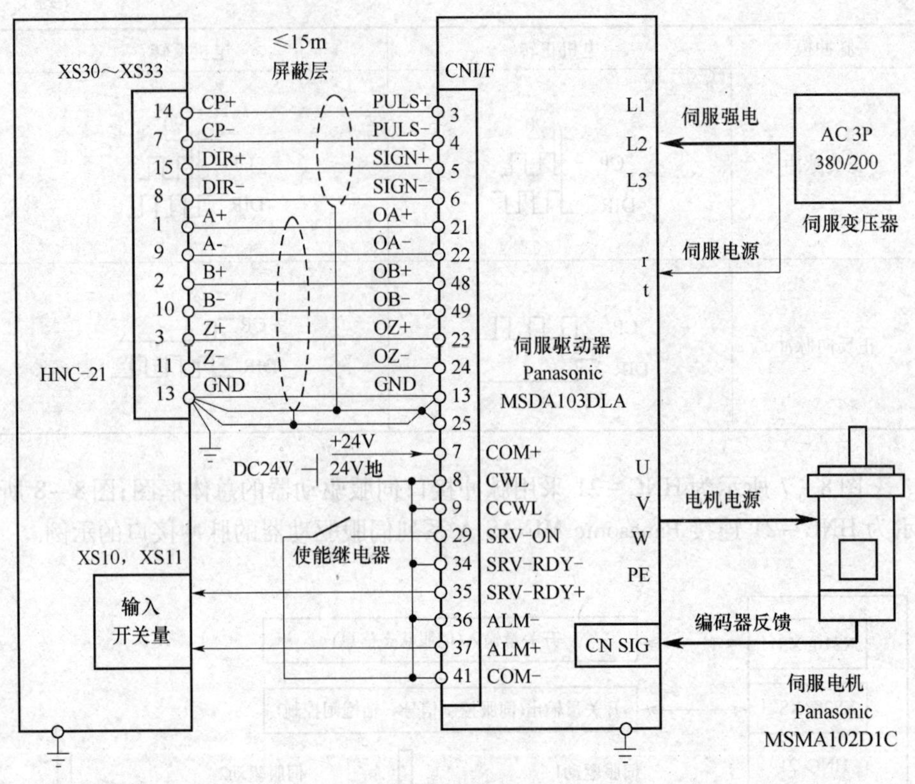

图 8－8　HNC－21 采用脉冲接口伺服驱动器的连接图

连接脉冲接口伺服驱动的注意事项如下：

(1) 采用脉冲接口连接伺服驱动装置时位置闭环在伺服驱动器内部而不在数控装置内。

(2) 脉冲接口串的位置反馈信号仅用于位置监视而不用于位置闭环。

(3) 需构成全闭环控制时必须选用带全闭环接口的伺服驱动装置。

(4) 伺服调节器参数须在驱动装置内设置。

2. 连接模拟接口伺服驱动器装置

使用模拟接口伺服驱动装置，需用 HNC－21A 或 HNC－21F 数控装置通过 XS30～XS33 轴接口连接伺服驱动装置，其最多可控制 4 台伺服驱动装置。

如图 8－9 所示为 HNC－21 连接模拟接口伺服驱动单元构成位置闭环的总体框图。其中位置反馈与速度反馈共用一个光电编码器，如图 8－10 所示。位置反馈也可使用单独的检测元件。

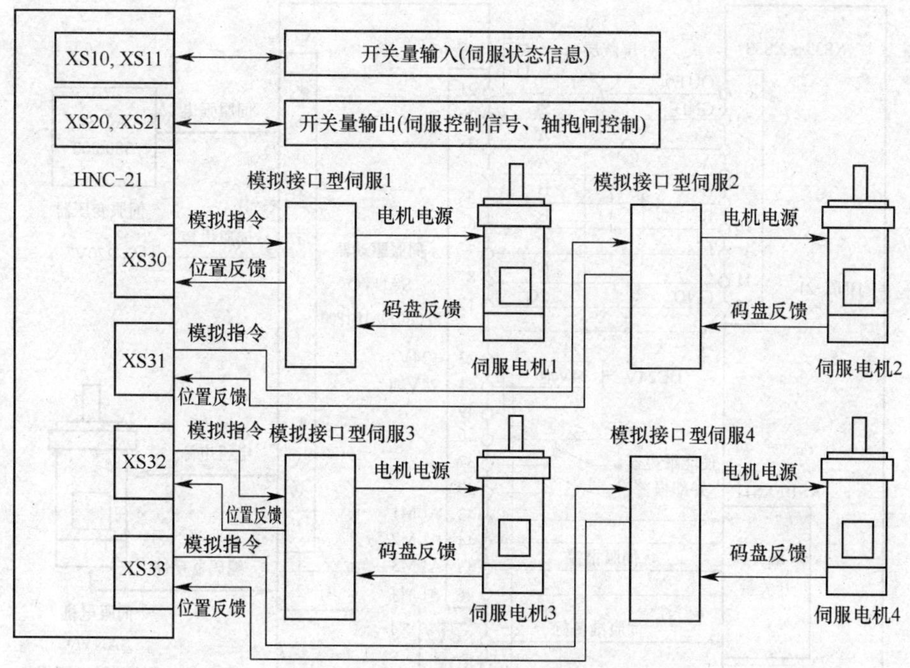

图 8－9　HNC－21 采用模拟接口模拟伺服驱动器组成半闭环结构的总体框图

如图 8－10 所示是采用摸拟接口连接模拟接口伺服驱动器的一个示例，图中伺服驱动器采用日本山洋公司 PE 系列交流伺服驱动单元位置，反馈与速度反馈共用一个编码器由驱动器输出至数控装置。

当使用多个伺服驱动器时，通常将各伺服驱动器的 SRV－RDY－、SRV－RDY＋首尾串起来通过一个中间继电器作为"伺服准备好"信号提供给系统或其他电路使用。将各伺服驱动器的 ALM－、ALM＋首尾串起来通过一个中间继电器作为"伺服报警"信号提供给系统或其他电路使用。

采用模拟接口可构成位置全闭环系统。图 8－11 和图 8－12 是 HNC－21 采用模拟接口伺服驱动器组成全闭环结构的总体框图，及采用安川 SGDB 系列交流伺服驱动器构成全闭环的实例。

【项目作业】

1. 进给驱动系统的组成、控制方式有哪些？各有何特点？
2. 进给驱动系统的故障形式及诊断方法有哪些？
3. 总结开环和半闭环数控机床振动的原因各有有哪些？怎样排除？

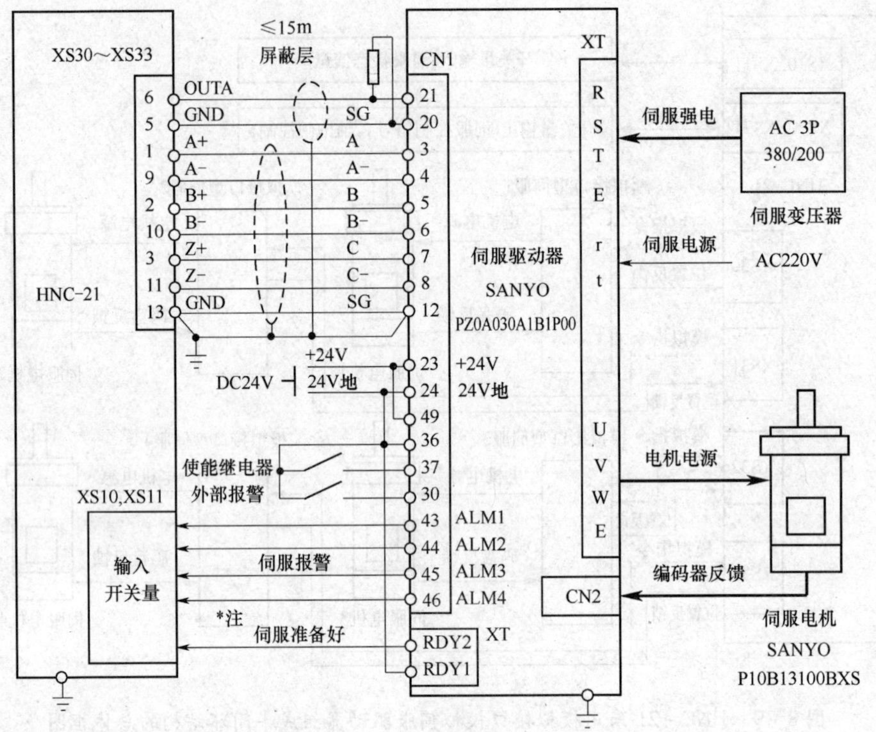

图 8－10　HNC－21 采用模拟接口伺服驱动器组成半闭环结构连接图

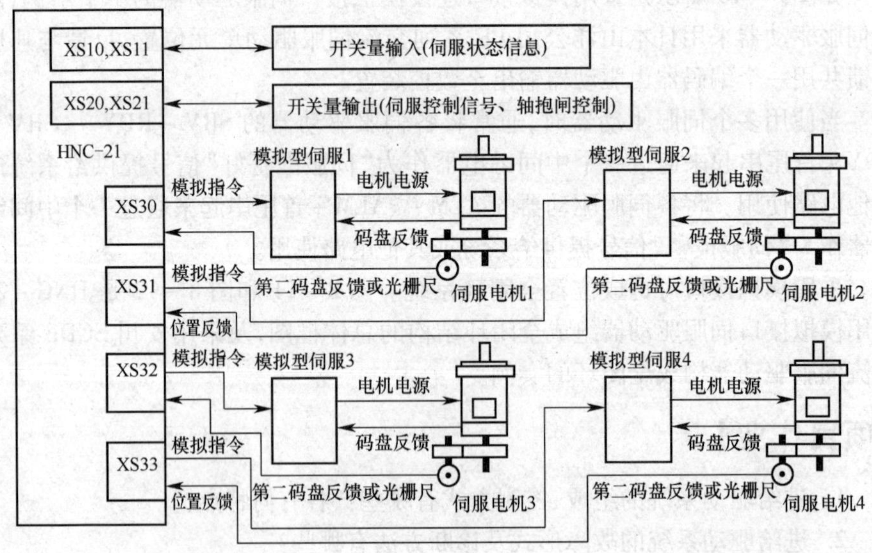

图 8－11　HNC－21 采用模拟接口伺服驱动器组成全闭环结构的总体框图

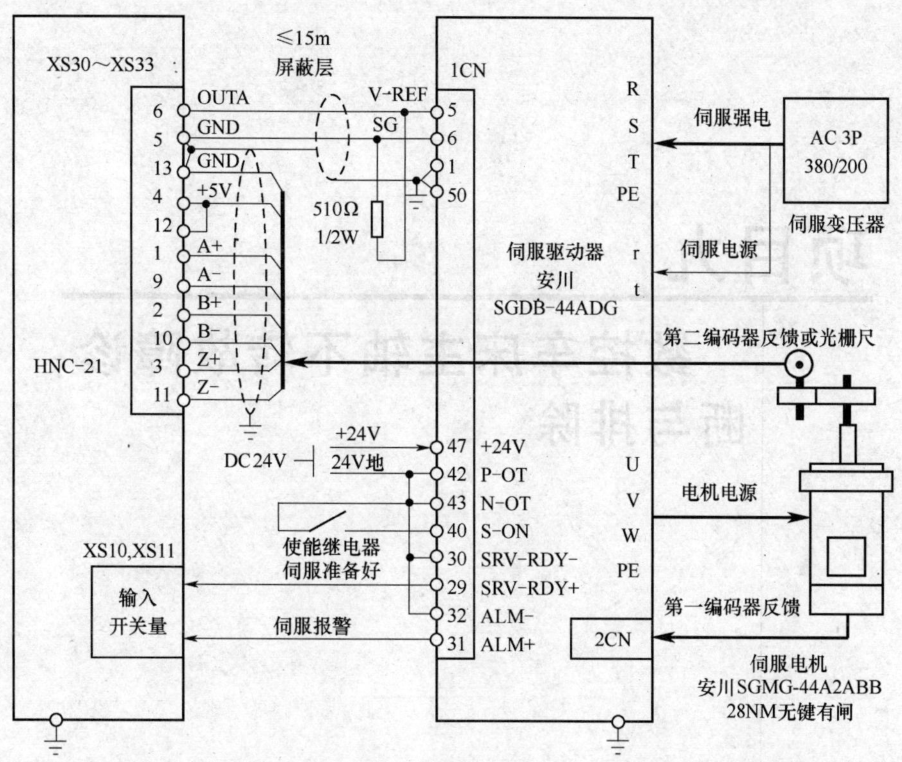

图 8-12　HNC-21 采用模拟接口伺服驱动器组成全闭环结构连接图

项目九

数控车床主轴不转故障诊断与排除

*知识目标

1. 熟悉数控机床主轴驱动系统的种类及特点；
2. 熟悉交流电动机的变频调速原理及通用变频器的使用和接线；
3. 掌握数控车床主轴不转故障的原因及排除方法。

*能力目标

通过对华中世纪星系统数控车床主轴不转故障诊断与排除故障的分析、诊断与维修操作。初步具备准确地诊断与排除数控车床主轴故障的能力。

【项目导入】

华中世纪星 HNC－21T 数控车床在手动和自动两种工作方式下，主轴均不转，数控系统和主轴驱动装置无任何报警显示。现对数控车床主轴停转故障进行诊断与维修，使其能够正常运行。

【项目知识】

数控机床主轴停转故障属于数控机床主轴伺服驱动系统的典型故障。数控机床的主轴伺服驱动系统也就是主传动系统，在数控系统中是完成主运动的动力装置部分，通过传动机构转变成主轴上安装的刀具或工件的切削力矩和切削速度，配合进给运动加工出理想的零件。它的性能直接决定了加工工件的表面加工精度和表面质量，因此，在数控机床中，对主轴伺服系统的维护和维修也就显得很重要。

一、主轴伺服系统相关概念

1. 主轴驱动系统的种类及特点

主轴驱动系统包括主轴驱动器和主轴电动机。数控机床主轴的无级调速则是由主轴驱动器完成的。主轴驱动系统分为直流驱动系统和交流驱动系统，目前数控机床的主轴驱动多采用交流主轴驱动系统即通过交流主轴电动机配备变频器或通过主轴伺服驱动器控制。

1）普通笼型异步电动机配齿轮变速箱

这是最经济的一种主轴配置方式，但只能实现有级调速，由于电动机始终工作在额定转速下，经齿轮减速后，在主轴低速下输出力矩大，重切削能力强，非常适合粗加工和半精加工的要求。它的缺点是噪音比较大，由于电动机工作在工频下，主轴转速范围不大，不适合有色金属和需要频繁变换主轴速度的加工场合。

2）普通笼型异步电动机配简易型变频器

这种方案可以实现主轴的无级调速，主轴电动机只有工作在约 500r/min 以上才能有比较满意的力矩输出，否则，车床很容易出现堵转的情况。其一般会采用两挡齿轮或皮带变速，但主轴仍然只能工作在中高速范围，另外因为受到普通电动机最高转速的限制，主轴的转速范围受到较大的限制。这种方案适用于需要无级调速但对低速和高速都不要求的场合，国内生产的简易型变频器较多。

3）普通笼型异步电动机配通用变频器

目前进口的通用变频器，除了具有 U/f 曲线调节，一般还具有无反馈矢量控制功能，会对电动机的低速特性有所改善，配合两级齿轮变速，基本上可以满足车床低速（100r/min ~ 200r/min）小加工余量的加工，但同样受最高电动机速度的限制。这是目前经济型数控机床比较常用的主轴驱动系统。

4）专用变频电动机配通用变频器

一般采用有反馈矢量控制，低速甚至零速时都可以有较大的力矩输出，有些还具有定向甚至分度进给的功能，是非常有竞争力的产品。中档数控机床主要采用这种方案，主轴传动两挡变速甚至仅一挡即可实现转速在 100r/min ~ 200r/min 左右时车、铣的重力切削。

5）伺服主轴驱动系统

伺服主轴驱动系统具有响应快、速度高、过载能力强的特点，还可以实现定向和进给功能，当然价格也是最高的。伺服主轴驱动系统主要应用于加工中心上，用以满足系统自动换刀、刚性攻丝、主轴 C 轴进给功能等对主轴位置控制性能要求很高的加工。

6）电主轴

电主轴是主轴电动机的一种结构形式，驱动器可以是变频器或主轴伺服，也可以不要驱动器。电主轴由于电动机和主轴合二为一，没有传动机构，因此，大大简化了主轴的结构，并且提高了主轴的精度，但是抗冲击能力较弱，而且功率还不能做得太大，一般在 10kW 以下。由于结构上的优势，电主轴主要向高速方向发展，一般在 10000r/min 以上。安装电主轴的机床主要用于精加工和高速加工，例如高速精密加工中心。另外，在雕刻有色金属以及非金属加工机床上应用较多。

2. 交流电动机的变频调速原理

交流电动机的同步转速为

$$n_o = \frac{60f_1}{p}$$

异步电动机的转速为

$$n = (1-s)n_o = (1-s)\frac{60f_1}{p}(\mathrm{r/min})$$

式中 f_1——供电频率（Hz）；

p——电动机定子绕组磁极对数；

s——转差率。

由上式可知，要改变电动机转速可采用以下几种方法：

（1）变磁极对数 p。它是通过对定子绕组接线的切换以改变磁极对数调速的。但这种方法只能得到级差很大的有级调速，不能满足数控机床的要求。

(2) 改变转差率 s 调速。这实际上是通过对异步电动机转差功率的处理而获得的调速方法，常用的有降低定子电压调速、电磁转差离合器调速、线绕式异步电动机转子串电阻调速、串级调速等。但这种调这方法的机械特性软、效率低、消耗大，也不适合数控机床使用。

(3) 改变电源频率 f_1。变频调速是平滑改变定子供电电压频率 f_1 而使转速平滑变化的调速方法。这是交流电动机的一种理想调速方法。电动机从高速到低速其转差率都很小，因而变频调速的效率和功率因数都很高。

交频调这有三种控制方式：恒转矩调速、恒最大转矩调速和恒功率调速。

3. 变频器主电路工作原理及接线

随着数字控制的 SPWM 变频调速系统的发展，数控机床主轴驱动采用通用变频器控制也越来越多，特别是在老式数控机床的改造中。所谓“通用”包含着两方面的含义：一是可以和通用的笼型异步配套应用；二是具有多种可供选择的功能，可应用于各种不同性质的负载。下面以多功能型安川变频器为例，讲解模拟量控制的主轴驱动装置的工作原理、端部接线等。

变频器主电路的功能是把固定频率（通常为 50Hz/60Hz）的交流电转换成频率连续可调（通常为 0～400Hz）的三相交流电。主电路主要包括交直转换电路、制动单元电路及直交转换电路，如图 9－1 所示。

1) 交直转换电路

三相交流电源（固定频率为 50Hz/60Hz）通过变频器的电源接线端（R，S，T）输入到变频器内，利用整流器 UR 把交流电转换成直流电，再经过滤波电容 CF 的滤波获得直流电压（如果输入为 380V 则直流电压约为 513V）。当电容 CF 两端电压达到基准值时，辅助电源动作，输出各种直流控制电压。控制电路正常时，直流继电器 MCC 获电，常开点闭合，短接掉电容充电限流电阻 RF，从而完成交直转换电路的工作。

变频器输入接线实际使用注意事项如下：

(1) 根据变频器输入规格选择正确的输入电源；

(2) 变频器输入侧采用断路器（不宜采用熔断器）实现保护，断路器的整定值应按变频器的额定电流选择，而不应按电动机的额定电流来选择；

(3) 变频器三相电源实际接线无需考虑电源的相序；

(4) ⊕1 和⊕2 用来接直流电抗器（为可选件），如果不接时，必须把⊕1 和⊕2 短接（出厂时，⊕1 和⊕2 用短接片短接）；

(5) 指示灯 VL 不仅作为直流电压的显示，而且在维修时作为变频器是否有电的标志。

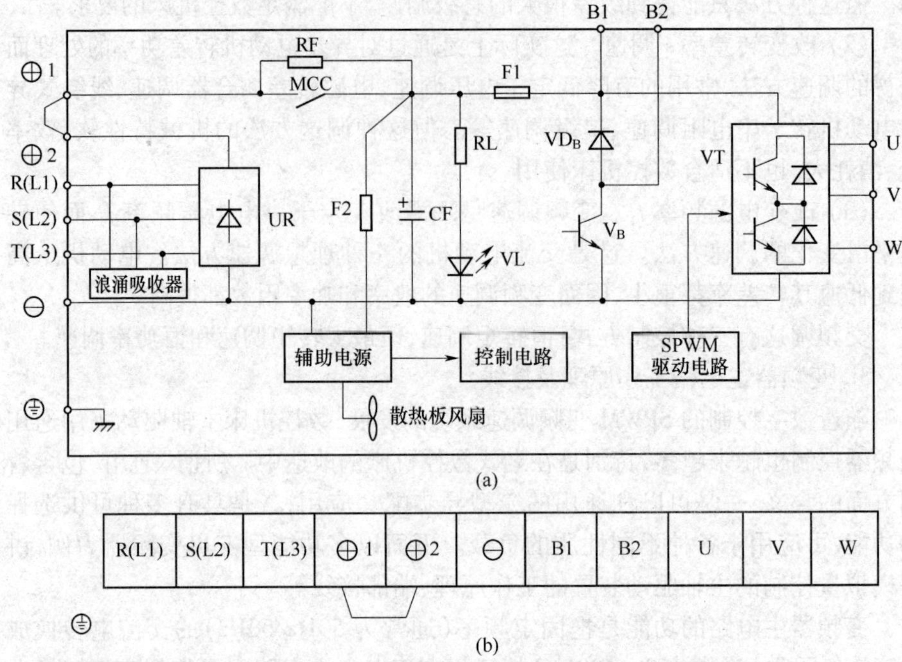

图 9－1　安川变频器主主回路控制原理及端子接线图

（a）控制原理图；（b）端子接线图。

2）直/交转换电路

直/交电路由逆变块 VT 组成，通过 SPWM 驱动电路控制逆变块输出频率可调的三相交流电。变频器输出接线实际使用时应注意以下几点：

（1）输出侧接线需考虑输出电源的相序；

（2）实际接线时，绝不允许把变频器的电源线接到变频器的输出端 U、V、W 上；

（3）一般情况下，变频器输出端 U、V、W 直接与电动机相连，无需加接触器和热继电器。

3）制动单元电路

中小容量安川变频器采用内装制动单元和外接制动电阻，大容量变频器采用外接制动单元和外接制动电阻。制动单元的作用是实现电动机快速制动，防止电动机在降速或制动过程中变频器出现过电压。制动单元电路由制动开关管 VB、二极管 VD_B 及 B1，B2 外接的制动电阻 R_{DB} 组成。外接制动电阻的功率与阻值应根据电动机的额定电流来选择。

如图 3－10 所示，为日立 SJ100－007HFE 变频器主轴单元与 HNC－21 数控系统的连接图。

二、数控机床主轴驱动系统故障的表现形式

主轴伺服系统发生故障时,通常有三种表现形式:一是在CRT或操作面板上显示报警内容或报警信息;二是主轴驱动装置报警灯或数码管显示主轴驱动装置故障;三是主轴工作不正常,但无任何报警信息。对于报警提示,可根据系统说明书详查可能的原因。

主轴伺服系统故障具体形式有以下几种:

(1) 外界干扰。屏蔽或接地不良时,主轴转速或反馈信号受电磁干扰,使主轴驱动出现随机和无规律的波动。判断方法:使主轴转速指令为零,再看主轴状态。

(2) 过载。切削用量过大、频繁正转与反转等均可引起过载报警。具体表现为电动机过热、主轴驱动装置显示过电流报警等。

(3) 主轴定位抖动。主轴准停用于刀具交换、精镗退刀及齿轮换挡等场合,它有三种实现形式:机械准停控制(V形槽和定位液压缸)、磁性传感器的电气准停控制、编码器型的准停控制(准停角度可任意)。

上述准停均要经历减速,而减速或增益等参数设置不当、限位开关失灵、磁性传感器间隙变化或失灵都会引起定位抖动。

(4) 主轴转速与进给不匹配。当进行螺纹切削或用每转进给指令切削时,会出现停止进给、主轴仍然运转的故障。主轴有一个每转一个脉冲的反馈信号(即零位脉冲信号),一般是因为主轴编码器有问题。可查CRT报警、I/O编码器状态或用每分钟进给指令代替。

(5) 转速偏离指令值。主轴实际转速超过所规定的范围时,要考虑电动机过裁、CNC输出没有达到与转速指令对应值、测速装置故障、主轴驱动装置故障等可能的故障原因。

(6) 主轴异常噪声及振动。电气驱动故障(在减速过程中发生,振动周期与转速无关);主轴机械故障(恒转速自由停车,振动周期与转速有关)。

(7) 主轴电动机不转。考虑CNC是否有速度信号输出,使能信号是否接通,CTR观察I/O状态、分析PLC梯形图以确定主轴的起动条件(润滑、冷却),主轴驱动故障,主轴电动机故障等可能的故障原因。

三、主轴驱动系统故障分析

仔细观察故障现象,在手动和自动方式下,主轴电动机均停转,可以推断为主轴伺服系统故障。根据主轴伺服系统的工作原理,充分利用数控机床主轴伺

服系统的故障表现形式，初步判断主轴停转故障可能是由以下原因引起的：

(1) CNC 速度控制信号引起的故障；

(2) 主轴驱动装置故障；

(3) 主输电动机故障。

1. CNC 速度控制信号引起的故障分析

在数控加工的过程中，程序中的 S 指令代表了主轴转速的大小，经过 PLC 程序计算译码之后，以 16 位二进制代码的形式储存于 PLC 的字输出寄存器的 Y28、Y29 中，为主轴 D/A 的数字量输出，经过数控装置主印制电路板上专用的 D/A 转换硬件电路，将之转化成为模拟电压信号，再通过数控装置的主轴控制接口 XS9 将速度模拟电压输送到主轴驱动装置中。

华中数控装置 XS9 主轴控制接口结构图如图 9－2 所示。XS9 引脚信号说明见表 9－1 所列。HNC－21T 数控装置通过 XS9 主轴控制接口和 PLC 输入/输出接口可连接各主轴驱动器，实现正、反转，定向，调速等控制，还可以外接主轴编码器，实现螺纹车削和铣床上的刚性攻丝功能。

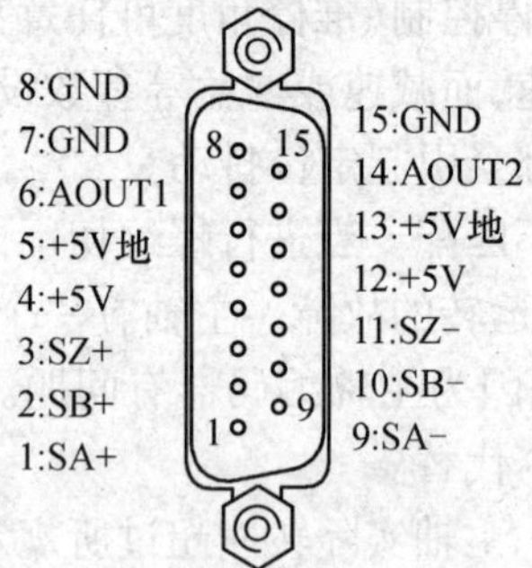

图 9－2　XS9 主轴接口的结构图

表 9－1　XS9 引脚信号说明

信 号 名	说 明
SA＋SA－	主轴编码器 A 相位反馈信号
SB＋SB－	主轴编码器 B 相位反馈信号
SZ＋SZ－	主轴编码器零位脉冲反馈信号
＋5V ＋5V 地	5V(DC)电源
AOUT1	主轴模拟量指令－10V～＋10V 输出
AOUT2	主轴模拟量指令 0V～＋10V 输出
GND	模拟量输出地

XS9 主轴控制接口包括主轴速度模拟电压指令输出和主轴编码器反馈输入。接口属于模拟接口。

HNC－21T 通过 XS9 主轴控制接口中的模拟量输出可控制主轴转速，其中 AOUT1 的输出范围为－10V～＋10V，用于双极性速度指令输入的主轴驱动单元或变频器，这时采用使能信号控制主轴的起、停。AOUT2 的输出范围为 0V～＋10V，用于单极性速度指令输入的主轴驱动单元或变频器，这时采用主轴正转、反转信号控制主轴的正、反转。通常情况下采用 0V～＋10V 单极性速度指令输出，用 PLC 开关量输出信号控制主轴的正、反转。

1）CNC 速度控制信号引起的硬件故障分析

CNC 速度控制信号主要是指速度模拟电压信号和正、反转控制信号。要使电动机正、反转，这两种信号缺一不可。CNC 没有速度模拟电压信号输出与速度信号传输有故障，都可能引起主轴电动机停转，而且 PLC 开关量输出正、反转信号的产生与传输故障也会使主轴处于制动状态。

变频器主轴单元与 HNC－21 数控系统的连接图如图 3－10 所示。

利用数控装置的主轴控制接口 XS9 中的模拟量电压输出信号 DAS＋，作为变频器的速度给定，采用开关量输出信号 XS20、XS21（505、506）控制主轴的正、反转，509 作为正、反转信号的公共端。三相交流 380V 电压经过通用变频器的变频后，转换为主轴电动机的定子绕组电压，从而改变主轴电动机的转速。

典型故障及检测：

（1）使用万用表测试数控装置接口输出的模拟电压 DAS＋与 DAS0 之间的电压值，如果为 0，则说明 CNC 没有发出速度控制信号。CNC 速度控制信号没有发出的硬件故障主要是由 D/A 转换电路损坏造成的，处理的方法是维修或更换数控装置。

（2）检查 XS9 与变频器之间的线路有无断路或接触不良，如有则重新接线或更换信号线。

（3）观察 PLC 输出转接板 HC5301－R 上的电源灯是否亮，如果亮，则电源供电，如果不亮，检查＋24V 电源。

（4）检查 PLC 输出转接板 HC5301－R 上与变频器的智能端子上 505、506、509 是否虚接或信号线断线，如有则重新接线或更换信号线。

（5）通过 PLC 监视画面，观察正、反转指示信号是否发出，检查 HC5301－R 互联电缆与数控装置接口之间的连线是否断线或接触不良，若是，重新接线。

2）CNC 速度控制信号引起的软件故障分析

除硬件故障外，软件故障也可能引起主轴停转故障，这主要是由与主轴有关的系统参数和 PLC 程序共同决定的。与主轴有关的参数可在硬件配置参数和 PMC 系统参数中进行设置，如果设置不当或 PLC 程序有误，则会造成 CNC 无速度控制信号输出。

与主轴有关的硬件配置参数有两个，一是主轴电动机驱动单元 D/A 接口 XS9（部件号为 22），另一个是主轴编码器接口 XS9。查看 HNC－21T 数控系统 PMC 系统参数中部件 22 的参数设置是否正确，如果不正确，则要重新设置，设置方法同硬件配置参数。

2. 主轴驱动装置故障分析

利用数控装置的主轴控制接口 XS9 中的模拟量电压输出信号给定主轴驱动装置的速度，通过主轴驱动装置的调节作用，实现对电动机的无级调速。HNC－21T 数控系统采用日立 SJ－100 通用变频器实现对主轴电动机的调速。

1）SJ－100 变频器萄板的接键定义

RUN——给变频器提供一个运行的指令。按此键可以启动电动机的运转，前提是变频器处在键盘控制方式下。

STOP——给变频器提供一个停止运行的指令。按此键可以停止电动机的运转，前提是变频器处在键盘控制方式下。

FUNC——功能键，修改变频器时，可以选择参数模式以及在设立参数时使用。

▲——修改参数时增大参数值。

▼——修改参数时减小参数值。

STR——可以对变频器的修改参数进行保存。

电位器——操作者可以通过变频器所带电位器来改变变频器的输入模拟电压指令。

2）SJ－100 变频器常见功能参数

D 组——监视功能参数。利用本组参数来获取系统的重要参数。

F 组——主要常用参数。设定变频器的常用参数。

A 组——标准功能的设定。设定直接影响到变频器输出的最基本的特性。

B 组——微调功能参数。可以调节变频器控制系统与电动机匹配上的一些细微的功能。

C 组——智能端子功能。对变频器所提供的智能端子功能进行定义。

H 组——电动机相关参数设置及无传感器矢量功能参数设置。

3）变频器的主要故障及诊断

变频器的主要故障及诊断如表 9－2 所列。

表 9-2　SJ-100 变频器的主要故障及诊断

故障现盘		故障原因
报警号	内容	引起故障可能的原因
E01、E02 E03、E04	过电流	电动机的功率与变频器的功率不对应，电动机功率大于变频器功率； 电动机的导线短路； 电动机轴被锁定或负锁太重
E07	过电压	在直流母线电压超过阀值时发生； 斜坡下降太快，再生制动引起过电压； 负载惯量太大，制动时引起过电压
E09	欠电压	供电电源电压太低； 供电电源有短路时掉电或瞬时电压跌落
E21	变频器过热	冷却风机运行不正常； 环境温度过高； 变频器过载
E14	接地故障	在加电测试时，如检测到变频器输出与电动机之间发生接地故障，变频器被保护。该特点可保护变频器，但不能保证人身安全
E10	CT 故障	当某一强电源干扰与变频器距离过近或在内部 CT(电流互感器)发生异常操作时，变频器跳闸并关闭输出
E12	外部跳闸	当有一个信号加在智能输入端子上时，变颜器跳闸并关闭输出

3. 主轴电动机故障分析

如果主轴不能正常启动，也可能是由主轴电动机有关的故障引起的，如电动机过载、电源不能正常输入、电动机内部结构故障都可能引起主轴电动机停转。

典型故障及检测：

（1）检查主轴电动机的负载是否过重，应尽量减轻机械负载；

（2）用万用表检查主轴变频器与主轴电动机之间的 U、V、W 是否缺相或断线，若是则应重新接线或更换电源线；

（3）利用交换法，更换一个与主轴电动机完全相同的三相异步交流电动机。重新连接完成后，启动主轴，如果正常，则说明原主轴电动机损坏，应进行更换或者维修。如果仍然不能起动，排除主轴电动机故障，重新对故障进行定位。

【项目实施】

1. 项目实施路径

项目实施路径如图 9－3 所示。

2. 项目实施步骤

(1) 布置项目任务,对项目实施时间、最终质量、安全生产、文明生产、环保意识做出具体要求。

(2) 从主轴伺服系统的结构和工作原理出发,对 CNC 速度控制信号引起的主轴停转故障进行分析。

(3) 基于交流电动机的调频调速基本原理,对主轴驱动装置引起的主轴停转故障进行分析。

(4) 根据三相异步交流电动机的工作原理,对主轴电动机引起的主轴停转故障进行分析。

(5) 检查与主轴模拟电压信号和主轴正、反转信号有关的硬件或线路故障。使用万用表测试数控装置接口输出的模拟电压 DAS＋与 DAS0 之间的电压值;检查 XS9 与变频器之间的线路有无断路或接触不良,观察 PLC 输出转接板 HC53D1－R 上的电源灯是否亮,通过 PLC 监视画面,观察正、反转指示信号是否发出,检查 PLC 输出转接板 HC53D1－R 上与变频器的智能端子上正、反转信号线是否虚接或信号线断线。

(6) 查看与主轴模拟电压信号和主轴正、反转信号有关的软件故障。查看 HNC－21T 数控系统硬件配置参数中部件 22 的参数设置是否正常;查看HNC－21T 数控系统 PMC 系统参数中部件 22 的参数设置是否正常。如果参数不正确,重新进行设置,并调试 PLC 程序,重新编译 PLC 中关于主轴速度控制的程序。

(7) 检查由主轴变频器引起的故障。查看变频器的参数是否设置正确,并利用交换法,检查变频器控制电路板是否有故障。

(8) 检查由主轴电动机引起的故障。检查主轴电动机是否过载;检查主轴电源是否正常供电;利用交换法确定是否主轴电动机结构故障。

(9) 对学生的项目完成情况进行评价,按照评分表的标准给出成绩。如果故障不能排除,要重新诊断与排除故障。

(10) 关闭电源,将实训台恢复原样,清点并归还工具。认真填写实训设备使用情况,对废品、废料进行分类处理,打扫实训室卫生。组织同学对此项目进行总结,项目完成。

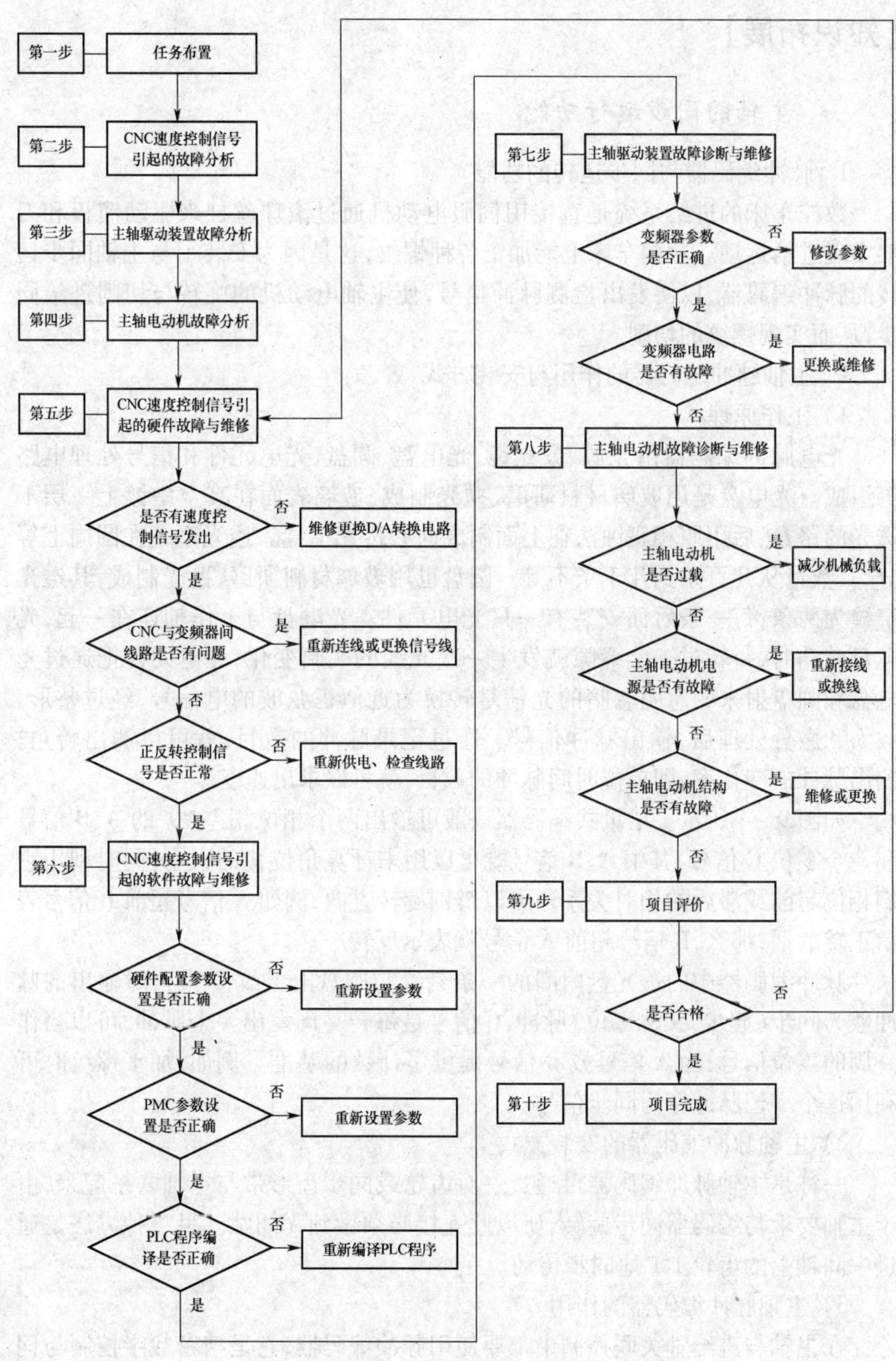

第一步
任务布置
第二步
CNC速度控制信号
引起的故障分析
第三步
主轴驱动装置故障分析
第四步
主轴电动机故障分析
第五步
CNC速度控制信号引
起的硬件故障与维修
是否有速度控
制信号发出
否
维修更换D/A转换电路
是
CNC与变频器间
线路是否有问题
是
重新连线或更换信号线
否
正反转控制信
号是否正常
否
重新供电、检查线路
是
第六步
CNC速度控制信号引
起的软件故障与维修
硬件配置参数设
置是否正确
否
重新设置参数
是
PMC参数设
置是否正确
否
重新设置参数
是
PLC程序编
译是否正确
否
重新编译PLC程序
是
第七步
主轴驱动装置故障诊断与维修
变频器参数
是否正确
否
修改参数
是
变频器电路
是否有故障
是
更换或维修
否
第八步
主轴电动机故障诊断与维修
主轴电动机
是否过载
是
减少机械负载
否
主轴电动机电
源是否有故障
是
重新接线
或换线
否
主轴电动机结构
是否有故障
是
维修或更换
否
第九步
项目评价
是否合格
否
是
第十步
项目完成

图9-3　项目实施路径

【知识拓展】

一、主轴的同步运行功能

1. 脉冲编码器与同步运转的功能

数控车床的进给系统是直接用伺服电动机通过滚珠丝杠来驱动溜板和刀架实现进给运动。数控车床上能加工各种螺纹,这是因为安装了与主轴同步运转的脉冲编码器,以便发出检测脉冲信号,使主轴电动机的旋转与切削进给同步,从而实现螺纹的切削。

2. 主轴脉冲编码器的作用与安装方式

1）工作原理

光电脉冲编码器由光源、聚光镜、光电盘、圆盘、光电元件和信号处理电路等组成。光电盘是用玻璃材料研磨、抛光制成,玻璃表面在真空中镀上一层不透光的铬,然后用照相腐蚀法在上面制成向心透光窄缝。透光窄缝在圆周上等分,其数量从几百条到几千条不等。圆盘也用玻璃材料研磨、抛光制成,其透光窄缝为两条,每一条后面安装有一只光电元件。光电盘与工作轴连在一起,光电盘转动时,每转过一个缝隙就发生一次光线的明暗变化,光电元件把通过光电盘和圆盘射来的忽明忽暗的光信号转换为近似正弦波的电信号,经过整形、放大和微分处理后,输出脉冲信号。通过记录脉冲的数目,就可以测出转角。测出脉冲的变化率,即单位时间脉冲的数目,就可以求出速度。

如图 9 -4 所示。增量式编码器一般可输出两个相位相差 90°的 A、B 信号和一个零位 C 信号,其中 A、B 信号既可以用来计算角位移的大小,同时利用它们相位超前或滞后的相对关系还可以辨别旋转方向,例如 A 信号超前 B 信号表示正转的话,那么,B 信号超前 A 信号就表示反转。

脉冲编码器中的透光盘内圈的一条刻线与圆盘上条纹 C 重合时输出的脉冲数为同步(起步,又称零位)脉冲,C 信号是每转一周发出一个脉冲,可以当作一周的零位信号,为 A 信号或 B 信号提供了计数的基准。例如,加工螺纹时可利用这个零位脉冲作为同步信号。

2）主轴脉冲编码器的安装方式

一种是主轴脉冲编码器可通过一对齿轮或同步齿形带与主轴联系起来,由于主轴要求与编码器同步旋转,所以此连接必须做到无间隙。另一种方法是通过中间轴上的齿轮 1:1 地同步传动。

3）主轴脉冲编码器的作用

在主轴与进给轴关联控制中都要使用脉冲编码器,它是精密数字控制与伺

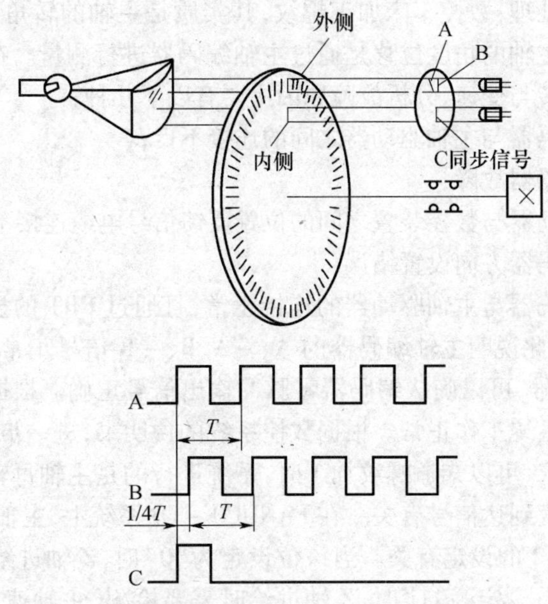

图 9-4　增量式编码器 A 信号、B 信号和 C 信号

服控制设备中常用的角位移数字化检测器件，具有精度高、结构简单、工作可靠等优点。

3. 主轴转动与进给运动的同步运行

数控机床主轴的转动与进给运动之间，没有机械方面的直接联系。在数控车床上加工圆柱螺纹时，要求主轴的转速与刀具的轴向进给保持一定的协调关系，无论该螺纹是等距螺纹还是变距螺纹都是如此。为此，通常在主轴上安装脉冲编码器来检测主轴的转角、相位、零位等信号。

在主轴旋转过程中，与其相连的脉冲编码器不断发出脉冲（由 A、B 相检测到的脉冲）送给数控装置，控制插补速度。根据插补计算结果，控制进给坐标轴伺服系统，使进给量与主轴转速保持所需的比例关系，实现主轴转动与进给运动相联系的同步运行，从而车出所需的螺纹。

通过改变主轴的旋转方向可以加工出左螺纹或右螺纹，而主轴方向是通过脉冲编码器发出正交的 A 相和 B 相脉冲信号相位的先后顺序判别出来的。

二、故障案例

故障现象：某系统的数控车床，在自动加工时，发现机床不执行螺纹加工程序。

故障诊断与处理:数控车床加工螺纹,其实质是主轴的转角与 Z 轴进给之间进行的插补。主轴的角度位移是通过主轴编码器进行测量。在本机床上,由于主轴能正常旋转与变速,分析故障原因主要有以下几种:

(1) 主轴编码器与主轴驱动器之间的连接不良;

(2) 主轴编码器故障;

(3) 主轴驱动器与数控装置之间的位置反馈信号电缆连接不良;

(4) 主轴编码器方向设置错误。

经查主轴编码器与主轴驱动器的连接正常,且通过 CRT 的显示,可以正常显示主轴转速,因此说明主轴编码器的 A、-A、B、-B 信号正常。在利用示波器检查 Z、$-Z$ 信号,可以确认编码器零脉冲输出信号正确。根据检查,可以确定主轴位置监测系统工作正常。根据数控系统的说明书,进一步分析螺纹加工功能与信号的要求,可以知道螺纹加工时,系统进行的是主轴每转进给动作,因此它与主轴的速度到达信号有关。在 FANUC0-TD 系统上,主轴的每转进给动作与参数 PRM24.2 的设定有关。当该位设定为"0"时,Z 轴进给时不监测"主轴速度到达"信号;设定为"1"时,Z 轴进给时需要检测"主轴速度到达"信号。在本机床上,检查发现该位设定为"1",因此只有"主轴速度到达"信号为"1"时,才能实现进给。通过系统的诊断功能,检查发现当实际主轴转速显示值与系统的指令值一致时,才能实现进给。进一步检查发现,"主轴速度到达"信号仍然为"0"。该信号连接线断开,重新连接后,螺纹加工动作恢复正常。

【项目作业】

1. 主轴驱动系统分为哪几类?简述各自的特点。

2. 主轴通用变频器有哪些特性?应用什么调速原理?

3. 通用变频主轴系统主轴不转的原因有哪些?怎么检测?

4. 在自动加工模式下工作,当输入指令 S 后,主轴旋转,但转速不能改变。试分析故障原因,并给出故障排除流程图。

项目十

数控车床刀架故障诊断与排除

＊知识目标

1. 熟悉回转刀架的结构和换刀过程；

2. 熟悉 PLC 在机床换刀过程中的作用和故障特征；

3. 掌握数控车床换刀过程中刀架转位不正常的机械故障和电气故障的分析及排除方法。

＊能力目标

通过对华中世纪星系统数控车床回转刀架换刀不正常的故障分析、诊断与维修操作。初步具备准确地诊断与排除相关故障的能力。

【项目导入】

华中数控车床不能完成自动换刀的功能，现对刀架转位不正常故障进行诊断与维修，使其能够正常换刀。

【项目知识】

数控车床的刀架转位不正常故障是典型的机械与电气交叉故障类型，在故障检测的过程中，应遵循数控机床故障诊断的原则与故障排除的思路，进行所有可能故障原因的分析。

一、车床刀架相关概念

1. 自动换刀装置的形式

自动换刀装置是数控机床的重要执行机构，它的形式多种多样，目前常见的有以下几种：

(1) 回转刀架换刀；

(2) 更换主轴头换刀；

(3) 带刀库的自动换刀系统。

2. 回转刀架的换刀过程

数控机床使用的回转刀架是比较简单的自动换刀装置，常用的类型有四方刀架、六角刀架，即在其上装有四把、六把或更多的刀具。

回转刀架必须具有良好的强度和刚度，以承受粗加工的切削力。同时要保证回转刀架在每次转位的重复定位精度。下面我们以四工位的四方刀架了解一下其换刀过程及原理。

常用的四工位立式电动机刀架的换刀过程一般为刀架抬起、刀架转位、刀架压紧并定位等几个步骤。以常用的螺旋型四工位刀架为例介绍其控制原理。

图 10－1 所示为螺旋型四工位刀架结构。刀架的电源主电路参见图 3－6 所示数控系统电源原理图。图 10－2 所示为刀架电动机正、反控制线路图。

当数控系统发出换刀信号时，首先继电器 KA4 动作，换刀电动机正转驱动蜗轮蜗杆机构使上刀体 1 上升。当上刀体上升到一定的高度时，离合转盘 8 起作用，带动上刀体旋转进行选刀。刀架上方的发信盘中对应的每个刀位都安装有一个传感器(如霍尔开关、感应开关等)，传感器布置图如图 10－3 所示。当上刀体旋转到某刀位时，该刀位的传感器向数控系统输出信号，数控系统将刀位信号与指令刀位信号进行比较，当两信号相同时，说明上刀体已旋转到所选刀位。此时数控系统控制继电器 KA4 释放，继电器 KA5 吸合，换刀电动机反

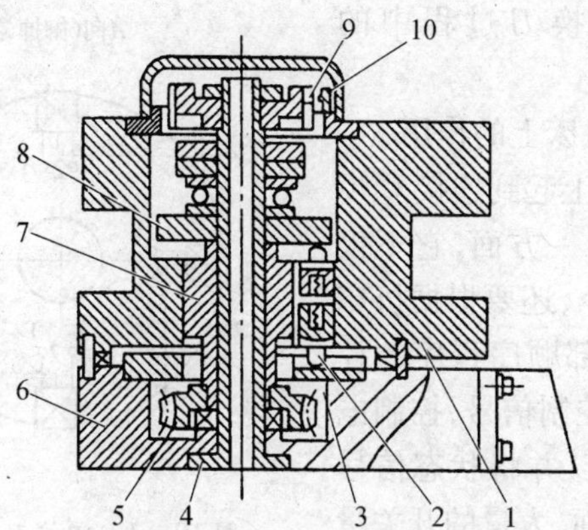

图 10-1　螺旋型四工位刀架结构

1—上刀体；2—活动销；3—反靠盘；4—定轴；5—蜗轮；6—下刀体；7—蜗杆；8—离合转盘；9—霍尔元件；10—磁钢。

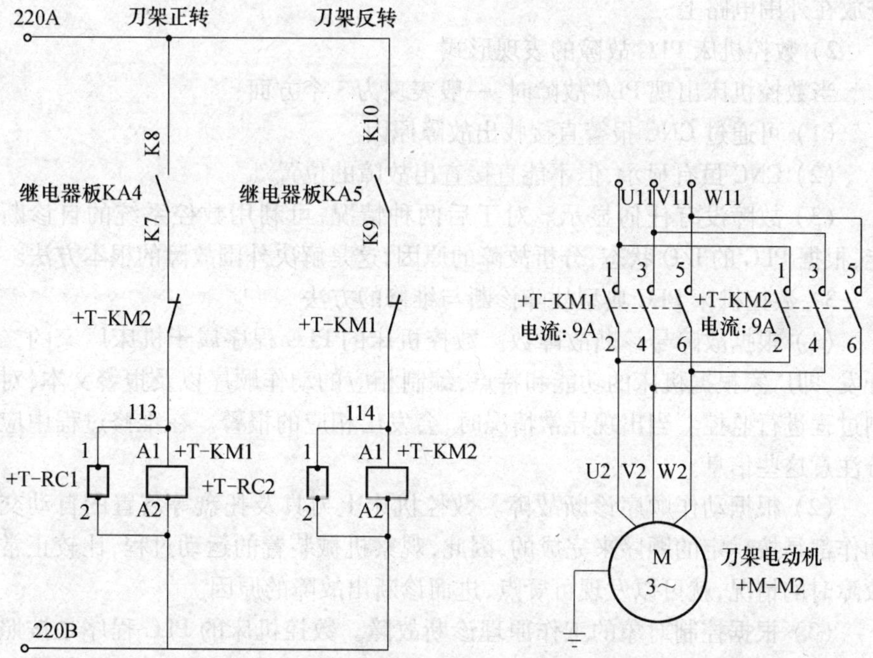

图 10-2　刀架电动机正、反控制线路

转，活动销 2 反靠在反靠盘 3 上初定位。在活动销反靠的作用下，螺杆带动上刀体下降，直至齿牙盘咬合，完成精定位，并通过蜗轮和蜗杆锁紧螺母，使刀架紧固。此时，数控系统控制继电器 KA5 释放，换刀电动机停转，从而完成换刀动作。

3. PLC在机床换刀过程中的作用

1）PLC在数控机床上的作用

PLC在数控机床上起到连接CNC与机床的桥梁作用。一方面，它不仅接收CNC的控制指令，还要根据机床侧的控制信号，在内部顺序程序的控制下，给机床侧发出控制信号，控制电磁阀、继电器、指示灯，并将状态信号发送给CNC；另一方面，大量的开关量信号在处理过程中，任何一个信号不到位，任何一个执行元件不动作，都会使机床出现故障，大多数的PLC的故障是外围接口信号故障，所以应把重点检查放在外围电路上。

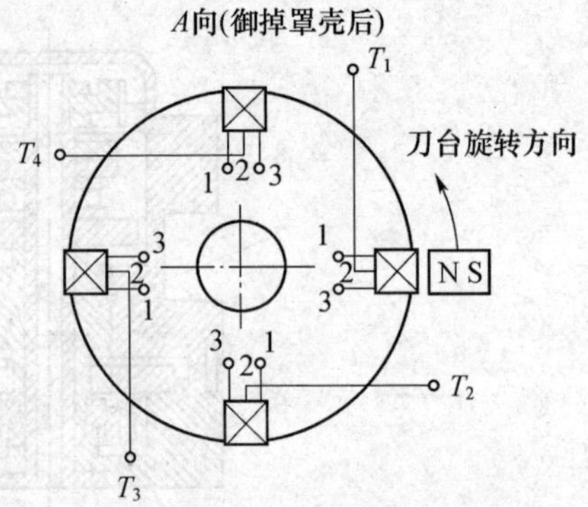

图10-3　四位刀架传感器布置图

1端—DC24V电源；2端—OUT；3端—GND；
T_1—刀位1；T_2—刀位2；T_3—刀位3；T_4—刀位4。

2）数控机床PLC故障的表现形式

当数控机床出现PLC故障时，一般表现为3个方面：

（1）可通过CNC报警直接找出故障原因。

（2）CNC虽有显示，但不能直接查出故障的位置。

（3）故障没有任何显示。对于后两种情况，可利用数控系统的自诊断功能，根据PLC的I/O状态，分析故障的原因，这是解决外围故障的根本方法。

3）数控机床PLC典型故障诊断与维修的方法

（1）根据故障号诊断故障数。数控机床的PLC程序属于机床厂家的二次开发，即厂家根据机床的功能和特点，编制相应的动作顺序以及报警文本，对控制过程进行监控。当出现异常情况时，会发出相应的报警。在维修过程中应充分注意这些信息。

（2）根据动作顺序诊断故障。数控机床上刀具及托盘等装置的自动交换动作都是按一定的顺序来完成的，因此，观察机械装置的运动过程，比较正常和故障时的情况，就可以发现可疑点，进而诊断出故障的原因。

（3）根据控制对象的工作原理诊断故障。数控机床的PLC程序是按照控制对象的工作原理来设计的，可通过对控制对象工作原理的分析，结合PLC的I/O状态来检查。

（4）根据PLC的I/O状态诊断。数控机床中I/O信号的传递一般都要通过PLC接口来实现，因此，许多故障都会在PLC的I/O接口反映出来。数控机床的这个特点为故障诊断提供了方便，即不用万用表就可以知道信号的状态，且必须要熟悉有关控制对象的正常状态和故障状态。

(5) 通过梯形图诊断故障。通过 PLC 的梯形图来分析和诊断故障，是解决数控机床外围故障的基本方法。用这种方法诊断机床故障，首先应搞清机床的工作原理、动作顺序和连锁关系，然后利用系统的自诊断功能或通过机外编程器，根据 PLC 的梯形图查看相关的 I/O 及标志位的状态，从而确定故障的原因。

(6) 动态跟踪梯形图诊断故障。有些数控系统带有梯形图监控功能，调出梯形图画面，可以看到 I/O 点状态。梯形图执行的动态过程有的需要利用机外编程器，在线状态下监控程序的运行。当有些 PLC 发生故障时，因过程变化快，查看 I/O 及标志无跟踪，此时需要通过 PLC 动态跟踪，实时观察 I/O 及标志位状态的瞬间变化，根据 PLC 的动作原理做出诊断。

4) 换刀过程中 PLC 信号的输出

从 PLC 发出的转位控制信号从数控装置的开关量输入/输出接口 XS20 输送到 PLC 的继电器输出转接板上去，从而将换刀信号输送出去。

华中世纪星 PLC 的输出信号接口 XS20 结构参见图 3－9 所示。PLC 内部编译从操作面板输入或加工程序中的换刀指令输入，换刀控制信号经过数控装置后侧的功能接口 XS20 输出。XS20 的 11、24 脚信号分别为刀架的反向与正向输出信号，在 PLC 内部程序编译的过程中，分别用 Y04、Y03 表示，同时，这两个信号的状态可以通过数控系统 PLC 输入/输出的信号状态表来进行查看。

PLC 输出转接板(继电器板)的接口结构如图 3－9 所示。由数控装置 XS20 输出的换刀信号经由互联电缆送至 PLC 开关量输出转接板 HC5301－R 的信号电缆接口上。HC5301－R 板上集成了 8 个单刀单投继电器和 2 个双刀双投继电器，可接 16 路 PLC 输出信号，其中 8 路开关量信号用于控制 8 个单刀单投继电器。这时，换刀信号送至单刀单投开关 KA4、KA5 上。KA4 为刀架正转，KA5 为刀架反转。一旦 KA4、KA5 接收到换刀信号(为高也平)，KA4、KA5 的动合触点闭合，换刀信号传送到下一级电路。

5) 换刀过程中 PLC 信号的输入

换刀过程中刀具的到位信号由安装在刀架上的霍尔传感器发出。霍尔传感器是基于霍尔效应原理的一种典型的电学传感器。当检测到有物体接近时，传感元件就会感应磁体的靠近，发出电压信号，然后经过传感器内部硬件电路处理后，形成一高电平的脉冲信号，即开关量信号。

华中世纪星数控系统 PLC 输入转接板接口结构图如图 3－7 所示。在换刀过程中，当刀架转到相应的刀位时，霍尔传感器就会发出该刀具到位控制信号，此信号为一高电平脉冲信号。霍尔传感器的输出口与 HC5301－8 输入转接板上的 N10～N13 接口连接起来，在 PLC 程序内用 X11～X14 表示。当一号刀到位时，N10对应的指示灯就会亮，依次类推。

二、换刀过程刀架转位不正常的故障分析

现有自动回转刀架，其结构主要有插销式和端齿盘式。由于刀架生产厂家无统一标准，因此，其结构、尺寸各异。而无论是哪一类刀架，要使其正常工作，均涉及到机械、电气、控制系统等多方面的稳定、可靠工作。一旦出现某种故障现象，则可能是机械原因，也可能是电气、控制系统方面的原因。因此，应根据不同故障类型，找准原因，准确迅速确定故障点，方能及时排除故障。

1. 刀架转位不正常机械故障的分析

在机械部分，引起刀架转位不正常故障的典型原因通常是刀架的预紧力过大或是刀架内部机械卡死。

(1) 刀架预紧力过大。当用六角扳手插入蜗杆端部旋转时不易转动，而用力时，可以转动，但下次夹紧后刀架仍不能启动。此种现象出现，可确定刀架不能启动的原因是预紧力过大，可通过调小刀架电机夹紧电流排除。

(2) 刀架内部机械卡死。当从蜗杆端部转动蜗杆时，顺时针方向转不动，其原因是机械卡死。首先，检查夹紧装置反定位销是否在反棘轮槽内，若在则需将反棘轮与螺杆连接销孔回转一个角度重新打孔连接；其次，检查主轴螺母是否锁死，如螺母锁死，应重新调整；再次，由于润滑不良造成旋转件研死，此时应拆开观察实际情况，加以润滑处理。

如果上述两个常见机械原因都不存在，还可能有其他机械部位故障原因，这时就要对刀架机械部分进行拆装，一一检查，以确定故障点。

2. 刀架转位不正常电气方面的原因

当判断无机械故障时，引起自动刀架无法正常转位的原因还可能是电气控制内部线路与PLC内部参数设定的问题，也就是通常所说的电气硬件故障与软件故障。

(1) 软件故障。软件故障是指由程序编制错误、机床操作失误、参数设定不正确等引起的故障，可通过正确的操作、设定合适的参数等方法避免和消除。只要将软件恢复正常之后就可排除。

(2) 硬件故障。硬件故障是指由CNC电子元器件、机床本体、限位机构等硬件因素造成的故障。可通过常规检查、故障现场分析、面板显示与指示灯显示、系统分析法、信号追踪法、动态测量法等方法来确定故障原因。

1) 刀架转位不正常电气硬件故障分析

电气控制线路中传送由PLC发出的刀架控制信号，以及由刀位信号传感器发出的转位到达信号，任一组成线路出现问题，都可能导致刀架转位不正常故

障的产生。硬件故障可能出现在以下几部分：

（1）电动刀架电源部分故障分析。参见图3－6所示刀架的电源。三相380V交流电经过自动空气开关QF1、QF2后加到刀架电动机的定子绕组上，使刀架能够产生相应的动作。

当三相电源出现无电源、缺相、相序接反、电压不正常等问题时，都可能引起刀架无法正常转位，可通过万用表来诊断电源缺相、相序接反及电压不正常。

如果在手动方式下，可实现电动刀架的正常换位，则说明机械部分、三相异步电动机、三相电源部分无故障。

（2）PLC换刀控制信号正向传送线路故障分析。由于刀架转位属于数控机床内的辅助动作，而不属于位置控制，所以是由PLC控制完成的。对与PLC有关的故障应遵循相应的思路和方法，由于有些数控系统自诊断功能较差，而且无梯形图显示，因此在诊断的过程中，应重点根据控制对象的工作原理与PLC的I/O状态两种诊断方法判断故障。

根据控制对象的工作原理可知，如果控制信号的正向传送线路出现以下故障，可能引起换刀信号无法发出，致使数控系统无法正常换刀。应重点进行下面检查：

① 数控系统接口XS20与输出转接板HC5301－R之间的互联电缆。如接触不良或损坏，应更换互联电缆或重新进行连接。

② 用万用表检查HC5301－R输出转接板的直流工作电源，如果无电压或电压过低，可能造成继电器触点不能闭合，此时应检查直流稳压电源的输出或检查电源输入线是否断线或松脱，如是则应重新接线或更换电源线。

③ 断电检查输出转接板上的KA4，KA5继电器是否损坏、触点是否接触不良或连线是否松脱，应重新更换或接线。

根据控制对象的工作原理可知，控制电源与接触器如果出现故障，也可能使数控系统无法正常换刀。可通过下面的方法进行检查：

① 用万用表或电压表检查220V控制电源是否正常，检查连线是否松脱或断线，应重新接线。

② 检查KM4，KM5的线圈接线、主触点接线、辅助触点接线是否松脱、断线或接触不良，应重新接线或更换接触器。

（3）换刀到位反馈信号传送线路故障分析。当自动刀架正转到所需的刀位时，霍尔传感器上的发询盘触点就会与弹簧片触点相接触，从而将刀号到位信号反馈给PLC，此时三相异步电动机反转，进行夹紧定位。霍尔传感器发出的到位信号输送到PLC输入转接板上，由互联电缆最终传送到数控装置内部的PLC。

根据控制对象的工作原理和PLC的I/O状态可知，如果控制信号的反馈信

号传送线路出现以下故障,可能引起反馈信号无法回到数控系统内部的PLC,致使数控系统无法正常换刀:

① 利用一些简单维修工具检查到位信号的接线是否正确或松脱,触点是否接触不良,有无损坏现象。若无,手动按下正转控制接触器动合触点,使其线圈得电,三相异步电动机正转,带动刀架动作,观察到位信号所对应的PLC输入转接板上的指示灯是否按顺序点亮,若是则霍尔元件无问题,否则是霍尔元件出现问题,应及时更换。

② 检查数控系统与PLC输入转接板间的互联电缆是否接触不良或损坏,此时,可查看数控系统内部的PLC的I/O状态是否正常,若正常,则互联电缆无问题,若仍有问题,则可能是数控装置控制板损坏或是软件故障。

2) 刀架转位不正常电气软件故障分析

在硬件无故障的情况下,电动刀架仍然无法完成正常转刀,则可能是由数控系统内部软件故障引起的。

在系统PMC参数中,与自动换刀有关的参数有三个,分别是换刀超时时间P2、刀具锁紧时间P3、正转延时时间P4。换刀起时时间是为了对刀架进行保护,系统设定为10s,如果换刀过程在规定时间内不能完成,系统就会自动报警。为了能让刀架正确选择刀具以及对所选择的刀具进行锁紧,设定另外两个参数,系统默认为1s与0.1s。

检查中,如果查看参数都是正常的,而数控车床仍无法换刀,则可用机外编程器或机床操作面板字符输入对PLC换刀程序进行重新编译。如果调试后,还是不能正常换刀,则可能是数控装置控制板故障,排除的方法是与数控厂家联系或更换数控装置控制板。

【项目实施】

1. 项目实施路径

项目实施路径如图10-4所示。

2. 项目实施步骤

(1) 布置项目任务,对项目实施时间、最终质量、安全生产、文明生产、环保意识做出具体要求。

(2) 从回转式换刀装置的机械结构出发,对数控车床电动刀架转位不正常可能的机械故障进行分析。

(3) 从电动刀架转位信号的传送线路出发,对数控车床刀架转位不正常可能的电气硬件故障进行分析。

(4) 从电动刀架换位控制的内部PMC参数设置出发,对数控车床刀架转

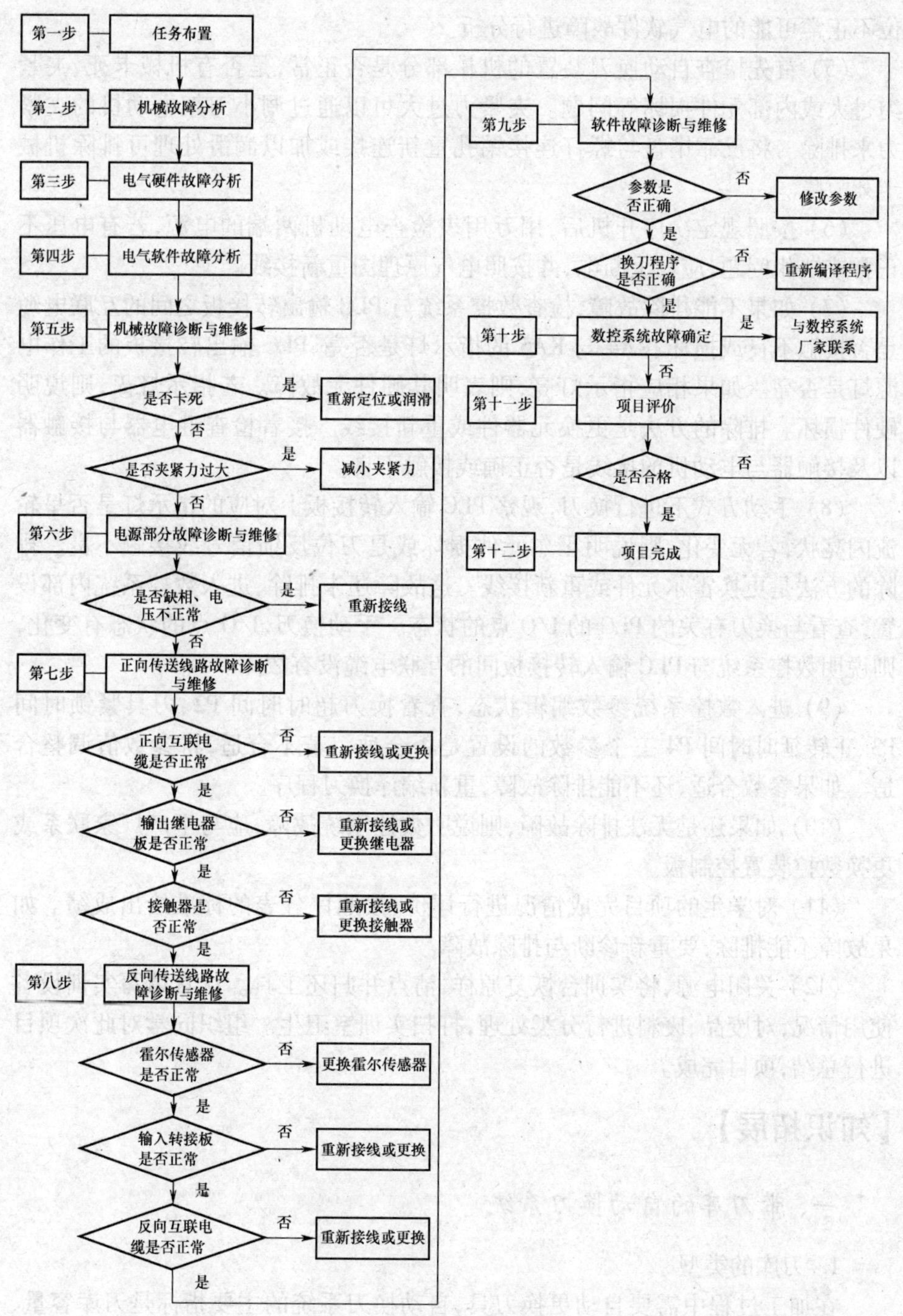

第一步
任务布置
第二步
机械故障分析
第三步
电气硬件故障分析
第四步
电气软件故障分析
第五步
机械故障诊断与维修
是否卡死
是
重新定位或润滑
否
是否夹紧力过大
是
减小夹紧力
否
第六步
电源部分故障诊断与维修
是否缺相、电压不正常
是
重新接线
否
第七步
正向传送线路故障诊断与维修
正向互联电缆是否正常
否
重新接线或更换
是
输出继电器板是否正常
否
重新接线或更换继电器
是
接触器是否正常
否
重新接线或更换接触器
是
第八步
反向传送线路故障诊断与维修
霍尔传感器是否正常
否
更换霍尔传感器
是
输入转接板是否正常
否
重新接线或更换
是
反向互联电缆是否正常
否
重新接线或更换
是
第九步
软件故障诊断与维修
参数是否正确
否
修改参数
是
换刀程序是否正确
否
重新编译程序
是
第十步
数控系统故障确定
是
与数控系统厂家联系
否
第十一步
项目评价
是否合格
否
是
第十二步
项目完成

图10－4　项目实施路径

位不正常可能的电气软件故障进行分析。

(5) 首先检查自动换刀装置的机械部分是否正常,是否有机械卡死、夹紧力过大或内部元件损坏等问题。夹紧力过大可以通过调小刀架电动机的夹紧力来排除。将反靠销盘与螺杆连接销孔重新连接或加以润滑处理可排除机械卡死故障。

(6) 按照规定次序开机后,用万用表检查电动机两端的电源,若有电压不正常或缺相问题,应马上断电,并按照电气原理图重新接线。

(7) 如果不能排除故障,检查数控系统与 PLC 输出转接板之间的互联电缆是否接触不良或损坏、KA4 与 KA5 的指示灯是否亮、PLC 输出转接板的工作电源灯是否亮。如果相应指示灯亮,则表明其硬件无故障。若指示灯灭,则说明硬件损坏。排除的方法是更换元器件或重新接线。接着检查继电器与接触器以及接触器与电动机的接线是否正确或接触不良。

(8) 手动方式下进行换刀,观察 PLC 输入转接板上对应的指示灯是否呈轮流闪亮状,若无变化,则说明霍尔元件损坏或是刀位反馈信号线接触不良。排除的方法是更换霍尔元件或重新接线。这故障还未排除,进入数控系统内部设置,查看与换刀有关的 PLC 的 I/O 点的状态。手动换刀,I/O 点的状态有变化,则说明数控系统与 PLC 输入转接板间的互联电缆没有故障。

(9) 进入数控系统参数编辑状态,查看换刀超时时间 P2、刀具紧锁时间 P3、正转延时时间 P4 三个参数的设置是否合适。若不合适,将参数值调整合适。如果参数合适,还不能排除故障,重新编译换刀程序。

(10) 如果还是无法排除故障,则说明数控系统故障,应与生产厂家联系或更换数控装置控制板。

(11) 对学生的项目完成情况进行评价,按照评分表的标准给出成绩。如果故障不能排除,要重新诊断与排除故障。

(12) 关闭电源,将实训台恢复原样,清点并归还工具。认真填写实训设备使用情况,对废品、废料进行分类处理,打扫实训室卫生。组织同学对此次项目进行总结,项目完成。

【知识拓展】

一、带刀库的自动换刀系统

1. 刀库的类型

在加工过程中需要自动更换刀具,自动换刀系统的主要指标是刀库容量、换刀的可靠性和换刀时间。这些指标直接影响加工中心的工艺性能和工作效率。

加工中心的刀库按其形式可分为盘式刀库、链式刀库等。按换刀方法不同又分有机械手换刀和无机械手换刀两种。

无机械手换刀系统的优点是结构简单，换刀可靠性较高，成本低。其缺点是结构布局受到了限制，刀库的容量少，换刀时间较长(10s～20s)，因此多用于中小型加工中心。在有机械手的自动换刀系统中，刀库的容量、刀库的形式、刀库的布局等都比较灵活，机械手的配置可以是单臂的、双臂的，甚至可有主、辅机械手，换刀时间可以缩短到几秒，甚至零点几秒。

常用的选刀方式有顺序选刀和任意选刀，顺序选刀要求加工用刀具严格按加工过程中使用的顺序放入刀库。任意选刀的换刀方式可以有刀套编码、刀具编码和记忆等方式。目前在加工中心上绝大多数都使用记忆式的任选换刀方式。这种方式是刀具号和在刀库中的放置地址对应地记忆在数控系统的PC中，刀库上装有位置检测装置，刀具在使用中无论位置如何变化，数控系统总能追踪记忆刀具在刀库中的位置，这样刀具就可以从刀库中任意取出并送回。刀库中设有机械原点，每次选刀时，数控系统可以确定取刀最短路径，就近取刀，如圆盘刀库就不会在刀库旋转超过180°的情况下选刀。图10－5所示的是斗笠式圆盘刀库和链式刀库，图(b)的右下角是回转式单臂双爪机械手。

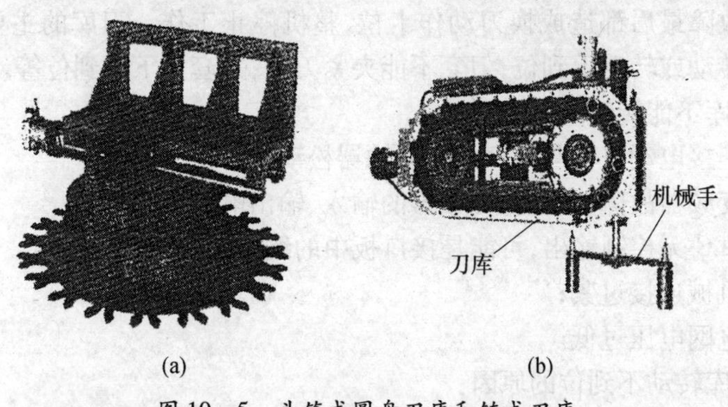

图10－5　斗笠式圆盘刀库和链式刀库

(a) 斗笠式圆盘刀库；(b) 链式刀库。

2. 刀库换刀工作原理

无机械手换刀的刀库，换刀机械部分的工作过程主要分为主轴到达换刀点、主轴定向、刀库到位、放刀、选刀、抓刀、刀库归位等步骤，其具体的控制原理为：系统发出换刀信号，主轴到达换刀位置，然后主轴定向，控制继电器动作，气缸推动刀库到达换刀位置，主轴松刀，刀库电动机起动开始选刀，当转到所需刀位时，霍尔元件电路发出到位信号，主轴吸刀，然后发出吸刀到位信号，这时气缸将刀库拉回原位，然后发出刀库到位信号，换刀完毕。

3. 刀库的维护要点

(1) 严禁把超重、超长的刀具装入刀库，防立在机械手换刀时掉刀或刀具与工件、夹具等发生碰撞；

(2) 采用顺序选刀方式时，必须注意刀具放在刀库中的顺序，其他选刀方式也要注意所换刀具是否与所需刀具一致，防止换错刀具导致事故发生；

(3) 用手动方式往刀库上装刀时，要确保装刀到位，并检查刀座上的锁紧装置是否可靠；

(4) 经常检查刀库的回零位置是否正确，检查机床主轴回换刀点位置是否到位。发现问题要及时调整，否则不能完成换刀动作；

(5) 注意保持刀具刀柄和刀套的清洁；

(6) 开机时，应先使刀库和机械手空运行，检查各部分工作是否正常，特别是行程开关和电磁阀能否正常动作。检查机械于液压系统的压力是否正常，刀具在机械手上锁紧是否可靠，发现不正常时应及时处理。

4. 刀库的常见故障及处理

刀库及换刀机械手结构较复杂，且在工作中频繁运动，所以故障率较高。如刀库运动故障，定位误差过大，机械手夹持刀柄不稳定，机械手动作误差过大等。这些故障最后都造成换刀动作卡位，整机停止工作。刀库的主要故障有：刀库不能转动或转动不到位；刀套不能夹紧刀具；刀套上下不到位等。

1) 刀库不能转动的原因：

(1) 连接电动机轴与蜗杆轴的联轴器松动；

(2) 变频器故障，应检查变频器的输入、输出电压是否正常；

(3) PLC 无控制输出，可能是接口板中的继电器失效；

(4) 机械连接过紧；

(5) 电网电压过低。

2) 刀库转动不到位的原因：

(1) 电动机转动故障；

(2) 传动机构误差。

3) 刀套不能夹紧刀具的原因：

(1) 刀套上的调整螺钉松动；

(2) 弹簧太松，造成卡紧力不足；

(3) 刀具超重。

4) 刀套上下不到位传原因：

(1) 装置调整不当或加工误差过大而造成拨叉位置不正确；

(2) 限位开关安装不正确或调整不当造成反馈信号错误。

5. 机械手故障及处理

1) 刀具夹不紧掉刀的原因:

(1) 卡紧爪弹簧压力过小;

(2) 弹簧后面的螺母松动;

(3) 刀具超重;

(4) 机械手卡紧锁不起作用等。

2) 刀具夹紧后松不开的原因:

(1) 松锁的弹簧压合过紧,卡爪缩不回,应调松螺母;

(2) 液压缸压力和行程不够。

3) 刀具交换时掉刀的原因

(1) 主轴箱没有回到换刀点或换刀点漂移;

(2) 机械手抓刀时没有到位就开始拔刀。

这时应重新移动主轴箱,使其回到换刃点位置,并重新设定换刀点。

二、刀库换刀故障案例分析

案例一:

故障现象:某加工中心换刀动作中断,且报警机械手伸出故障。

故障诊断及处理:根据报警内容,机床是因为无法执行下一步"从主轴和刀库中拔出刀具"的动作,而使换刀过程中断并报警。主轴结构如图 10-6 所示。

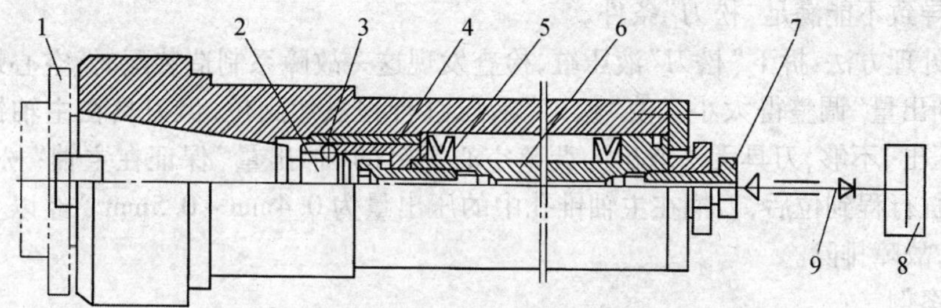

图 10-6　主轴结构示意图

1—刀具; 2—拉钉; 3—钢球; 4—椎套; 5—碟簧; 6—拉杆; 7—空心螺钉; 8—液压缸; 9—顶杆。

机械手未能伸出完成从主轴和刀库中拔刀动作,产生故障的原因:

(1)"松刀"感应开关失灵。在换刀过程中,各动作的完成信号均由感应开关发出,只有上一动作完成后,才能进行下一动作。第 3 步为"主轴松刀",如果感应开关没发出信号,则机械手"拔刀"就不会动作。检查两感应开关,信号正常。

(2)“松刀”电磁阀失灵。主轴的“松刀”是由电磁阀接通液压缸来完成的。如电磁阀失灵,造成液压缸未进油,刀具就松不了。检查主轴的“松刀”电磁阀,动作均正常。

(3)“松刀”液压缸因液压系统压力不够或漏油而不动作,或行程不到位。检查刀库“松刀”液压缸,动作正常,行程到位。打开主轴箱后罩,检查主轴“松刀”液压缸,发现也已经到达松刀位置,油压也正常,液压缸无漏油现象。

(4)机械手系统有问题,建立不起“拔刀”条件。其原因可能是电动机控制电路有问题。检查电动机控制电路系统正常。

(5)主轴系统有问题。刀具是靠蝶簧通过拉杆和弹簧卡头而将刀具柄尾端的拉钉拉紧的。松刀时,液压缸的活塞杆顶压顶杆,顶杆通过空心螺钉推动拉杆,一方面使弹簧卡头松开刀具的拉钉,另一方面又顶动拉钉,使刀具右移而在主轴锥孔中变“松”。

主轴系统不松刀的原因如下:

(1)刀具尾部拉钉的长度不够,致使液压缸虽已运动到位,而仍未将刀具顶松;

(2)拉杆尾部空心螺钉位置起了变化,使液压缸行程满足不了“松刀”的要求;

(3)顶杆出了问题,已变形或磨损;

(4)弹簧卡头出故障,不能张开;

(5)主轴装配调整时,刀具移动量调得太小,致使在使用过程中一些综合因素导致不能满足“松刀”条件。

处理方法:拆下“松刀”液压缸,检查发现这一故障系制造装配时,空心螺钉的“伸出量”调整得太小。使“松刀”液压缸行程虽然到位,但刀具在主轴锥孔中“压出”不够,刀具无法取出。调整空心螺钉的“伸出量”保证在主轴“松刀”液压缸行程到位后,刀柄在主轴锥孔中的压出量为0.4mm~0.5mm。经以上调整后,故障排除。

案例二:

故障现象:如图10-7所示,某立式加工中心换刀臂平移至C时无拔刀动作。

故障诊断及处理:

(1)ATC工作的起始动作状态是主轴保持要交换的旧刀具;

(2)换刀臂在B位置;

(3)换刀臂在上部位置;

(4)刀库已将要交换的新刀具定位。

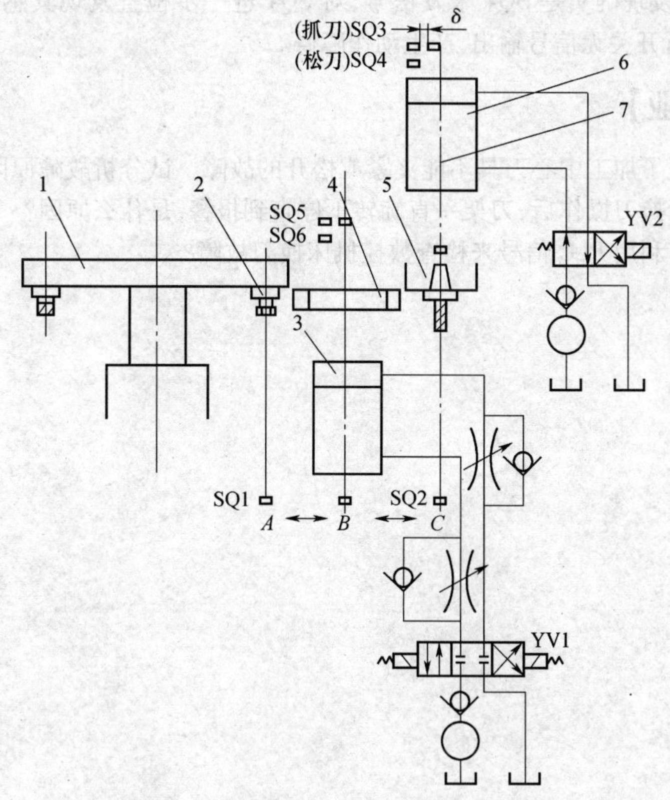

图 10-7 加工中心自动换刀过程示意图

1—刀库；2—刀具；3—换刀臂升降液压缸；4—换刀臂；5—主轴；6—主轴液压缸；7—拉杆。

自动换刀的顺序为：换刀臂左移（B→A）→换刀臂下降（从刀库拔刀）→换刀臂右移（A→B）→换刀臂上升→换刀臂右移（B→C，抓住主轴中的刀具）→主轴液压缸下降（松刀）→换刀臂下降（从主轴拔刀）→换刀臂旋转 180°（两刀具交换位置）→换刀臂上升（抓刀）→刀臂左移（C→B）→刀库转动〈找出旧刀具位置）→换刀臂左移（B→A，返回旧刀具位置）→换刀臂右移（A→B）→刀库转动（寻找下一把刀具）。

目前，换刀臂平移至 C 位置时，无拔刀动作，引起此故障的原因有：

（1）SQ2 无信号，使松刀电磁阀 YV2 未励磁，主轴仍处于抓刀状态，换刀臂不能下移；

（2）松刀接近开关 SQ4 无信号，则换刀臂升降电磁阀 YV1 状态不变，换刃臂不能下移；

（3）电磁阀有故障，接到控制信号不能动作。

经检查发现确实是 SQ4 未发信号,对 SQ4 进一步检查发现其感应间隙过大,导致接近开关无信号输出,产生动作障碍。

【项目作业】

1. 出现了加工中心刀具不能夹紧或松开的故障。试分析故障原因。
2. 执行换刀操作后,刀架一直旋转不停直到报警,是什么原因?
3. 如何利用 PLC 信号来检查数控机床换刀故障?

项目十一

加工中心主轴振动故障诊断与排除

＊知识目标

1. 熟悉主轴的准停功能与控制的方式；
2. 熟悉变频器、伺服主轴系统中编码器的连接方式；
3. 掌握数控机床主轴振动机械、电气方面故障诊断的主要方法。

＊能力目标

通过对华中世纪星系统数控加工中心主轴振动故障的分析、诊断与维修操作。初步具备准确地诊断加工中心主轴常见故障的能力。

【项目导入】

在切削过程中，华中 HNC－21T 型加工中心的主轴出现异常振动和过大噪声。现对数控机床主轴振动和噪声过大故障进行诊断与维修，使其能够正常运行。

【项目知识】

数控机床主轴振动故障属于典型的主传动系统的混合型故障。数控机床主传动系统主要包括主轴部件、主轴箱、调速主轴电动机。其中主轴部件由主轴、主轴轴承、工件或刀具自动松夹机构构成。数控机床的主传动系统的功率大小与回转速度直接影响着机床的加工效率，而主轴部件是保证机床加工精度和自动化程度的主要部件，对数控机床的性能有着决定性的影响。因此，主传动系统故障将直接关系到数控加工的质量和效率。

一、主传动系统相关概念

1. 主轴的准停功能与控制

数控机床为了完成 ATC（刀具自动交换）的动作过程，必须设置主轴准停机构。由于刀具装在主轴上，切削时切削转矩不可能仅靠锥孔的摩擦力来传递，因此在主轴前端设置一个凸键，当刀具装入主轴时，刀柄上的键槽必须与凸键对准，才能顺利换刀。为此，主轴必须准确停在某固定的角度上。由此可知主轴准停是实现 ATC 过程的重要环节。

当主轴停止时每次机械手自动装取刀具，必须保证刀柄上的键槽对准主轴的端面键，为满足主轴这一功能而设计的装置称为主轴准停装置或主轴定向装置，如图 11－1 所示。在自动换刀的数控镗铣加工中心上，切削转矩通常是通过主轴上的端面键和刀柄上的键槽来传递的，这就要求主轴具有准确轴向定位功能。

通常主轴准停机构分为机械控制式与电气控制式两种。机械控制方式采用机械凸轮机构或光电盘方式进行粗定位，然后由一个液动或气动的定位销插入主轴上的销孔或销槽实现精确定位，完成换刀后，定位销退出主轴才开始旋转。采用这种传统方法定位，结构复杂，在早期数控机床上使用较多。

目前大多数数控机床采用电气方式定位。电气准停有 3 种方式，即磁传感器型、编码器型以及数控系统控制完成的主轴准停。

1）磁传感器准停

磁传感器主轴准停控制由主轴驱动装置自身完成。

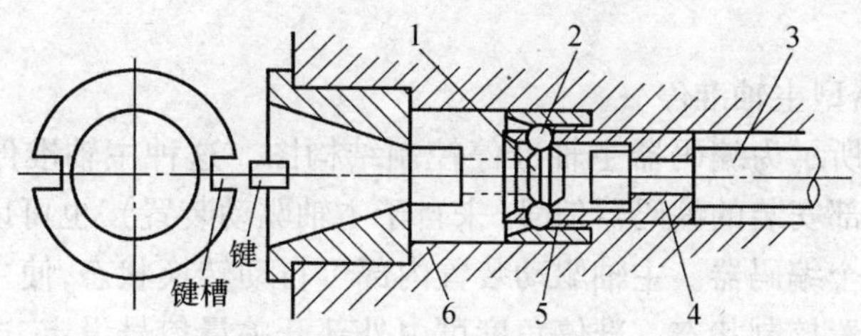

图 11-1　主轴头部定位夹紧示意图

1—刀柄拉钉；2—钢球；3—主轴拉杆；4、5—套筒；6—主轴。

当执行 M19 指令时，数控系统只需发出主轴启动命令 ORT 即可。主轴驱动完成准停后会向数控装置输出完成信号 ORE，然后数控系统再进行下面的工作，其基本结构如图 11-2 所示。

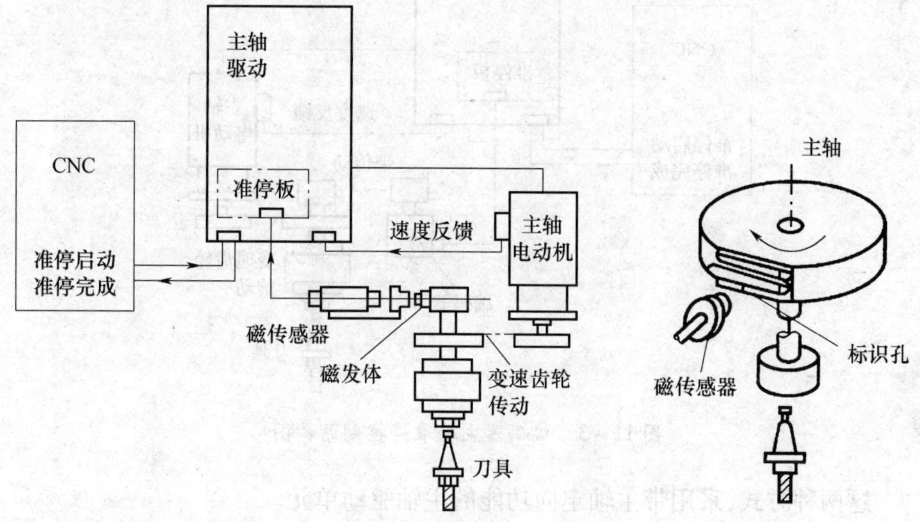

图 11-2　磁传感器主轴准停控制基本结构

由于采用了磁传感器，故应避免产生磁场的元件（如电磁线圈、电磁阀等）与磁发体和磁传感器安装在一起。采用磁传感器准停步骤如下：

当主轴转动或停止时，接收到数控装置发来的准停开关信号 ORT，主轴立即加速或减速至某一准停速度（可在主轴驱动装置中设定）。主轴到达准停速度且接近准停位置时（即磁发体与磁传感器对准），主轴立即减速至某一爬行速度（可在主轴驱动装置中设定）。当磁传感器信号出现时，主轴驱动立即进入磁传感器作为反馈元件的位置闭环控制，目标位置为准停位置。准停完成后，主轴驱动装置输出准停完成信号 ORE 给数控装置，从而可进行自动换刀（ATC）

或其他动作。

2）编码器型主轴准停

图 11－3 所示为编码器主轴准停控制结构图。这种主轴准停方式可采用主轴电动机内部安装的编码器信号(来自于主轴驱动装置)，也可以在主轴上直接安装另外一个编码器。主轴驱动装置内部可自动转换状态，使主轴驱动处于速度控制或位置控制状态。准停角度可由外部开关量信号设定，这一点与磁传感器准停不同。磁传感器准停的角度无法随意设定，要调整准停位置，只有调整磁发体与磁传感器的相对位置，其控制步骤与传感器类似。

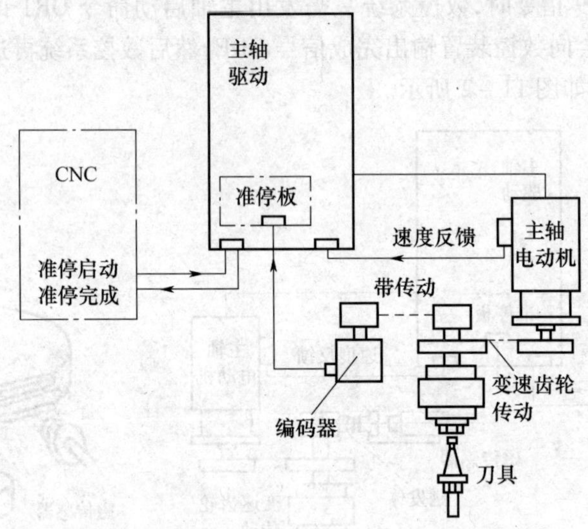

图 11－3　编码器主轴准停控制结构图

这两种方式，采用带主轴定向功能的主轴驱动单元。

3）数控系统准停

这种准停控制方式的准停功能是由数控系统完成的。采用这种控制方式需注意以下问题：

(1) 数控系统必须具有主轴闭环控制功能。为避免冲击，主轴驱动通常都具有软启动功能，但这会对主轴位置闭环控制产生不良影响。此时若位置增益过低则准停精度和刚度(克服外界扰动的能力)不能满足要求而位置增益过高则会产生严重的定位振荡现象。因此必须使主轴进入伺服状态，此时其特性需要与进给伺服系统相近，才可进行位置控制。

(2) 当采用电动机轴端编码器将信号反馈给数控装置时，主轴传动链精度会对准停精度产生影响。

数控系统控制主轴准停的原理与进给位置控制的原理非常相似。采用数控系统控制主轴准停时,角度指定由数控系统内部设定,因此准停角度可更方便地设定。

数控系统准停步骤:数控系统执行 M19 或 M19S 时,首先将 M19 送至 PLC,经译码送出控制信号,使主轴驱动进入伺服状态,同时数控系统控制主轴电动机降速并寻找零位脉冲 C,然后进入位置闭环控制状态。

如执行 M19 而无 S－指令,则主轴定位于相对于零位脉冲 C 的某一默认位置(可由数控系统设定)。如执行 M19S－,则主轴定位于指令位置,也就是相对零位脉冲 S－的角度位置。

2. 主轴编码器的连接

1）交流变频主轴

采用交流变频器控制交流变频电机,可在一定范围内实现主轴的无级变速,这时需利用数控装置的主轴控制接口 XS9 中的模拟量电压输出信号作为变频器的速度给定,采用开关量输出信号 XS20、XS21 控制主轴启、停或正、反转。一般连接如图 11－4 所示。

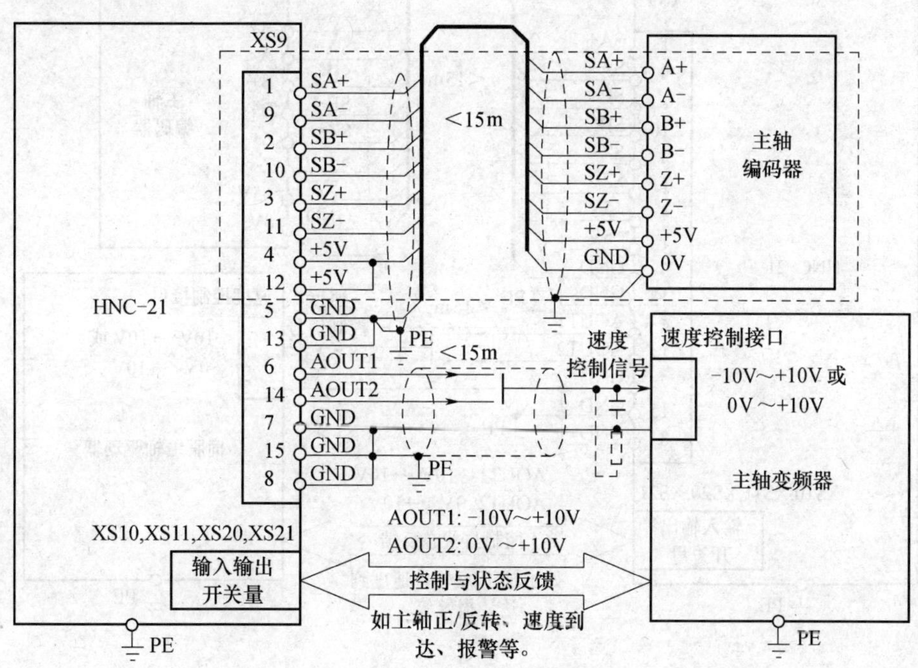

图 11－4　HNC－21 数控装置与主轴变频器的接线图

采用交流变频主轴时，由于低速特性不很理想，一般需配合机械换挡以兼顾低速特性和调速范围。通过 XS9 主轴控制接口可外接主轴编码器。

2）主轴伺服系统的连接

采用伺服驱动主轴可获得较宽的调速范围和良好的低速特性，还可实现主轴定向控制。HNC－21T 通过 XS9 主轴控制接口中的模拟量输出可控制主轴转速，其中 AOUT1 的输出范围为－10V～＋10V，其用于双极性速度指令输入的主轴驱动单元或变频器，此时采用使能信号控制主轴的起、停。AOUT2 的输出范围为 0V～＋10V，其用于单极性速度指令输入的主轴驱动单元或变频器，此时采用主轴正转、反转信号控制主轴的正、反转。通常情况下采用 0V～＋10V 单极性速度指令输出，利用 PLC 输出控制启停（或正、反转）及定向控制。

主轴位置信息通过主轴编码器，可利用主轴伺服本身反馈到数控装置接口 XS9，如图 11－5 所示。也可外接主轴编码器如图 11－6 所示。

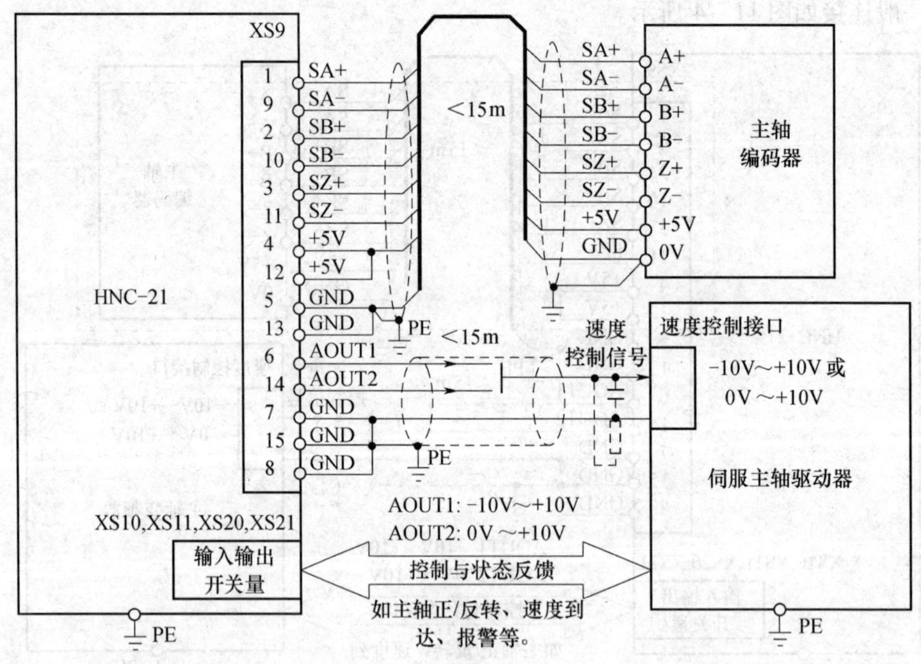

图 11－5　HNC－21 数控装置与主轴伺服的接线图—位置反馈来自主轴伺服

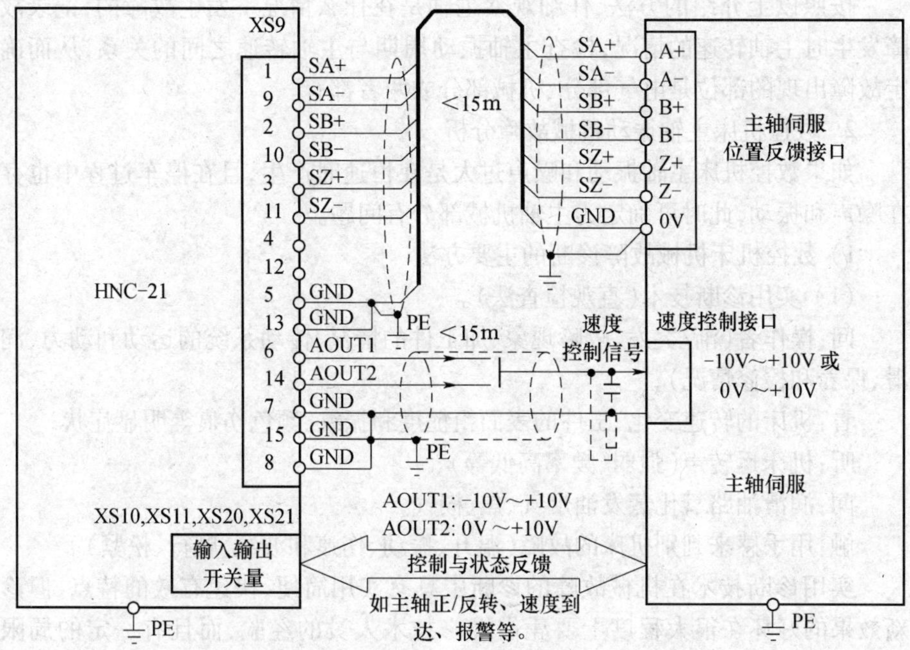

图 11－6　HNC－21 数控装置与主轴伺服的接线图—位置反馈来自外部编码器

二、数控机床主轴振动故障分析

由于数控机床的主轴驱动广泛采用交、直流伺服电动机,这就使得主传动的功率和调速范围较普通机床大为增加。同时,为了进一步满足对主传动调速和转矩输出的要求,数控机床常采用机电结合的方法,即同时采用电动机调速和机械齿轮变速这两种方法。华中加工中心的主传动系统就是由电气调速和机械齿轮调速组成的,因此当主轴发生振动故障时,要考虑主轴机械驱动部分和主轴电气部分两方面的原因。

1. 主轴振动、噪声过大时,区别电气故障还是机械故障的方法

(1) 如果主轴振动或噪声过大是在减速过程中发生,则可以判断为驱动装置造成的,如交流驱动中的再生回路故障。

(2) 如果主轴振动或噪声过大是在恒转速时产生,可通过观察主轴停车过程中是否有噪声和振动来区别。如存在,则主轴机械部分有问题。

(3) 检查振动周期是否与转速有关,如无关,一般是主轴驱动装置未调整好;如有关,应检查主轴机械部分是否良好,测速装置是否正常。

按照以上介绍的方法，仔细观察主轴是在什么情况下发生故障的，记录故障发生时主轴转速的情况，检查主轴振动周期与主轴转速之间的关系，从而确定故障出现的部位是电气部分、机械部分或两者都有。

2. 数控机床主轴振动机械故障分析

如果数控机床主轴振动和噪声过大是在恒速时产生，且在停车过程中也存在噪声和振动，此时可确定为主轴机械部分有问题。

1）数控机床机械故障诊断的主要方法

(1) 实用诊断技术（直观检查法）。

问：操作者（渐/突发、故障现象、加工件的情况、传动系统的运动和动力、润滑、保养和检修情况）；

看：机床的转速变化、工件的表面粗糙度和振纹、颜色伤痕等明显症状；

听：机床运转声（强弱、频率高低等）；

闻：润滑油路氧化蒸发油烟气、焦、糊气；

触：用手感来判别机床的故障（温升、振动、伤痕和波纹、爬行、松紧）。

实用诊断技术在机械故障的诊断中具有实用简便、快速有效的特点，但诊新效果的好坏在很大程度上要凭借维修技术人员的经验，而且有一定的局限性，对一些疑难故障难以奏效。

(2) 机械振动检测诊断法。以机床振动作为信息源，在机床运行过程中获取信号，对信号作各种处理和分析，通过某些特征量的变化来判别有无故障，根据由以往诊断经验形成的一些判据来确定故障的性质，并综合一些其他依据来进一步确定故障的部位。具有实用可靠、判断准确的特点。

(3) 温度检测法。

(4) 噪声监测法。

2）数控机床机械故障的常规处理方法

数控设备机械故障出现后，不要急于动手处理，首先要查看故障记录，向操作人员询问故障发生的全过程。特别注意确定以下主要故障信息：

(1) 机械故障发生时有什么报警；如无报警，系统处于何种工作状态，系统的自诊断结果是什么。

(2) 故障发生在哪个部位，执行了何种指令，故障发生前进行了何种操作，轴处于什么位置，与指令值的误差量有多大。

(3) 以前是否发生过类似故障，现场有无异常现象等。

检查分析故障原因时，按照先简单后复杂、先外部后内部原则进行。

3）典型故障形式

(1) 主轴润滑不良故障。首先应检查是否缺润滑油，若是则应加注润滑油。接着检查导油管是否漏润滑油,若是则应更换导油管。最后检查润滑电路是否故障,若是则应及时对其进行检修。

(2) 主轴负载过大。尝试减少负载,如果故障消失,则为主轴负载过大故障,此时,应重新考虑负载条件,减轻负载。

(3) 轴承预紧力不够或预紧螺钉松动。检查轴承的预紧力情况,重新调紧预紧螺钉。

(4) 游隙过大或齿轮啮合间隙过大。应重新调整机床间隙。

(5) 主轴与主轴电动机之间的连接皮带过紧。在停机的情况下,检查皮带松紧程度,如果不合适,则要调整皮带的连接。

(6) 轴承故障、主轴和主轴电动机之间的离合器故障。通过目测法,判断机械连接是否正常,若不正常,要调整轴承。

(7) 主轴部件上的动平衡不好。将主轴电动机以最高速度运行,马上关掉电源,使其惯性运转,用实用诊断技术中的"听"检查是否仍有异常噪声,若有则应校核主轴部件上的动平衡条件,然后将主轴部件调整到合适状态。

(8) 轴承拉毛或损坏。此时需要拆开相关的机械结构来自测观察,如果出现拉毛或损坏情况,应更换轴承。

(9) 齿轮严重损坏。拆开主轴部件内部结构,观察齿轮结构,发现问题时,应及时更换。

3. 数控机床主轴振动电气故障分析

1) 故障原因

主轴在加工过程中出现异常的电气故障,按照主轴伺服系统的结构,可以初步确定为以下几个原因:

(1) 电源故障;

(2) 主轴驱动器故障;

(3) 反馈信号不正常;

(4) 主轴电动机故障;

(5) 速度控制信号引起的故障。

2) 主轴伺服系统的故障形式与诊断方法

数控机床主轴伺服系统故障有两种表现形式:一种是无报警信息故障;另一种是有报警信息故障。报警信息故障分为两种:一种是由监视器显示故障信息的故障;另一种是由主轴驱动装置的数码管或指示灯显示故障信息的故障。

(1) 数控机床主轴伺服系统无报警信息的故障。

① 主轴转速与指示值不符。故障的原因一般是 CNC 装置输出的 -10V ~ +10V 转速模拟量偏离转速指令对应的数值。

检查 CNC 装置模拟量输出是否有问题，如有问题则检查模拟量输出电缆线连接是否松动。

如果模拟量输出正常，则检查 CNC 装置和变频器模拟量的参数是否正确设置。

② 主轴噪声和振动。如果在主轴恒速运行过程中，反馈信号正常，主轴电动机在自由停车的过程中有异常噪声和振动，那么这种情况一般属于主轴机械的问题。如果噪声和振动周期与主轴转速有关，那么基本上是主轴机械部分的问题。

③ 干扰。当 CNC 没有输出速度指令时，主轴有往返运动，调整零速平衡和漂移补偿不能消除该故障，这多半是由电磁干扰、屏蔽和接地措施不良造成的。因此，电源进线要采取抗干扰措施，走线要合理，信号线和反馈线要进行屏蔽，接地要可靠。

(2) 数控机床主轴伺服系统有报警信息的故障。

① 过载。故障的原因可能是在加工过程中，因切削量过大、主轴正反转频繁、主轴电动机冷却系统不良、主轴电动机内部风扇损坏、主轴电动机与主轴驱动装置之间的连线断开或接触不良因素引起的。过载时，主轴电动机过热，CNC 和主轴驱动装置提示报警信息。检查上述可能引起故障的各种因素，逐一排除。

② 主轴异常噪声和振动。该故障有以下两种情形：

a. 如果故障发生在主轴减速过程，可能是由于主轴驱动装置内再生回路的晶体管模块损坏；

b. 如果异常噪声和振动周期与主轴转速无关，可能是由于主轴驱动装置未调整好或驱动装置的控制电路不良，测速装置有故障。

③ 主轴转速偏离指令值。该故障有以下几种情形：

a. 主轴电动机的负载过大，或主轴的转速极限值设定太小而造成主轴电动机过载，会引起主轴转速偏离指令值；

b. 如果问题发生在主轴减速过程中，可能是由于再生回路的控制有故障或再生回路中的晶体管模块损坏；

c. 速度反馈信号出现故障、速度反馈信号电缆线接触不良或断线；

d. 主轴驱动装置有故障。

④ 主轴转速与进给不同步。当数控机床进行螺纹切削、攻牙或其他需要主轴转速与进给坐标轴进行同步配合的加工动作时，要依靠脉冲编码器配合工作。当主轴转速与进给不同步时，一般是由于脉冲编码器有故障，反馈信号异常。

⑤ 主轴定位抖动。该故障有以下两种情形：

a. 主轴定位一般分为机械准停定位、电气准停定位和脉冲编码器的准停定位。当主轴定位抖动时，准停装置可能有故障；

b. 主轴定位要有一个减速过程，如果减速或增益参数设置不当，会引起主轴定位抖动。

⑥ 主轴电动机不转。该故障有以下两种情形：

a. CNC 装置没有速度信号输出，速度信号传输有故障，致使信号没有接通，主轴的启动条件如润滑、冷却等制约了主轴启动；

b. 如果有主轴准停信号，则控制信号的流程可能有问题，设定不正确或准停装置有故障。

3）典型故障案例

（1）再生回路故障。这时，应检查驱动装置再生回路处的熔丝是否熔断，晶体管是否有损坏，若是，应重新更换熔丝、晶体管。

（2）主印制电路板硬件故障。如果振动噪声故障是在快速过程中发生的，则应检查驱动装置反馈电压是否正常，如果正常，则突然切断电动机，观察电动机在自由停转过程中是否有异常噪声；若无噪声，故障多数出在印制电路板上。如果是主印制电路板故障，应进行更换或维修。

（3）主轴驱动装置未调整好故障。检查主轴振动周期是否与转速有关，如果无关，一般是主轴驱动装置未调整好，可判断为驱动装置异常，此时要根据驱动装置参数说明书设置好相关参数。

（4）系统电源故障。用万用表、相序表检查系统电压是否有缺相、相序不正确或电压不正常的情况，如果有，应重新正确接线，确保电源正常供电。

（5）反馈信号不正确。用示波器测量主轴电动机的脉冲编码器信号，检查编码器信号反馈线。如果存在接触不良或断线，则应重新更换信号线，并按照数控机床电气原理图正确连线。如果信号线良好，但反馈信号不正常时，确定为光电编码器自身故障，若重新进行清理后者仍有问题，则需检查主轴编码器电源是否正常。若正常，则要更换光电编码器或进行维修。

【项目实施】

1. 项目实施路径

项目实施路径如图 11－7 所示。

2. 项目实施步骤

（1）布置项目任务。对项目实施时间、最终质量、安全生产、文明生产、环保意识做出具体要求。

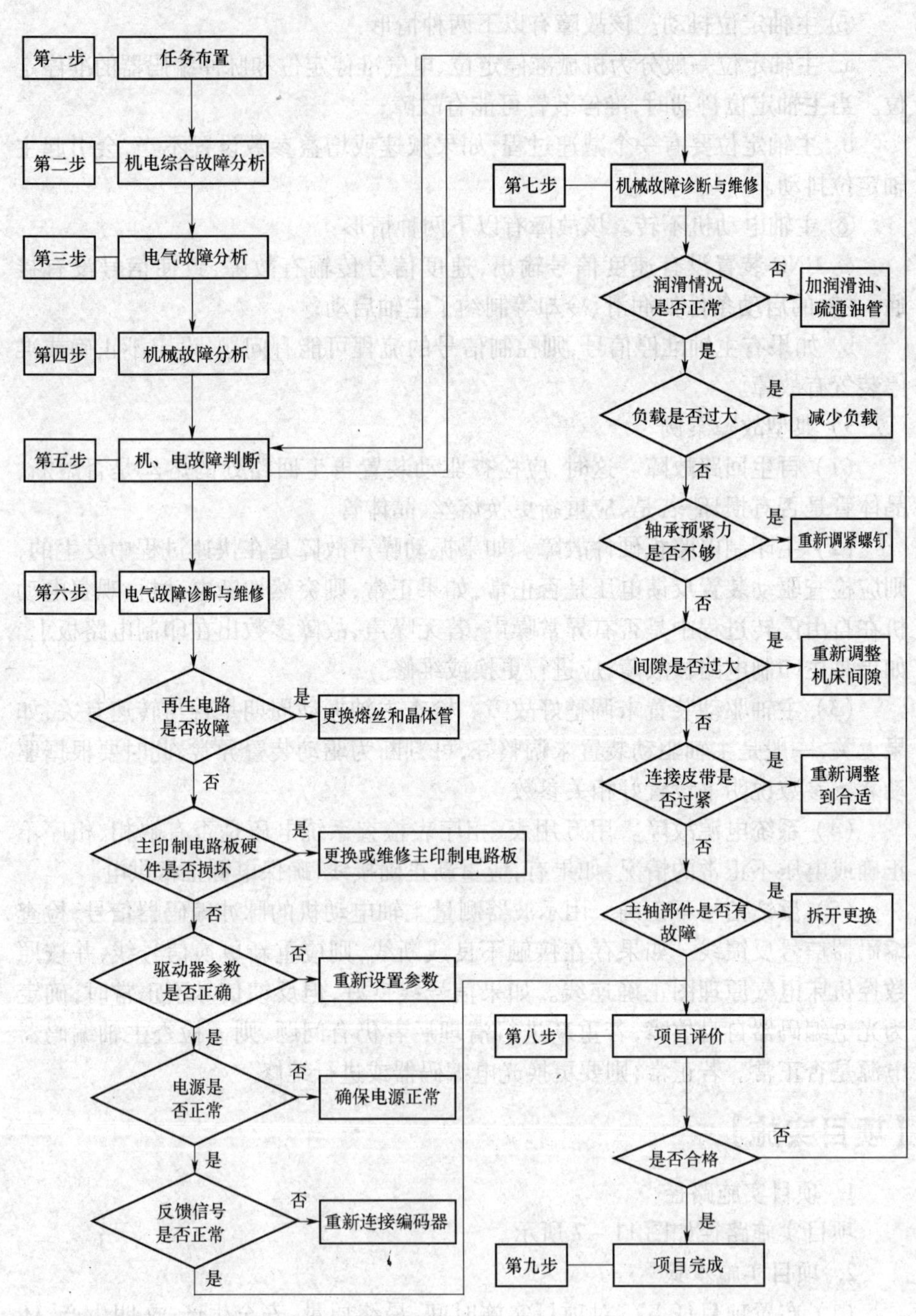

第一步
任务布置
第二步
机电综合故障分析
第三步
电气故障分析
第四步
机械故障分析
第五步
机、电故障判断
第六步
电气故障诊断与维修
再生电路
是否故障
是
更换熔丝和晶体管
否
主印制电路板硬
件是否损坏
是
更换或维修主印制电路板
否
驱动器参数
是否正确
否
重新设置参数
是
电源是
否正常
否
确保电源正常
是
反馈信号
是否正常
否
重新连接编码器
是
第七步
机械故障诊断与维修
润滑情况
是否正常
否
加润滑油、
疏通油管
是
负载是否过大
是
减少负载
否
轴承预紧力
是否不够
是
重新调紧螺钉
否
间隙是否过大
是
重新调整
机床间隙
否
连接皮带是
否过紧
是
重新调整
到合适
否
主轴部件是否有
故障
是
拆开更换
第八步
项目评价
是否合格
否
是
第九步
项目完成

图 11-7　项目实施路径

(2) 从主传动结构出发,详细分析引起主轴异常振动和噪声故障可能的原因,进一步分析区分主轴电气故障和主轴机械故障的方法。

(3) 基于主轴伺服系统的基本原理和常见故障的诊断方法,对主轴电气故障引起的主轴异常振动和噪声故障进行分析。

(4) 根据主传动轴部件的机械结构,结合数控机床常见机械故障的诊断和维修方法,对主轴部件机械故障引起的主轴异常振动和噪声故障进行分析。

(5) 首先仔细观察故障是在减速过程中还是在加速过程中出现的,接着检查停车过程中是否存在噪声,最后检查振动周期是否与转速有关。根据区别电气故障和机械故障的方法,对故障部位进行定位。

(6) 电气故障诊断阶段,检查驱动装置再生回路处的熔丝是否熔断,晶体管是否有损坏,若是则应重新更换熔丝、晶体管。如果振动噪声故障是在快速过程中发生的,则应检查驱动装置反馈电压是否正常,如果正常,则突然切断电动机,观察电动机在自由停转过程中是否有异常噪声。若无噪声,故障多数出在印制电路板上。如果是主印制电路板故障,应进行更换或维修。检查主轴振动周期是否与转速有关,如果无关,一般是主轴驱动装置未调整好,可判断为驱动装置异常,此时要根据驱动装置参数说明书,设置好相关参数。用万用表、相序表检查系统电压是否有缺相、相序不正确或电压不正常的情况,如果有,应重新正确接线,确保电源正常输入。用万用表检查交流电动机的电溃、是否相序不同,若是则应更换相序,使 U、V、W 三相电正常输入。用示波器测量主轴电动机的脉冲编码器信号,检查编码器信号反馈线,如果存在接触不良或断线,则应重新更换信号线,并按照数控机床电气原理图正确连线。如果信号线良好,但反馈信号不正常时,则确定为光电编码器自身故障。重新进行清理后若仍有问题,则需检查主轴编码器电源是否正常,若正常,则要更换光电编码器或进行维修。

(7) 机械故障诊断阶段,首先应检查是否缺润滑油,若是则应加注润滑油。接着检查导油管是否漏润滑油,若是则应更换导油管。最后检查润滑电路是否故障,若是则应及时对其进行检修。接着尝试减少负载,如果故障消失,则为主轴负载过大故障,此时,应重新考虑负载条件,减轻负载。注意检查轴承的预紧力情况,重新调紧预紧螺钉。游隙过大或齿轮啮合间隙过大时,重新调整机床间隙。在停机的情况下,检查皮带松紧程度,如果不合适,则要调整皮带的连接。通过目测法,判断机械连接是否正常,若不正常,要调整轴承。将主轴电动机以最高速度运行,然后马上关掉电源,使其惯性运转,用实用诊断技术中的

"听",检查是否仍有异常噪声,若有,应校核主轴部件上的动平衡条件,然后将主轴部件调整到合适状态。拆开相关的机械结构后目测观察,如果出现拉毛或损坏情况,应更换轴承。观察齿轮结构,发现问题时,应及时更换。

(8) 对学生的项目完成情况进行评价,按照评分表的标准给出成绩。如果故障不能排除,要重新诊断与排除故障。

(9) 关闭电源,将实训台恢复原样,清点并归还工具。认真填写实训设备使用情况,对废品、废料进行分类处理,打扫实训室卫生。组织同学对此次项目进行总结,项目完成。

【知识拓展】

案例一:

故障现象:加工中心主轴定位不良,引发换刀过程发生中断。

故障诊断及处理:开始时,出现的次数不多,重新开机后又能工作,但故障反复出现。在故障出现后,对机床进行仔细观察,才发现故障的真正原因是主轴在定位后发生位置偏移,且主轴在定位后如用手碰一下(和工作中在换刀时当刀具插入主轴时的情况相近),主轴则会产生相反方向的漂移。检查电气单元无任何报警。该机床的定位采用的是编码器,从故障的现象和可能发生的部位来看,电气部分的可能性比较小。而机床的机械部分又很简单,最主要的是连接,所以决定检查连接部分。

在检查到编码器的连接时,发现编码器上联接套的紧定螺钉松动,使联接套后退,造成与主轴的连接部分间隙过大而使旋转不同步。将紧定螺钉按要求固定好后,故障消除。

注意:发生主轴定位方面的故障时,应根据机床的具体结构进行分析处理,先检查电气部分,确认正常后再考虑机械部分。

案例二:

故障现象:电主轴高速旋转发热。

故障诊断及处理:电主轴运转的发热和温升问题始终是研究的焦点。电主轴单元的内部有两个在要热源:一是主轴轴承,另一个是内藏式主电动机。

电主轴单元最突出的问题是内藏式主电动机的发热。由于主电动机旁边就是主轴轴承,如果主电动机的散热问题解决不好,还会影响机床工作的可靠性。主要的解决方法是采用循环冷却结构,分外循环和内循环两种,冷却介质可以是水或油,使电动机与前后轴承都能得到充分冷却。

主轴轴承是电主轴的核心支承,也是电主轴的主要热源之一。目前的高速电主轴,大多数采用角接触陶瓷球轴承。因为陶瓷球轴承具有以下特点:

① 滚珠质量轻,离心力小,动摩擦力矩小;

② 温升引起的热膨胀小,使轴承的预紧力稳定;

③ 弹性变形量小,刚度高,寿命长。

由于电主轴的运转速度高,因此对主轴轴承的动态、热态性能有严格要求。合理的预紧力,良好而充分的润滑是保证主轴正常运转的必要条件。采用油雾润滑,雾化发生器进气压为 0.25MPa ~ 0.3MPa,选用 204#透平油,油滴速度控制在 80 滴/min ~ 100 滴/min。润滑油雾在充分润滑轴承的同时,还带走了大量的热量。同时,前、后轴承的润滑油分配是非常重要的问题,必须加以严格控制。进气口截面大于前、后喷油口截面的总和,且排气应顺畅,各喷油小孔的喷射角与轴线呈 15°夹角,使油雾直接喷入轴承工作区。

案例三:

故障现象:一台配套 FANUCⅡ型数控系统的进口卧式加工中心,S 指令无效,主轴转速仅为 1r/min ~ 2r/min,无任何报警。

故障诊断与处理:测量主轴驱动器的速度指令 PeMD 信号,发现在 0r/min ~ 4500r/min 的任何 S 指令下,VCMD 总是为“0”,进一步测量 CNC 的 S 模拟输出,其值亦为“0”,表明 CNC 的主轴速度控制指令未输出。

由于 CNC 无报警显示,故主轴速度控制指令未输出可能的原因是主轴未满足转速输出的条件。对照系统的接口信号,通过对 PLC 程序梯形图的分析发现 PLC 程序中主轴高/低速换挡的标志位、机床的高/低落速挡检测开关输入信号均为“0”,这与实际情况不符。

通过手动控制电磁阀,使机床换到低速挡后,机床的低速挡检测开关输入信号正确,PLC 中主轴低速换挡的标志位随之变为正确的状态,满足了主轴条件。在此条件下再次起动主轴,机床恢复正常。

为了进一步判断机床故障的原因,通过 MDI 方式,执行 M42(换高速挡指令)后,发现 M42 指令不能完成。检查高速挡电磁阀供电正常,但高速挡到位信号为“0”,由此判定故障部位在机床的机械或液压部分。检查主轴箱内部,发现机床的换挡机构的拨叉松动,在低速挡时,由于拨叉向下动作,可以通过自重落下,因此机床可以正常工作。换高速挡时,拨叉向上运动,拔出后不能插入齿轮。经重新安装后,机床恢复正常。

看完以上案例后,查阅相关资料,总结主传动系统常见的故障以及故障排除的方法。

【项目作业】

1. 主轴转速与指示值不符,可能的原因有哪些?

2. 加工中心主轴实现准停的方式有哪些?有何区别?

3. 主轴振动、噪声过大时,怎样判断是电气故障还是机械的故障?

4. 机床类型为普通铣床,主轴调速采用变频调速和机械调速相结合的方法。现在主轴在进行强力切削时,发生了停转现象,试分析故障原因。

项目十二

数控机床机械故障诊断与排除

＊知识目标

1. 熟悉数控机床机械故障的诊断方法；

2. 掌握主轴部件、滚珠丝杠副、刀架和刀库及换刀装置、液压传动系统故障的诊断与排除。

＊能力目标

通过学习，培养学生对主轴部件、滚珠丝杠副、刀架和刀库及换刀装置、液压传动系统的维修能力。

【项目导入】

滚珠丝杠的维修、维护。

【项目知识】

一、诊断方法

凭维修人员的感觉器官对机床进行问、看、听、触、嗅等的诊断,称为"简易诊断技术"。

1. 问

就是询问机床故障发生的经过,弄清故障是突发的,还是渐发的。一般操作者熟知机床性能,故障发生时又在现场耳闻目睹,所提供的情况对故障的分析是很有帮助的。通常应询问下列情况:

(1) 机床开动时有哪些异常现象;

(2) 对比故障前后工件的精度和表面粗糙度,以便分析故障产生的原因;

(3) 传动系统是否正常,出力是否均匀,背吃刀量和走刀量是否减小等;

(4) 润滑油品牌号是否符合规定,用量是否适当;

(5) 机床何时进行过保养检修等。

2. 看

(1) 看转速。观察主传动速度的变化,如带传动的线速度变慢,可能是传动带过松或负荷太大。对主传动系统中的齿轮,主要看它是否跳动、摆动。对传动轴主要看它是否弯曲或晃动。

(2) 看颜色。如果机床转动部位,特别是主轴和轴承运转不正常,就会发热。长时间升温会使机床外表颜色发生变化,大多呈黄色。油箱里的油也会因温升过高而变稀,颜色变样;有时也会因久不换油、杂质过多或油变质而变成深墨色。

(3) 看伤痕。机床零部件碰伤损坏部位很容易被发现,若发现裂纹时,应作一记号,隔一段时间后再比较它的变化情况,以便进行综合分析。

(4) 看工件。从工件来判别机床的好坏。若车切削后的工件表面粗糙度 Ra 数值大,主要是由于主轴与轴承之间的间隙过大,溜板、刀架等压板楔铁有松动以及滚珠丝杠须紧、松动等原因所致。若是磨削后的表面粗糙度 Ra 数值大,这主要是由于主轴或砂轮动平衡差、机床出现共振以及工作台爬行等原因所引起的。若工件表面出现波纹,则看波纹数是否与机床主轴传动齿轮的齿数相等,如果相等,则表明主轴齿轮啮合不良是故障的主要原因。

(5) 看变形。主要观察机床的传动轴、滚珠丝杠是否变形。直径大的带轮和齿轮的端面是否跳动。

(6) 看油箱与冷却箱。主要观察油或冷却液是否变质,确定其能否继续使用。

3. 听

用以判别机床运转是否正常。一般运行正常的机床,其声响具有一定的音律和节奏保持持续的稳定。机械运动发出的正常声响大致可归纳为以下几种:

(1) 一般作旋转运动的机件,在运转区间较小或处于封闭系统中时,多发出平静的“嘤嘤”声。若处于非封闭系统或运行区较大时,多发出较大的蜂鸣声。各种大型机床则产生低沉而振动声音很大的轰隆声。

(2) 正常运行的齿轮副,一般在低速下无明显的声响。链轮和齿条传动副一般发出平稳的“唧唧”声。直线往复运动的机件,一般发出周期性的“咯噔”声。常见的凸轮顶杆机构、曲柄连杆机构和摆动摇杆机构等,通常都发出周期性的“嘀哒”声。多数轴承副一般无明显的声响,借助传感器(通常用金属杆或螺钉旋具)可听到较为清晰的“嘤嘤”声。

(3) 各种介质的传输设备产生的输送声,一般均随传输介质的特性而异。如气体介质多为“呼呼”声,流体介质为“哗哗”声,固体介质发出“沙沙”声或“呵罗呵罗”声响。

掌提正常声响及其变化,并与故障时的声音相对比,是“听觉诊断”的关键。下面介绍几种一般容易出现的异声。

① 摩擦声。声音尖锐而短促,常常是两个接触面相对运动的研磨。如带打滑或主轴轴承及传动丝杠副之间缺少润滑油,均会产生这种异声。

② 泄漏声。声小而长,连续不断,如漏风、漏气和漏液等。

③ 冲击声。音低而沉,如气缸内的间断冲击声,一般是由于螺栓松动或内部有其他异物碰击。

④ 对比声。用手锤轻轻敲击来鉴别零件是否缺损,有裂纹的零件敲击后发出的声音就不那么清脆。

4. 触

用手感来判别机床的故障,通常有以下几方面:

(1) 温升。人的手指触觉是很灵敏的,能相当可靠地判断各种异常的温升,其误差可准确到3℃ ~5℃。根据经验,当机床温度在0℃左右时,手指感觉冰凉,长时间触模会产生刺骨的痛感;10℃左右时,手感较凉,但可忍受;20℃左右时,手感到稍凉,随着接触时间延长,手感潮湿;30℃左右时,手感微温有舒适感;40℃左右时,手感如触摸高烧病人;50℃以上时,手感较烫,如掌心触摸的时间较长可有汗感;60℃左右时,手感很烫,但可忍受 10 秒左右;70℃左右时,手有灼痛感,且手的接触部位很快出现红色;80℃以上时,瞬时接触会感到如同"火烧",时间过长,可出现烫伤。为了防止手指烫伤,应注意手的触模方法,一般先用右手并拢的食指、中指和无名指指背中节部位轻轻触及机件表面,断定对皮肤无损害后,才可用手指肚或手掌触模。

(2) 振动。轻微振动可用手感鉴别,至于振动的大小可设一个固定基点,用一只手去同时触摸便可以比较出振动的大小。

(3) 伤痕和波纹。肉眼看不清的伤痕和波纹,若用手指去摸则可很容易地感觉出来。摸的方法是:对圆形零件要沿切向和轴向分别去模;对平面则要左右、前后均匀去摸。摸时不能用力大大,只轻轻把手指放在被检查面上接触便可。

(4) 爬行。用手摸可直观的感觉出来,造成爬行的原固很多,常见的是润滑油不足或选择不当、活塞密封过紧或磨损造成机械摩擦阻力加大、液压系统进入空气或压力不足等。

(5) 松或紧。用手转动主轴或摇动手轮,即可感到接触部位的松紧是否均匀适当,从而可判断出这些部位是否完好可用。

5. 嗅

由于剧烈摩擦或电器元件绝缘破损短路,使附着的油脂或其他可燃物质发生氧化蒸发或燃烧产生油烟气、焦糊气等异味,应用嗅觉诊断的方法可收到较好的效果。

数控机床机械故障的诊断方法见表 12-1。

表 12-1 数控机床机械故障的诊断方法

类型	检查方法	原理及特征	应用
简易诊断技术	问、看、听、触、嗅	借用简单工具、仪器,如百分表、水准仪、光学仪等检测。通过人的感觉,直接观察形貌、声音、温度、颜色和气味的变化,根据经验来诊断	需要有丰富的实践经验,目前,被广泛采用于现场诊断
精密诊断技术	温度监测	接触型:采用温度计、热电偶、测温贴片,热敏涂料直接接触轴承、电动机、齿轮箱等装置的表面进行测量; 非接触型:采用先进的红外测温仪、红外热像仪、红外扫描仪等遥测不宜接近的物体。 具有快速、正确、方便的特点	用于机床运行中发热异常的检测

（续）

类型	检查方法	原理及特征	应用
精密诊断技术	振动监测	通过安装在机床某些特征点上的传感器，利用振动计巡回检测，测量机床上特定测量处的总振级大小，如位移、速度、加速度和幅频特性等，对故障进行预测和监测	振动和噪声是应用最多的诊断信息。首先是强度测定、确认有异常时，再做定量分析
	噪声监测	用噪声测量计、声波计对机床齿轮、轴承在运行中的噪声信号频谱中的变化规律进行深入分析，识别和判别齿轮、轴承磨损失效故障状态	
	油液分析	通过原子吸收光谱仪，对进入润滑油或液压油中磨损的各种金属微粒和外来杂质等残余物形状、大小、成分、浓度的分析，判断磨损状态、机理和严重程度，有效掌握零件磨损情况	用于监测零件磨损
	裂纹监测	通过磁性探伤法，超声波法、电阻法、声发射法等观察零件内部机体的裂纹缺陷	疲劳裂缝可导致重大事故，测量不同性质材料的裂纹应采用不同的方法

二、主轴部件

数控机床主轴部件是影响机床加工精度的主要部件，它的回转精度影响工件的加工精度。它的功率大小与回转速度影响加工效率。它的自动变速、准停和换刀等影响机床的自动化程度。

主轴部件出现的故障有主轴运转时发出异常声音、自动调速装置故障、主轴快速运转的精度保持性故障等。表 12－2 所列为主轴部件常见的故障及其诊断方法。

表 12－2　主轴部件故障诊断

序号	故障现象	故障原因	排除方法
1	加工精度达不到要求	机床在运输过程中受到冲击	检查对机床精度有影响的各部位。特别中导轨副，并按出厂精度重新调整或修复
		安装不牢固、安装精度低或有变化	重新安装调平、紧固

（续）

序号	故障现象	故障原因	排除方法
2	切削振动大	主轴箱和床身连接螺钉松动	恢复精度后紧固连接螺钉
		轴承预紧力不够、游隙过大	重新调整轴承游隙。但预紧力不宜过大，以免损坏轴承
		轴承预紧螺母松动，使主轴窜动	紧固螺母，确保主轴精度合格
		轴承拉毛或损坏	更换轴承
		主轴与箱体超差	修理主轴或箱体，使其配合精度、位置精度过到要求
		其他因素	检查刀具或切削工艺问题
		如果是车床，则可能是转塔刀架运动部位松动或压力不够而未卡紧	调整修理
3	主轴箱噪声大	主轴部件动平衡不好	重做动平衡
		齿轮啮合间隙不均匀或严重损伤	调整间隙事更换齿轮
		轴承损坏或传动轴弯曲	修复或更换轴承，校直传动轴
		传动带长度不一或过松	调整或更换传动带，不能新旧混用
		齿轮精度差	更换齿轮
		润滑不良	调整润滑油量，保持主轴箱的清洁度
4	齿轮和轴承损坏	变挡压力过大，齿轮受冲击产生破损	按液压原理图，调整到适当的压力和流量
		变挡机构损雨水不或固定销脱落	修复或更换零件
		轴承预紧力过大或无润滑	重新调整预紧力，并使之润滑充足
5	主轴无变速	电器变挡信号是否输出	电器人员检查处理
		压力是否足够	检测并调整工作压力
		变挡液压缸研损或卡死	修去毛刺和研伤，清洗后重装
		变挡电磁阀卡死	检修并清洗电磁阀
		变挡液压缸拨叉脱落	修复或更换
		变挡液压缸窜油或内泄	更换密封圈
		变挡复合开关失灵	更换新开关
6	主轴不转动	主轴转动指令是否输出	电器人员检查处理
		保护开关没有压合或失灵	检修压合保护开关可更换
		卡紧未夹紧工件	调整或修理卡盘
		变挡复合开关损坏	更换复合开关
		变挡电磁阀体内泄漏	更换电磁阀

（续）

序号	故障现象	故障原因	排除方法
7	主轴发热	主轴轴承预紧力过大	调整预紧力
		轴承研伤或损坏	更换轴承
		润滑油脏或有杂质	清洗主轴箱，更换新油
8	液压变速时齿轮推不到位	主轴箱内拨叉磨损	选用球墨铸铁作拨叉材料
			在每个垂直滑移齿轮下方安装塔簧作为辅助平衡装置，减轻对拨叉的压力
			活塞的行程与滑移齿轮的定位相协调
			若拨叉磨损，予以更换

例如，主轴噪声的故障维修：

故障现象：CK6140 车床运行在 1200r/min 时，主轴噪声变大。

故障分析：CK6140 车床采用的是齿轮变速传动。一般来讲主轴产生噪声的噪声源主要有：齿轮在啮合时的冲击和摩擦产生的噪声；主轴润滑油箱的油不到位产生的噪声；主轴轴承的不良引起的噪声。将主轴箱上盖的固定螺钉松开，卸下上盖，发现油箱的油在正常水平。检查该挡位的齿轮及变速用的拨叉，看看齿轮有没有毛刺及啮合硬点，结果正常，拨叉上的铜块没有摩擦痕迹，且移动灵活。在排除以上故障后，卸下皮带轮及卡盘，松开前后锁紧螺母，卸下主轴，检查主轴轴承，发现轴承的外环滚道表面上有一个细小的凹坑碰伤。更换轴承，重新安装好后，用声级计检测，主轴噪声降到 73.5dB。

三、滚珠丝杠副

滚珠丝杠副故障大部分是由运动质量下降、反向间隙过大、机械爬行、润滑状况不良、轴承噪声大等原因造成的。表 12－3 为滚珠丝杠副常见故障及其诊断方法。

表 12－3　滚珠丝杠副故障诊断

序号	故障现象	故障原因	排除方法
1	加工件粗糙度值高	导轨的润滑油不足够，致使溜板爬行	加润滑油，排除润滑故障
		滚珠丝杠有局部拉毛或研损	更换或修理丝杠
		丝杠轴承损坏，运动不平稳	更换损坏轴承
		伺服电动机未调整好，增益过大	调整伺服电动机控制系统

（续）

序号	故障现象	故障原因	排除方法
2	反向误差大，加工精度不稳定	丝杠轴联轴器锥套松动	重新紧固并用百分表反复测试
		丝杠轴滑板配合压板过紧或过松	重新调整或修研，用 0.03mm 塞尺塞不入为合格
		丝杠轴滑板配合楔铁过紧或过松	重新调整或修研，使接触率达 70% 以上，用 0.03mm 塞尺塞不入为合格
		滚珠丝杠预紧力过紧或过松	调整顶紧力，检查轴向窜动值，使其误差不大于 0.015mm
		滚珠丝杠螺母端面与结合面不垂直，结合过松	修理、调整或加垫处理
		丝杠支座轴承预紧力过紧或过松	修理调整
		滚珠丝杠制造误差大或轴向窜动	用控制系统自动补偿功能消除间隙，用仪器测量并调整丝杠窜动
		润滑油不足或没有	调节至各导轨面均有润滑油
		其他机械干涉	排除干涉部位
3	滚珠丝杠在运转中转矩过大	二滑板配合压板过紧或研损	重新调整或修研压板，使 0.04mm 塞尺塞不入为合格
		滚珠丝杠螺母反向器损坏，滚珠丝杠卡死或轴端螺母预紧力过大	修复或更换丝杠并精心调整
		丝杠研损	更换
		伺服电动机与滚珠丝杠联接不同轴	调整同轴度并紧固连接座
		无润滑油	调整润滑油路
		超程开关失灵造成机械故障	检查故障并排除
		伺服电动机过热报警	检查故障并排除
4	丝杠螺母润滑不良	分油器是否分油	检查定量分油器
		油管是否堵塞	清除污物使油管畅通
5	滚珠丝杠副噪声	滚珠丝杠轴承压盖压合不良	调整压盖，使其压紧轴承
		滚珠丝杠润滑不良	检查分油器和油路，使润滑油充足
		滚珠产生破损	更换滚珠
		电动机与丝杠联轴器松动	拧紧连轴器锁紧螺钉

例如跟踪误差过大报警的故障维修。

故障现象：XK713 铣床加工过程中 X 轴出现跟踪误差过大报警。

故障分析：该机床采用闭环控制系统，伺服电动机与丝杠采用直联的连接方式。在检查系统控制参数无误后，拆开电动机防护罩，在电动机伺服带电的情况下，用手拧动丝杠，发现丝杠与电动机有相对位移，可以判断是由电动机与丝杠连接的胀紧套松动所致。紧固紧定螺钉后，故障消除。

例如机械抖动的故障维修。

故障现象：CK6136 车床在 Z 向移动时有明显的机械抖动。

故障分析：该机床在 Z 向移动时，明显感受到机械抖动。在检查系统参数无误后，将 Z 轴电动机卸下，单独转动电动机，电动机运行平稳。用扳手转动丝杠，振动手感明显。拆下 Z 轴丝杠防护罩，发现丝杠上有很多小铁屑及脏物，初步判断为丝杠故障引起的机械抖动。拆下滚珠丝杠副，打开丝杠螺母，发现螺母反向器内也有很多小铁屑及脏物，造成钢球运转流动不畅，时有阻滞现象。用汽油认真清洗，清除杂物，重新安装，调整好间隙，故障排除。

四、刀架、刀库及换刀装置

ATC 机构回转不停或没有回转、有夹紧或没有夹紧、没有切削液等。换刀定位误差过大、机械手夹持刀柄不稳定、机械手运动误差过大等都会造成换刀动作卡住，整机停止工作。刀库中的刀套不能夹紧刀具、刀具从机械手中脱落、机械手无法从主轴和刀库中取出刀具。这些都是刀库及换刀装置易产生的故障。考虑到数控车床的转塔刀架也有常见的一些故障，故列在一起。表 12－4 所列为刀架、刀库及换刀装置常见故障及其诊断方法。

表 12－4　刀架、刀库及换刀装置故障诊断

序号	故障现象	故障原因	排除方法
1	转塔刀架没有抬起动作	控制系统是否有 T 指令输出信号	如未能输出，请电器人员排除
		抬起电磁铁断线或抬起阀杆卡死	修理或清除污物，更换电磁阀
		压力不够	检查油箱并重新调整压力
		抬起液压缸研损或密封圈损坏	修复研损部分或更换密封圈
		与转塔抬起联接的机械部分研损	修复研损部分或更换零件
2	转搭转位速度缓慢或不转位	检查是否有转位信号输出	检查转位继电器是否吸合
		转位电磁阀断线或阀杆卡死	修理或更换
		压力不够	检查是否液压故障，调整到额定压力
		转位速度节流阀是否卡死	清洗节流阀或更换
		液压泵研损卡死	检修或更换液压泵

（续）

序号	故障现象	故障原因	排除方法
2	转塔转位速度缓慢或不转位	凸轮轴压盖过紧	调整调节螺钉
		抬起液压缸体与转塔平面产生摩擦，研损	松开联接盘进行转位试验；取下联接盘配磨平面轴承下的调整垫并使相对间隙保持在0.04mm
		安装附具不配套	重新调整附具安装，减少转位冲击
4	转塔转位时碰牙	抬起速度或抬起延时时间短	调整抬起延时参数，增加延时时间
5	转塔不正位	转位盘上的撞块与选位开关松动，使转塔到位时传输信号超期或滞后	拆下护罩，使转塔处于正位状态，重新调整撞块与选位开关的位置并紧固
		上下联接盘与中心轴花键间隙过大产生位移偏差大，落下时易碰牙顶，引起不到位	重新调整联接盘与中心轴的位置；间隙过大可更换零件
		转位凸轮与转位盘间隙大	塞尺测试滚轮与凸轮，将凸轮调至中间位置；转塔左右窜量保持在二齿中间，确保落下时顺利咬合；转塔抬起时用手摆动，摆动量不超过二齿的1/3
		凸轮在轴上窜动	调整并紧固固定转位凸轮的螺母
		转位凸轮轴的轴向预紧力过大或有机械干涉，使转塔不到位	重新调整预紧力，排除干涉
6	转塔转位不停	两计数开关不同时计数或复置开关损坏	调整两个撞块位置及两个计数开关的计数延时，修复复置开关
		转塔上的24V电源断线	接好电源线
7	转塔刀重复定位精度差	液压夹紧力不足	检查压力并调到额定值
		上下牙盘受冲击，定位松动	重新调整固定
		两牙盘间有污物或滚针脱落在牙盘中间	清除污物保持转塔清洁，检修更换滚针
		转塔落下夹紧时有机械干涉（如夹铁屑）	检查排除机械干涉
		夹紧液压缸拉毛或研损	检修拉毛研损部分更换密封圈
		转塔座落在二层滑板之上，由于压板和楔铁配合不牢产生运动偏大	修理调整压板和楔铁，0.04mm 塞尺塞不入

（续）

序号	故障现象	故障原因	排除方法
8	刀具不能夹紧	风泵气压不足	使风泵气压在额定范围
		增压漏气	关紧增压
		刀具卡紧液压缸漏油	更换密封装置，卡紧液压缸不漏
		刀具松卡弹簧上的螺母松动	旋紧螺母
9	刀具夹紧后不能松开	松锁刀的弹簧压力过紧	调节松锁刀弹簧上的螺母，使其最大载荷不超过额定数值
10	刀套不能夹紧刀具	检查刀套上的调节螺母	顺时针旋转刀套两端的调节螺母，压紧弹簧，顶紧卡紧销
11	刀具从机械手中脱落	刀具超重，机械手卡紧销损坏	刀具不得超重，更换机械手卡紧销
12	机械手换刀速度过快	气压太高或节流阀开口过大	保证气泵的压力和流量，旋转节流阀至换刀速度合适
13	换刀时找不到刀	刀位编码用组合行程开关、接近开关等元件损坏，接触不好或灵敏度降低	更换损坏元件

案例一：车床刀架转不到位的故障维修。

故障现象：CK6140 数控机床换刀时 3 号刀位转不到位。

故障诊断及处理：一般有两种原因，第一种是电动机相位接反，但调整电动机相位线后故障不能排除。第二种是磁钢与霍尔元件高度位置不准。拆开刀架上盖，发现 3 号磁钢与霍尔元件高度位置相差距离较大，用尖嘴钳调整 3 号磁钢与霍尔元件高度与其他刀号位基本一致，重新启动系统，故障排除。

案例二：自动换刀时刀链运转不到位的故障维修。

故障现象：TH42160 龙门加工中心自动换刀时刀链运转不到位，刀库就停止运转，机床报警。

故障诊断及处理：由故障报警知道刀库伺服电动机过载，检查电气控制系统，没有发现什么异常。可以假设：刀库链内有异物卡住；刀库链上的刀具太重；润滑不良。经过检查排除了上述可能。卸下伺服电动机，发现伺服电动机不能正常运转，更换电动机，故障排除。

五、液压传动系统

液压传动系统的主要驱动对象有液压卡盘、静压导轨、液压拨叉变速液压缸、主轴箱的液压平衡、液压驱动机械手和主轴的松刀液压缸等。液压系统的故障主要是流量、压力不足，油温过高、噪声、爬行等。表12－5为液压部分常见故障及其诊断方法。

表12－5　液压部分故障诊断

序号	故障现象	故障原因	排除方法
1	液压泵不供油或流量不足	压力调节弹簧过松	将压力调节螺钉顺时针转动使弹簧压缩，启动液压泵，调整压力
		流量调节螺钉调节不当，定子偏心方向相反	按逆时针方向逐步转动流量调节螺钉
		液压泵转速太低，叶片不能甩出	将转速控制在最低转数以上
		液压泵转向相反	调转向
		油的粘度过高，使叶片运动不灵活	采用规定牌号的油
		油量不足，吸油管露出油面吸入空气	加油到规定位置，将滤油器埋入油下
		吸油管堵塞	清除堵塞物
		进油口漏气	修理或更换密封件
		叶片在转子槽内卡死	拆开油泵修理，清除毛刺、重新装配
2	液压泵有异常噪声或压力下降	油量不足，滤油器露出油面	加油到规定位置
		吸油管吸入空气	找出泄露部位，修理或更换零件
		回油管高出油面，空气进入油池	保证回油管埋入最低油面下一定深度
		进油口滤油器容量不足	更换滤油器，进油容量应是油泵最大排量的2倍以上
		滤油器局部堵塞	清洗滤油器
		液压泵转速过高或液压泵装反	按规定方向安装转子
		液压泵与电动机联接同轴度差	同轴度应在0.05mm内
		定子和叶片磨损，轴承和轴损坏	更换零件
		泵与其他机械共振	更换缓冲胶垫
3	液压泵发热、油温过高	液压泵工作压力超载	按额定压力工作
		吸油管和系统回油管距离太近	调整油管，使工作后的油不直接进入油泵
		油箱油量不足	按规定加油

（续）

序号	故障现象	故障原因	排除方法
3	液压泵发热、油温过高	摩擦引起机械损失泄露引起容积损失	检查或更换零件及密封圈
		压力过高	油的粘度过大，按规定更换
4	系统及工作压力低，运动部件爬行	泄露	检查漏油部件，修理或更换
			检查是否有高压腔向低压腔的内泄
			将泄漏的管件、接头、阀体修理或更换
5	尾座顶不紧或不运动	压力不足	用压力表检查
		液压缸活塞拉毛或研损	更换或维修
		密封圈损坏	更换密封圈
		液压阀断线或卡死	清洗、更换阀体或重新接线
		套筒研损	修理研损部件
6	导轨润滑不良	分油器堵塞	更换损坏的定量分油器
		油管破裂或渗漏	修理或更换油管
		没有气体动力源	查气动柱塞泵有否堵塞，是否灵活
		油路堵塞	清除污物，使油路畅通
7	滚珠丝杠润滑不良	分油管是否分油	检查定量分油器
		油管是否堵塞	清除污物，使油路畅通

【项目实施】

1. 项目实施目的与要求

（1）掌握数控机床进给传动系统滚珠丝杠螺母副的结构原理与特性，掌握滚珠丝杠螺母副的装配方法、间隙调整及预紧力调整的方法；

（2）熟悉数控机床进给传动系统常用支承方式；

（3）掌握数控机床滚珠丝杠螺母副故障检查方法；

（4）熟悉数控机床滚珠丝杠螺母副维护、润滑和防护要领。

2. 项目实施工具与设备

（1）常规装配工具：轴承拆卸器 1 个、长柄一字改锥 2 把、内六角扳手 1 套、活动扳手2把、扭矩扳手1把、铜棒1根、手锤1把、什锦锉1套、三角刮刀1把、油石、细砂纸、研磨膏。

(2) 滚珠丝杠螺母副1套(含前后角接触球轴承2对、垫片式预紧机构1套、螺母式预紧机构1套、齿差式预紧机构1套)。

(3) 游标卡尺、千分尺各1把。

(4) 清洗用油槽1个、毛刷、油枪和润滑油脂等辅料。

3. 项目实施内容

1) 完成滚珠丝杠螺母副的装配

(1) 拆下前后两端的角接触球轴承两对,观察轴承内部结构,检查滚动体和内外圈接触面的磨损程度,对局部磨损处进行简单的修研处理,清洗零件;

(2) 用手转动滚珠螺母,感觉其旋转的灵活程度。将螺母从丝杠上拆下,并全部解体,观察螺母内部结构,检查滚动体和内接触面的磨损程度,对局部磨损处进行简单的修研处理,清洗零件;

(3) 将清洗后的零件擦净,加润滑脂,重新组装成各部件。

2) 3种常见滚珠丝杠螺母副间隙调整及预紧力的调整方法

(1) 双螺母垫片调整法。

(2) 双螺母螺纹调整法。利用螺母的锁紧力产生预紧力,达到消除间隙的功能。在实训时,使用扭矩扳手分别施加一定的扭矩给锁紧螺母,以产生不同的预紧力,再转动滚珠螺母,感觉其预紧程度和间隙大小。

(3) 双螺母齿差调整法。利用调整两个螺母分别向相同的方向转过一个或多个齿,使两个螺母在轴向移近了相应的距离,达到调整间隙和预紧的目的。在实训时,分别将两螺母旋转一定数量的齿数,重新确定后,再转动滚珠螺母,感觉其预紧程度和间隙大小。

3) 学习滚珠丝杠螺母副的润滑方式与特点

(1) 清洗除去丝杠上旧的润滑脂,涂上新的润滑脂;

(2) 在螺纹滚道与安装螺母的壳体空间内添加润滑脂;

(3) 各注油孔注入润滑油;

(4) 滚珠丝杠螺母副的保护与检查。

【知识拓展】

导轨是数控机床重要部件之一,在很大程度上决定数控机床的刚度、精度与精度保持性,其故障诊断与排除见表12-6。

表 12－6　导轨故障诊断

故障现象	故障原因	排除方法
导轨研伤	机床经长期使用,地基与床身水平有变化,使导轨局部单位面积负荷过大	定期进行床身导轨的水平调整,或修复导轨精度
	长期加工短工件或承受过分集中的负荷,使导轨局部磨损严重	注意合理分布短工件的安装位置,避免负荷过分集中
	导轨润滑不良	调整导轨润滑油量,保证润滑油压力
	导轨材质不佳	采用电镀加热自冷淬火对导轨进行处理,导轨上增加锌铝铜合金板,以改善摩擦情况
	刮研质量不符合要求	提高刮研修复质量
	机床维护不良,导轨里落入脏物	加强机床保养,保护好导轨防护装置
导轨上移动的部件运动不良或不能移动	导轨面研伤	用 180 号砂布修磨机床导轨面的研伤
	导轨压板研伤	卸下压板,调整压板与导轨间隙
	导轨镶条与导轨间隙太小,调得太紧	松开镶条止退螺钉,调整镶条螺栓,使运动部件运动灵活,保证 0.03mm 塞尺不得塞入,然后锁紧止退螺钉
加工面在接刀处不平	导轨直线度差	调整或修刮导轨,允差 0.015mm/500mm
	工作台塞铁松动或塞铁弯度太大	调整塞铁间隙,塞铁弯度在自然状态下小于 0.05mm/全长
	机床水平度差,使导轨发生弯曲	调整机床安装水平,保证平行度、垂直度在 0.02mm/1000mm 之内

【项目作业】

1. 数控机床机械故障诊断一般采用什么方法和手段?
2. 造成数控机床主轴箱噪声大的原因是什么?
3. 试分析滚珠丝杠副反向误差大故障产生的原因及排除方法。
4. 数控机床液压系统主要的故障现象有哪些?

附录：华中世纪星数控系统故障速查表

一、系统类故障

1. 屏幕没有显示

故障原因	措　施
系统电源不正确	(1)检查电源插座(XS1)； (2)检查输入电源是否正常，应该为24V(AC)或24V(DC)接线极性是否正确
亮度调整太低或太高	调整亮度调节开关
硬件板卡损坏	需更换系统或送厂维修

2. 屏幕没有显示但工程面板能正常控制

故障原因	措　施
亮度调整太低或太高	调整亮度调节开关
主板分辨率设置太高	调整主板COMS分辨率参数为640×480
液晶屏损坏	需更换系统或送厂维修

3. DOS系统不能启动

故障原因	措　施
文件被破坏	(1)软盘运行系统； (2)用杀毒软件检查软件系统； (3)重新安装系统软件
CF卡、电子盘物理损坏	更换CF卡、电子盘

4. 不能进入数控主菜单

故障原因	措 施
系统文件被破坏	(1)用杀毒软件检查系统; (2)重新安装系统软件
CF卡、电子盘物理损坏	更换CF卡、电子盘

5. 进入数控主菜单后黑屏

故障原因	措 施
接线电源不正确	(1)检查电源插座; (2)检查电源电压; (3)确认电源的负载能力应该不低于100W
系统文件被破坏	(1)用杀毒软件检查系统; (2)重新安装系统软件

6. 运行或操作中出现死机或重新启动

故障原因	措 施
参数设置不当	重新启动后在急停状态下检查参数,检查坐标轴参数、PMC用户参数作为分母的参数不应该为0
1. 操作同时运行了系统以外的其他内存驻留程序; 2. 调用较大的程序; 3. 调用已损坏程序	(1)等待; (2)中断零件程序的调用
系统文件被破坏	(1)用杀毒软件检查系统; (2)重新安装系统软件
DOS系统配置文件CONFIG.SYS中,同时打开的文件数量过少	设置为50或更多FILES=50
电源功率不够	(1)检查电源插座, (2)检查电源电压; (3)确认电源的负载能力应该不低于100W
硬件板卡损坏	需更换系统或送厂维修

7. 开机后系统报坐标轴机床位置丢失

故障原因	措 施
HNC－18i\19i 系统没有专门位置存储芯片	任意移动一个坐标轴
坐标轴正在移动中突然关闭系统(非必然性)	任意移动一个坐标轴

8. 系统始终保持急停状态不能产生复位信号

故障原因	措 施
急停回路没有闭合	(1)检查超程限位开关的常闭触点; (2)检查急停按钮的常闭触点,若未装手持单元或手持单元上无急停按钮,XS8 接口中的 4 和 17 脚应短接
未向系统发送复位信息	(1)检查“外部运行允许”的输入端口; (2)检查 PMC 用户参数 P[50]是否对应“外部运行允许”的输入点
PLC 软件	检查 PLC 程序
硬件板卡损坏	需更换系统或送厂维修

9. 系统始终保持复位状态

故障原因	措 施
系统复位需要完成的信号未满足要求	(1)检查输入端口; (2)检查电路; (3)检查电源模块; (4)检查驱动模块; (5)检查主轴模块; (6)检查伺服动力电源空气开关
参数设置不当	检查 PMC 用户参数 P[51]－P[63]是否对应输入点
PLC 软件	检查 PLC 程序
硬件板卡损坏	需更换系统或送厂维修

10. 系统可以手动运行但无法切换到自动或单段状态

故障原因	措　施
坐标轴超程	检查超程限位开关
系统信号未满足要求	(1)检查输入端口; (2)检查电路; (3)检查电源模块; (4)检查驱动模块; (5)检查主轴模块; (6)检查刀具夹紧/松开信号; (7)检查伺服动力电源空气开关
参数设置不当	检查 PMC 用户参数 P[51] - P[63]、P[77]是否对应输入点
PLC 软件	检查 PLC 程序
硬件板卡损坏	需更换系统或送厂维修

11. 系统跟踪误差过大或定位误差过大

故障原因	措　施
伺服驱动器未上强电	(1)检查电路; (2)检查电源模块; (3)检查驱动模块; (4)检查伺服动力电源空气开关
电机编码器反馈电缆与电机强电电缆不一一对应	检查电机接线
数控装置与伺服驱动器之间的坐标轴控制电缆未接好	检查坐标轴控制电缆(XS30 XS31 XS32 XS33)
坐标轴控制电缆受干扰	(1)坐标轴控制电缆应采用双绞屏蔽电缆; (2)坐标轴控制电缆屏蔽可靠接地; (3)坐标轴控制电缆尽量不要缠绕; (4)坐标轴控制电缆与其他强电电缆尽量远离且不要平行布置
伺服驱动器特性参数调得太硬或太软	检查伺服驱动器有关增益调节的参数,仔细调整参数
伺服驱动器参数错	(1)检查伺服驱动器控制方式; (2)检查伺服驱动器脉冲形式; (3)检查伺服驱动器电机极对数; (4) 检查伺服驱动器电机编码器反馈线数

（续）

故障原因	措　施
伺服驱动器未上使能	(1)检查输出端口； (2)检查电路； (3)检查驱动模块
系统特性参数不当	(1)检查坐标轴的加减速时间常数； (2)检查坐标轴的反馈电子分子/分母； (3)检查坐标轴参数中的最高快移动速度是否超出了电机额定转速
伺服驱动器/电机选型错误	需更换伺服驱动器/电机
伺服驱动器/电机损坏	需更换伺服驱动器/电机
硬件板卡损坏	需更换系统或送厂维修
机械卡死	调整机械

12. 回零(回参考点)时报硬件故障

故障原因	措　施
伺服电机编码器损坏	需更换伺服电机
电机编码器反馈电缆未接好或断路	(1)检查电机编码器反馈电缆； (2)需更换电机编码器反馈电缆
数控装置与伺服驱动器之间的坐标轴控制电缆未接好或断路	(1)检查坐标轴控制电缆； (2)需更换坐标轴控制电缆
硬件板卡损坏	需更换系统或送厂维修

13. 回零(回参考点)时坐标轴无反应

故障原因	措　施
系统参数错	(1)检查坐标轴参数中的回参考点方式，通常对伺服电机应设为2； (2)检查坐标轴参数中的回参考点快移和定位速度
伺服驱动器未上使能	(1)检查输出端口； (2)检查电路； (3)检查驱动模块
伺服驱动器未上强电	(1)检查电路； (2)检查电源模块； (3)检查驱动模块； (4)检查伺服动力电源空气开关

（续）

故障原因	措 施
数控装置与伺服驱动器之间的坐标轴控制电缆未接好或断路	(1)检查坐标轴控制电缆; (2)需更换坐标轴控制电缆
PLC 软件	检查 PLC 程序

14. 回零(回参考点)时坐标轴反向低速移动,直到压到超程限位开关

故障原因	措 施
坐标轴回零(回参考点)开关始终保持闭合	(1)检查坐标轴回零(回参考点)开关; (2) 按需更换坐标轴回零(回参考点)开关
系统开关量输入电缆接错或短路	(1)检查开关量输入电缆; (2)按需更换开关量输入电缆
PLC 软件	检查 PLC 程序
硬件板卡损坏	需更换系统或送厂维修

15. 回零(回参考点)精度差

故障原因	措 施
坐标轴控制电缆受干扰	(1)坐标轴控制电缆应采用双绞屏蔽电缆; (2)坐标轴控制电缆屏蔽可靠接地; (3)坐标轴控制电缆尽量不要缠绕; (4)坐标轴控制电缆与其他强电电缆尽量远离且不要平行布置
电机没有可靠接地	检查电机强电电缆
电机编码器反馈电缆不可靠	(1)需更换电机编码器反馈电缆,应采用双绞屏蔽电缆; (2)加粗位置反馈电缆中的电源线线径,如采用多根线并用; (3)电缆屏蔽层可靠接地; (4)电缆两端加磁环
伺服电机编码器损坏	需更换伺服电机
硬件板卡损坏	需更换系统或送厂维修
机械机械连接不可靠	调整机械连接

16. 两次回参考点机床位置相差一个整螺距

故障原因	措 施
坐标轴回零(回参考点)开关信号与进给电机编码器零位脉冲位置太近	调整坐标轴回零(回参考点)开关位置

17. 打开急停开关后升降轴自动下滑

故障原因	措 施
参数设置不当	检查 PMC 用户参数 P[68],增大数值
机械配重或平衡装置失效或工作不可靠	检查配重或平衡装置
伺服电机抱闸机构损坏	需更换伺服电机

18. 伺服电机抱闸无法打开或不稳定

故障原因	措 施
抱闸机构电源不正确	(1)检查抱闸机构电源是否正常,应该为 24V(DC)。必须采用稳定的开关电源供电形式,严禁采用简易桥式电路供电; (2)接线极性是否正确
无开抱闸输出	(1)检查输出端口; (2)检查开关量输出电缆; (3)检查电路
伺服电机抱闸机构损坏	需更换伺服电机
PLC 软件	检查 PLC 程序
硬件板卡损坏	需更换系统或送厂维修

19. 系统无手摇工作方式

故障原因	措 施
手持单元未连结到 XS8 接口	检查 XS8 接口
手持单元电缆未接好或断路	检查手持单元电缆
硬件板卡损坏	需更换系统或送厂维修
PLC 软件	检查 PLC 程序

20. 系统有手摇工作方式但手摇无反应

故障原因	措　施
手持单元电缆未接好或断路	(1)检查 XS8 接口; (2)检查手持单元电缆; (3)检查手摇脉冲发生器 5V 电源
手摇脉冲发生器损坏	需更换手摇脉冲发生器
手持单元的轴选择开关或倍率开关损坏	需更换手持单元
硬件板卡损坏	需更换系统或送厂维修
PLC 软件	检查 PLC 程序
参数设置错	(1)检查硬件配置参数: 部件型号:5301 标识:31 配置[0]:7 (2)检查 PMC 系统参数中手摇 0 部件号是否与硬件配置参数对应

21. 接通伺服驱动器动力电源立即出现报警

故障原因	措　施
伺服电机强电电缆相序错	检查伺服电机相序
伺服电机编码器反馈电缆与电机强电电缆不一一对应	检查电机接线
伺服电机编码器反馈电缆未接好或断路	(1)检查伺服电机编码器反馈电缆; (2)需更换电机编码器反馈电缆

22. 电机不运转

故障原因	措　施
伺服驱动器未上强电	(1)检查电路; (2)检查电源模块; (3)检查驱动模块; (4)检查伺服动力电源空气开关
数控装置与伺服驱动器之间的坐标轴控制电缆未接好	检查坐标轴控制电缆(XS30 XS31 XS32 XS33)
伺服驱动器未上使能	(1)检查输出端口; (2)检查电路; (3)检查驱动模块

（续）

故障原因	措　施
系统特性参数不当	(1)检查坐标轴的伺服驱动器型号参数； (2)检查硬件配置参数脉冲式伺服数控装置的脉冲信号类型的设置
机床锁住	按机床锁住按钮解除机床锁住状态
抱闸电机的抱闸未打开	(1)检查抱闸机构电源是否正常，应该为24V(DC)。必须采用稳定的开关电源供电形式，严禁采用简易桥接式电路供电； 2. 接线极性是否正确； 3. 检查输出端口； 4. 检查开关量输出电缆； 5. 检查电路
PLC 软件	检查 PLC 程序
伺服驱动器/电机损坏	需更换伺服驱动器/电机
硬件板卡损坏	需更换系统或送厂维修
机械卡死	调整机械

23. 伺服电机缓慢转动零漂

故障原因	措　施
伺服驱动器参数错	(1)检查伺服驱动器控制方式； (2)检查伺服驱动器脉冲形式； (3)检查伺服驱动器电机极对数； (4)检查伺服驱动器电机编码器反馈线数
数控装置与伺服驱动器之间的坐标轴控制电缆未接好	检查坐标轴控制电缆(XS30 XS31 XS32 XS33)
坐标轴控制电缆受干扰	(1)坐标轴控制电缆应采用双绞屏蔽电缆； (2)坐标轴控制电缆屏蔽可靠接地； (3)坐标轴控制电缆尽量不要缠绕； (4)坐标轴控制电缆与其他强电电缆尽量远离且不要平行布置
电机没有可靠接地	检查电机强电电缆
伺服电机编码器损坏	需更换伺服电机

24. 伺服电机静止时抖动

故障原因	措 施
伺服电机编码器反馈电缆未接好	检查伺服电机编码器反馈电缆
伺服电机编码器损坏	需更换伺服电机
伺服驱动器特性参数调得太硬	检查伺服驱动器有关增益调节的参数,仔细调整参数
伺服驱动器/电机选型错误	需更换伺服驱动器/电机

二、运行类故障

1. 系统内部报警信息

报警信息	系统状态	措 施
01h 初始化错	急停	正确设置参数,并正确连接坐标轴控制电缆
02h 参数错	急停	正确设置参数
05h 机床位置丢失	无	移动任意轴
09h 未知故障	急停	检查参数、接线、电源,重新通电
20h 正向超程	禁止轴移动	按住超程解除按钮复位后用手动方式负向移动退出超程位置
21h 负向超程	禁止轴移动	按住超程解除按钮复位后用手动方式正向移动退出超程位置
22h 正软超程超程	轴停止正向移动	负向移动超程轴
23h 负软超程超程	轴停止负向移动	正向移动超程轴
30h 硬件故障	急停	关闭电源 3 分钟后重新通电
38h 反馈异常	急停	检查轴控制电缆中的位置反馈线
40h 超速	急停	检查伺服驱动器坐标轴控制电缆,适当增加轴参数中最大进给速度参数
41h 跟踪误差过大	急停	(1)检查机械负载是否合理; (2)检查伺服驱动器动力电源是否正常; (3)检查抱闸电机的抱闸; (4)检查坐标轴参数中的最高快移速度是否超出了电机额定转速; (5)检查伺服驱动器内部参数的设置; (6)检查电机每转脉冲数是否正确; (7)检查伺服检查反馈电子齿轮比参数
44h 找不到参考点	急停	(1)检查参考点开关; (2)检查编码器反馈电缆; (3)检查编码器零位脉冲信号

2. 进给轴在低速下运行正常,在高速下抖动或报警

故障原因	措 施
电动机编码器损坏	需更换电动机

3. 开机第一次移动进给轴出现跟踪误差过大或定位误差过大报警,而如果第一次移动未报警则使用时一直正常

故障原因	措 施
电动机编码器损坏	需更换电动机

4. 车床加工中轴未移动到位即开始换刀造成打刀

故障原因	措 施
坐标轴超程报警但系统未停止运行	(1)检查超程限位开关的触点,多数情况下超程限位开关进水容易出现该故障; (2) 更换超程限位开关; (3) 检查超程报警电路
软件问题	软件版本太低,升级软件

5. 采用小线段加工时有停顿现象

故障原因	措 施
未用小线段连续加工指令	在加工程序的第一个 G01 程序段中增加 G64 指令
伺服驱动器的增益调整不当	(1)检查伺服驱动器的位置环增益和速度环增益,可根据具体情况适当增加各轴位置环增益和速度环增益; (2) 可根据具体情况适当减少各轴加减速时间常数
系统参数调整不当	(1) 根据具体情况适当减少系统参数中坐标轴参数的加减速时间常数和加减速捷度时间常数; (2) 适当增加系统参数中坐标轴参数的定位允差; (3) 适当增加系统参数中通道参数的移动轴拐角误差和旋转轴拐角误差
丝杠间隙改变	(1) 检查系统参数中坐标轴参数的定位允差是否小于系统参数中该坐标轴补偿参数的反向间隙; (2)在丝杠间隙不大于允许范围内时(通常丝杠间隙小于 0.06mm),可适当增加系统参数中坐标轴参数的定位允差。否则应维修机械

(续)

故障原因	措　施
加工程序线段过短	采用 CAD/CAM 软件生成的 G 代码加工程序时应尽量避免圆弧半径小于 0.1mm 和直线段小于定位允差
软件问题	软件版本太低,升级软件

6. 加工圆或圆弧时 45 度方向超差

故障原因	措　施
两个联动轴的伺服驱动器增益调整不当	(1)检查两个联动轴的伺服驱动器位置环增益和速度环增益; (2)一般可先将两个联动轴的伺服驱动器位置环增益和速度环增益分别调整为相同,再根据具体情况细调各轴增益

7. 攻丝不能执行

故障原因	措　施
主轴旋转方向与主轴编码器反馈不一致	(1)检查主轴旋转方向; (2)检查系统参数中的机床参数:主轴编码器方向,可用 32 或 33 来改变主轴编码器反馈方向
主轴编码器反馈电缆未接好或断路	(1)检查主轴编码器反馈电缆; (2)按需更换主轴编码器反馈电缆
主轴编码器损坏	需更换主轴编码器
软件问题	软件版本太低,升级软件
硬件板卡损坏	需更换系统或送厂维修

8. 加工螺纹(攻丝)时,有乱丝现象

故障原因	措　施
主轴编码器每转脉冲数设置错误	正确设置主轴编码器每转脉冲数
主轴编码器的电源供电功率不够	主轴编码器所需电源功率若高于 HNC－21(XS9)接口的输出能力则应为主轴编码器单独提供 5V(DC)电源
主轴编码器反馈电缆不可靠	(1)按需更换主轴编码器反馈电缆,应采用双绞屏蔽电缆; (2)加粗位置反馈电缆中的电源线线径,如采用多根线并用; (3)电缆屏蔽层可靠接地; (4)电缆两端加磁环

（续）

故障原因	措　施
机械松动	检查联接的部分是否有松动
主轴的机械连接不是1:1	更换机械连接
电机编码器损坏	需更换电机编码器
硬件板卡损坏	需更换系统或送厂维修

9. HNC－18i/19i 系统车螺纹时主轴速度大于200r/min 报警超速

故障原因	措　施
系统参数调整不当	检查系统参数中的机床参数：主轴编码器方向 18i/19i 系统的编码器参数必须设置为 32 若主轴旋转方向与主轴编码器反馈不一致，可将主轴编码器反馈信号 A 和 B 交换，A－和 B－交换
没有可靠接地	按要求对整个系统可靠接地每个单元或器件均应可靠接地，驱动器与数控装置的信号地应可靠共地

10. 刀架能选刀，但刀架偏了一个角度

故障原因	措　施
刀架刀位信号模块的电源不正确	检查模块的电源是否正常，通常的刀架刀位信号模块应该为 DC24V
无刀架反转输出	(1)检查输出端口； (2)检查开关量输出电缆； (3)检查电路
刀架反转继电器或接触器坏	需更换继电器或接触器
参数设置错	(1)检查 PMC 用户参数 P[02]至 P[05]，根据具体情况调整； (2) 检查 PLC 参数设置
机械松动或机械坏	(1)检查电动机与刀架联接的部分定位销子是否有松动； (2) 需更换刀架
硬件板卡损坏	需更换系统或送厂维修

11. 刀架不动

故障原因	措 施
电源缺相	检测刀架电机电源电压是否平衡,电压值应为380V(AC)(正负偏差为10% ~15%)
电源相序错	调整刀架电机电源相序
刀架继电器或接触器坏	需更换继电器或接触器
无刀架运转输出	(1)检查输出端口; (2)检查开关量输出电缆; (3)检查电路
刀架电机损坏	需更换刀架电机
机械卡死	调整机械
PLC 软件	检查 PLC 程序
硬件板卡损坏	需更换系统或送厂维修

三、伺服电动机类故障

1. 电机轴输出扭矩很小

故障原因	措 施
没有可靠接地	(1)按要求对整个系统可靠接地每个单元或器件均应可靠接地,驱动器与数控装置的信号地应可靠共地; (2)伺服驱动器电动机编码器反馈电缆、坐标轴控制电缆应该采用屏蔽电缆且屏蔽层可靠接地; (3)电动机强电电缆可靠接地
伺服驱动器特性参数调得太软	检查伺服驱动器有关增益调节的参数,仔细调整参数
伺服电机编码器损坏	需更换伺服电动机

2. 电机爬行

故障原因	措 施	参考
没有可靠接地	按要求对整个系统可靠接地每个单元或器件均应可靠接地,驱动器与数控装置的信号地应可靠共地	见《世纪星连结说明书》2.11 节

（续）

故障原因	措　施	参考
伺服驱动器特性参数调得太软	检查伺服驱动器有关增益调节的参数，仔细调整参数	见《伺服驱动器使用手册》
伺服驱动器/电机选型错误	需更换伺服驱动器/电动机	
机械负载过重	调整机械	

3. 电机运转时跳动

故障原因	措　施
没有可靠接地	按要求对整个系统可靠接地每个单元或器件均应可靠接地驱动器与数控装置的信号地应可靠共地
伺服驱动器供电不可靠	检查伺服动力电源控制回路的连接情况
电机编码器反馈电缆与电动机强电电缆不一一对应	检查电动机接线
伺服电机强电电缆相序错	检查伺服电动机相序
伺服电机编码器反馈电缆未接好或断路	(1)检查伺服电动机编码器反馈电缆； (2)需更换电动机编码器反馈电缆
伺服驱动器特性参数调得太硬	检查伺服驱动器有关增益调节的参数，仔细调整参数
伺服驱动器参数错	(1)检查伺服驱动器控制方式； (2)检查伺服驱动器脉冲形式； (3)检查伺服驱动器电机极对数； (4)检查伺服驱动器电机编码器反馈线数
伺服驱动器/电机选型错误	需更换伺服驱动器/电动机
伺服驱动器/电机损坏	需更换伺服驱动器/电动机
硬件板卡损坏	需更换系统或送厂维修
机械负载不均匀	调整机械
受到干扰	(1)伺服驱动器电动机编码器反馈电缆、坐标轴控制电缆应该采用屏蔽电缆且屏蔽层可靠接地； (2)伺服驱动器电动机编码器反馈电缆中的电源与电源地的线径加粗采用两到三根电线并接； (3)坐标轴控制电缆、伺服驱动器电动机编码器反馈电缆太细或超过要求的长度30 米以内； (4)坐标轴控制电缆、伺服驱动器电动机编码器反馈电缆与强电电缆等应分开布线； (5)坐标轴控制电缆、伺服驱动器电动机编码器反馈电缆尽量不要缠绕

4. 电动机只能运行一小段距离

故障原因	措 施
电动机编码器反馈电缆与电机强电电缆不一一对应	检查电动机接线
伺服电动机强电电缆相序错	检查伺服电动机相序
伺服电机编码器反馈电缆未接好或断路	(1)检查伺服电动机编码器反馈电缆; (2)需更换电动机编码器反馈电缆
系统特性参数不当	检查坐标轴的反馈电子的分子/分母
伺服驱动器参数错	(1)检查伺服驱动器控制方式; (2)检查伺服驱动器脉冲形式; (3)检查伺服驱动器电机极对数; (4)检查伺服驱动器电机编码器反馈线数
伺服驱动器/电机选型错误	需更换伺服驱动器/电机
伺服驱动器/电机损坏	需更换伺服驱动器/电机
硬件板卡损坏	需更换系统或送厂维修
机械卡死	调整机械

四、主轴类故障

1. 主轴定向准停的位置不准确

故障原因	措 施
主轴的机械连接不是1:1	更换机械连接
电动机编码器反馈电缆不可靠	(1)需更换电动机编码器反馈电缆,应采用双绞屏蔽电缆; (2)加粗位置反馈电缆中的电源线线径,如采用多根线并用; (3)电缆屏蔽层可靠接地; (4)电缆两端加磁环
伺服驱动器使能和定向指令的时序错	检查使能和定向指令的时序
定向完成的范围参数太大	检查主轴驱动器的参数设置
驱动器/电动机损坏	需更换驱动器/电动机

2. 主轴不能定向准停

故障原因	措 施
伺服驱动器未上使能/定向	(1)检查输出端口; (2)检查电路; (3)检查驱动模块
主轴驱动器参数错误	检查主轴驱动器的参数设置
伺服驱动器使能和定向指令的时序错	检查使能和定向指令的时序
定向完成的范围参数太小	检查主轴驱动器的参数设置
定向速度为0	检查主轴驱动器的参数设置
PLC 软件	检查 PLC 程序
驱动器/电机损坏	需更换驱动器/电机
硬件板卡损坏	需更换系统或送厂维修

3. 主轴不转

故障原因	措 施
驱动器未上强电	(1)检查电路; (2)检查电源模块; (3)检查驱动模块; (4)检查动力电源空气开关
伺服驱动器未上使能	(1)检查输出端口; (2)检查电路; (3)检查驱动模块
主轴驱动器报警	检查主轴驱动器的报警信息
主轴驱动器参数错误	检查主轴驱动器的参数设置
主轴驱动器控制信号电缆连接错误	(1)检查主轴指令接口(XS9)及主轴驱动器控制信号电缆; (2)若使用 -10V ~ +10V 输出用 XS9 中的 6 脚 AOUT1 和 7 脚(GND)若使用输出 -10V ~ +10V 则用 XS9 中的 14 脚 AOUT2 和 15 脚(GND)
系统信号未满足要求	(1)检查输入端口; (2)检查电路; (3)检查刀具夹紧/松开信号; (4)检查主轴冷却信号; (5)检查机床锁住按钮解除机床锁住状态; (6)加工中心还应检查机械手和刀库的状态

(续)

故障原因	措 施
PLC 软件	检查 PLC 程序
驱动器/电机损坏	需更换驱动器/电动机
硬件板卡损坏	需更换系统或送厂维修

4. 主轴超速或不可控

故障原因	措 施
系统驱动程序错	检查系统对应的版本型号
参数设置错	(1)硬件配置参数: 部件型号:5301 标识:15 配置[0]:0 (2)检查 PMC 系统参数中输出模块 1 部件号是否与硬件配置参数对应
主轴驱动器参数错误	检查主轴驱动器的参数设置
主轴驱动器控制信号电缆连接错误	(1)检查主轴指令接口(XS9)及主轴驱动器控制信号电缆; (2)若使用 -10V ~ +10V 输出用 XS9 中的 6 脚 AOUT1 和 7 脚(GND)若使用输出 0V ~ +10V 则用 XS9 中的 14 脚 AOUT2 和 15 脚(GND)
干扰	主轴驱动器控制信号电缆应该采用屏蔽电缆,屏蔽层应接地,电缆的主轴驱动器一侧应并联 500Ω ~ 1000Ω 的电阻和 1000pF 的瓷片电容
PLC 软件	检查 PLC 程序
硬件板卡损坏	需更换系统或送厂维修

参考文献

[1] 李金伴．数控机床故障诊断及维修速查手册．北京:化学工业出版社,2009.
[2] 郑小年,杨克冲．数控机床故障诊断及维修．武汉:华中科技大学出版社,2005.
[3] 余仲裕．数控机床维修．北京:机械工业出版社,2007.
[4] 刘本锁．数控机床故障诊分析与维修实训．北京:冶金工业出版社,2008.
[5] 邓三鹏．数控机床故障诊断及维修．北京:机械工业出版社,2009.
[6] HNC－21 数控装置连接与调试说明书．武汉:武汉华中数控股份有限公司,2001.
[7] 陈吉红,杨之冲．数控装置实验指南．武汉:华中科技大学出版社,2004.
[8] 陈玉阁,李淑艳．数控机床故障诊断与排除．北京:机械工业出版社,2009.
[9] 周兰,陈少艾．数控机床故障诊断与维修．北京:人民邮电出版社,2008.
[10] 于万成,王桂莲．数控机床结构与维修．北京:人民邮电出版社,2009.